高等职业院校精品教材系列

民用建筑电气施工与维护

胡联红　赵瑞军　主　编
王瑾烽　韩俊玲　副主编

電子工業出版社
Publishing House of Electronics Industry
北京·BEIJING

内 容 简 介

本书根据教育部最新的高等职业教育教学改革要求以及目前民用领域电气工程建设项目的技能需求，结合编者多年的课程教学改革成果及校企合作经验进行编写。本书按照实际工程中工作任务的相对独立性划分13个学习领域，分别为建筑电气安装工程基础、常用电气安装工器具、常用电工测量仪表、线管配线、导线的连接、封闭式插接母线及电缆桥架安装、电缆线路施工、电动机安装、电气照明装置安装、接地装置与防雷装置的安装、二次线路的安装与连接、建筑施工现场临时供配电、施工现场临时用电方案设计。每个学习领域都有与学习内容相对应的实践训练环节。

本书为全国高等职业本专科院校建筑电气工程、楼宇智能化、给排水工程和设备安装工程、暖通空调工程等专业的教材，也可作为开放大学、成人教育、自学考试、中职学校、各种相关培训班的教材，以及电气工程施工人员的参考工具书。

本书配有免费的电子教学课件及实践环节参考答案，详见前言。

图书在版编目(CIP)数据

民用建筑电气施工与维护/胡联红，赵瑞军主编.—北京：电子工业出版社，2015.9
全国高等职业院校规划教材·精品与示范系列
ISBN 978-7-121-26863-2

Ⅰ.①民… Ⅱ.①胡… ②赵… Ⅲ.①民用建筑-电气设备-设备安装-高等职业教育-教材②民用建筑-电气设备-维修-高等职业教育-教材 Ⅳ.①TU85

中国版本图书馆CIP数据核字(2015)第180874号

策划编辑：陈健德(E-mail:chenjd@phei.com.cn)
责任编辑：刘真平
印　　刷：北京捷迅佳彩印刷有限公司
装　　订：北京捷迅佳彩印刷有限公司
出版发行：电子工业出版社
　　　　　北京市海淀区万寿路173信箱　邮编100036
开　　本：787×1092　1/16　印张：14.5　字数：371.2千字
版　　次：2015年9月第1版
印　　次：2024年7月第7次印刷
定　　价：46.00元

凡所购买电子工业出版社图书有缺损问题，请向购买书店调换。若书店售缺，请与本社发行部联系，联系及邮购电话：(010)88254888。

质量投诉请发邮件至zlts@phei.com.cn，盗版侵权举报请发邮件至dbqq@phei.com.cn。

服务热线：(010)88258888。

职业教育　继往开来(序)

自我国经济在21世纪快速发展以来，各行各业都取得了前所未有的进步。随着我国工业生产规模的扩大和经济发展水平的提高，教育行业受到了各方面的重视。尤其对高等职业教育来说，近几年在教育部和财政部实施的国家示范性院校建设政策鼓舞下，高职院校以服务为宗旨、以就业为导向，开展工学结合与校企合作，进行了较大范围的专业建设和课程改革，涌现出一批示范专业和精品课程。高职教育在为区域经济建设服务的前提下，逐步加大校内生产性实训比例，引入企业参与教学过程和质量评价。在这种开放式人才培养模式下，教学以育人为目标，以掌握知识和技能为根本，克服了以学科体系进行教学的缺点和不足，为学生的顶岗实习和顺利就业创造了条件。

中国电子教育学会立足于电子行业企事业单位，为行业教育事业的改革和发展，为实施“科教兴国”战略做了许多工作。电子工业出版社作为职业教育教材出版大社，具有优秀的编辑人才队伍和丰富的职业教育教材出版经验，有义务和能力与广大的高职院校密切合作，参与创新职业教育的新方法，出版反映最新教学改革成果的新教材。中国电子教育学会经常与电子工业出版社开展交流与合作，在职业教育新的教学模式下，将共同为培养符合当今社会需要的、合格的职业技能人才而提供优质服务。

近期由电子工业出版社组织策划和编辑出版的“全国高职高专院校规划教材·精品与示范系列”，具有以下几个突出特点，特向全国的职业教育院校进行推荐。

(1) 本系列教材的课程研究专家和作者主要来自于教育部和各省市评审通过的多所示范院校。他们对教育部倡导的职业教育教学改革精神理解得透彻准确，并且具有多年的职业教育教学经验及工学结合、校企合作经验，能够准确地对职业教育相关专业的知识点和技能点进行横向与纵向设计，能够把握创新型教材的出版方向。

(2) 本系列教材的编写以多所示范院校的课程改革成果为基础，体现重点突出、实用为主、够用为度的原则，采用项目驱动的教学方式。学习任务主要以本行业工作岗位群中的典型实例提炼后进行设置，项目实例较多，应用范围较广，图片数量较大，还引入了一些经验性的公式、表格等，文字叙述浅显易懂。增强了教学过程的互动性与趣味性，对全国许多职业教育院校具有较大的适用性，同时对企业技术人员具有可参考性。

(3) 根据职业教育的特点，本系列教材在全国独创性地提出“职业导航、教学导航、知识分布网络、知识梳理与总结”及“封面重点知识”等内容，有利于老师选择合适的教材并有重点地开展教学过程，也有利于学生了解该教材相关的职业特点和对教材内容进行高效率的学习与总结。

(4) 根据每门课程的内容特点，为方便教学过程对教材配备相应的电子教学课件、习题答案与指导、教学素材资源、程序源代码、教学网站支持等立体化教学资源。

职业教育要不断进行改革，创新型教材建设是一项长期而艰巨的任务。为了使职业教育能够更好地为区域经济和企业服务，殷切希望高职高专院校的各位职教专家和老师提出建议和撰写精品教材（联系邮箱：chenjd@phei.com.cn，电话：010－88254585），共同为我国的职业教育发展尽自己的责任与义务！

中国电子教育学会

中国电子教育学会

前　言

随着社会经济的快速发展，现代化的高楼大厦和智能楼宇建筑大量涌现，现代建筑充分展现了电气化时代的特点，人们对建设项目也不断提出高标准要求，这就需要大量能适应新时代建筑的电气工程技术施工人员。为适应行业技能人才需要，结合编者多年的课程教学改革成果及校企合作经验编写本书，旨在大力推广电气施工新技术、新工艺、新方法，引导岗位施工人员加强安全施工和规范作业意识，引导电气设计人员加强安全与合理设计理念。

本书内容简明扼要、通俗易懂、图文并茂，与目前同类型的教材相比具有下列优点：

1）理论够用，强化实践

教材遵循教育部对职业类院校专业课教学的要求，采用理论教学和实践教学并行的教学形式，以满足现代职业教育教学和实践并重的新要求。

2）采用活页教学使教与学紧密结合

由于专业性质决定，传统教材文字叙述多，一章中的内容多且互相基本无关联，学起来比较枯燥，很难提高高职类院校学生的学习兴趣。新教材打破传统的章节点，采用学习领域展开教学，并配以与教学内容同步的练习和实训项目，让学和做一体化，教好就做，做好再教，边学边干，这种动和静、教和学相结合的教学方式，充分体现教学的灵活性和生动性，有利于提高教的质量和学的兴趣。

3）实训程序和模式的改革

以往的实践课往往重视的是结果，即老师给出一个完整的程序，学生按照规定的程序做并记录结果或展示结果就行；而新的实训项目积极为学生设置和铺设情境，迫使学生经历过程，即经历复习、经历思考、经历问题、经历错误、经历分析、经历查证、经历创造等。实训项目主要分五个环节：第一，导入环节，首先使学生了解任务背景，布置实训任务，同时强调操作安全注意事项，以确保实训过程的安全；第二，相关练习，引导学生梳理相关知识，为顺利完成任务做好充分准备；第三，计划环节，引导学生准备及检验项目所需仪器仪表、工具及材料，指导和帮助学生确定工作计划；第四，实施环节，引导学生按计划并按照施工要求进行工作；第五，评估环节，使学生掌握检测工作的内容、方法和要求。总之，从准备工作、制订计划到安装接线，从检测、调试到整改，让学生参与项目的整个过程。无论从形式上还是内容上均积极帮助学生开阔思路，引导学生一步一步经历过程，即重计划、重步骤、重工艺、重检验，而不只是重结果。不同的项目有不同的经历，同时也可以得到多方面能力的提高。

4）教材采用新规范、新标准及新工艺

教材的理论体系、组织结构、编写方法，以突出实践性教学和使学生容易掌握为准则，同时全面体现本领域的新法规、新规范、新方法、新成果，与施工企业与机构的生产、工作实际紧密结合，力求达到学以致用的目的。

本书共分 13 个学习领域，共 64 课时，其中理论教学 32 课时，实践教学 32 课时，各院校也可根据教学环境进行适当调整。

本书由浙江建设职业技术学院胡联红和山西建筑职业技术学院赵瑞军任主编，浙江建设职业技术学院王瑾烽、辽宁建筑职业技术学院韩俊玲任副主编，具体编写分工：学习领域 1、2 由韩俊玲编写，学习领域 3、4、5、6 由王瑾烽编写，学习领域 7、8、11、12、13 由胡联红编写，学习领域 9、10 由赵瑞军编写。在编写过程中，参考了大量的资料和书刊，并引用了部分材料，除在参考文献中列出外，在此谨向这些书刊资料的作者表示衷心感谢。

由于编者水平有限和时间仓促，书中难免有错漏之处，敬请广大师生和读者批评指正，编者不胜感激。

为方便教学，本书配有免费的电子教学课件、实践环节参考答案，请有需要的教师登录华信教育资源网（http://www.hxedu.com.cn）免费注册后进行下载，如有问题请在网站留言或与电子工业出版社联系（E-mail：hxedu@phei.com.cn）。

目　录

学习领域 1

建筑电气安装工程基础

教学指导页

<table>
<tr><td rowspan="2">授课时间</td><td rowspan="2"></td><td rowspan="2">授课班级</td><td rowspan="2"></td><td rowspan="2">课时分配</td><td>理论</td><td>2</td></tr>
<tr><td>基础训练</td><td>2</td></tr>
<tr><td rowspan="4">教学任务</td><td rowspan="3">理论</td><td colspan="5">1.1　建筑电气工程施工的三大依据</td></tr>
<tr><td colspan="5">1.2　建筑电气安装工程施工的三大阶段</td></tr>
<tr><td colspan="5">1.3　室内配线方式及一般规定</td></tr>
<tr><td>实训</td><td colspan="5">建筑电气安装工程基础训练</td></tr>
<tr><td rowspan="2">教学目标</td><td>知识方面</td><td colspan="5">了解电气安装工程施工的三大依据；
掌握电气施工三大阶段的任务和要求；
了解常用配线的使用场合和特点；
掌握配线的一般规定</td></tr>
<tr><td>技能方面</td><td colspan="5">掌握查阅工程视频和资料的方法和路径</td></tr>
<tr><td>重点</td><td colspan="6">1. 了解规范的作用；2. 电气施工三大阶段的任务和要求</td></tr>
<tr><td>难点</td><td colspan="6">掌握常用配线的特点及使用场合</td></tr>
<tr><td rowspan="2">问题与改进</td><td>学生方面</td><td colspan="5"></td></tr>
<tr><td>教师方面</td><td colspan="5"></td></tr>
</table>

建筑电气工程是建筑工程的重要组成部分。建筑电气工程一般可分为强电工程和弱电工程，强电工程包括：室外电气工程、变配电工程、动力工程、照明工程、防雷接地工程等；弱电工程包括：电视信号工程、通信工程、智能消防工程、扩声与音响工程、综合布线工程等。

电气工程安装的基本原则：最少的消耗、最短的施工周期、最简便的施工手段和施工方法创造出最佳的产品。

1.1 建筑电气工程施工的三大依据

建筑安装工程规模大，工期长，涉及的单位和施工、管理人员多，只要一个环节出了问题，就可能会带来一系列的问题，轻者影响工程质量，重者危及设备和人身安全，所以设计人员、施工人员和管理人员必须严格执行国家规范和统一标准。

建筑电气工程施工的主要依据是电气施工图、建筑电气安装施工规范、标准和有关图集、图册。

1.1.1 建筑电气施工图

1. 建筑电气施工图的特点与作用

建筑电气施工图是采用国家规定的统一图形符号和文字符号绘制的。建筑电气施工图反映了设计人员的设计思想，是电气工程预算、施工及维护管理的主要依据。所以电气施工人员施工前必须看懂图纸。

2. 建筑电气施工图的组成及内容

电气工程施工图的组成主要包括：图纸目录、设计说明、图例材料表、系统图、平面图、电路图、安装接线图和安装大样（详）图等。

1）图纸目录

图纸目录的内容是：图纸的组成、名称、张数、图号顺序等，从目录上大致了解项目名称、设计内容及建筑规模。

2）设计说明

设计说明主要阐明单项工程的概况、设计依据、设计标准以及施工要求等，主要是补充说明图纸上不能利用线条、符号表示的工程特点、施工方法、线路、材料及其他注意事项。

3）图例材料表

主要设备及器具在表中用图形符号表示，并标注其名称、规格、型号、数量、安装方式等，以便安装与加工。

4）系统图

系统图是表明供电分配回路的分布和相互联系的示意图。具体反映配电系统和容量分配情况、配电装置、导线型号、导线截面、敷设方式及穿管管径，以及控制及保护电器的规格及型号等。系统图从内容分有照明系统图、动力系统图、消防系统图、电话系统图、有线电视系统图、综合布线系统图等；从形式上分有干线系统图和配电系统图。

5）平面图

平面图是表示建筑物内各种电气设备、器具的平面位置及线路走向的图纸。平面图包括

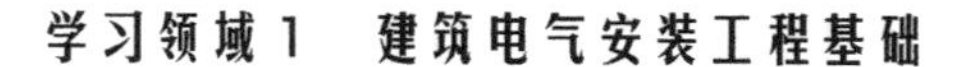

干线平面图、照明平面图、动力平面图、防雷接地平面图、电话平面图、有线电视平面图、综合布线平面图等。

6）电路图

电路图也称作电气原理图，主要是用来表现某一电气设备或系统的工作原理的图纸，它是按照各个部分的动作原理图采用分开表示法展开绘制的。通过对电路图的分析，可以清楚地看出整个系统的动作顺序。电路图可以用来指导电气设备和器件的安装、接线、调试、使用与维修。

7）安装接线图

安装接线图也称为安装配线图，主要用来表示电气设备、电气元件和线路的安装位置、配线方式、接线方法，它不反映动作原理，主要用作配电柜二次回路安装接线。

8）详图

详图是用来表现设备安装方法的图纸，详图多采用全国通用电气装置标准图集。

1.1.2 建筑电气安装工程施工规范及标准

1）建筑电气工程施工及验收规范

建筑电气工程技术人员、质量检查人员及施工人员在掌握一定的电工基础理论知识以后，还必须学习国家颁发的建筑安装工程施工及验收规范。规范是对操作行为的规定，是使工程质量达到一定技术指标的保证，在施工和验收过程中必须严格遵守。

常见的电气工程施工规范有：《建筑电气工程施工质量验收规范》、《建筑工程施工现场供电安全规范》、《住宅装饰装修工程施工规范》、《电梯工程施工及验收规范》、《城市路灯照明工程施工及验收规范》等。

2）建筑电气设计规范

除了以上电气装置安装工程施工及验收规范外，国家还颁发了与之相关的各种设计规范、标准及电气材料等有关技术标准及标准图集，这些技术标准是与施工及验收规范互为补充的。

常见的部分电气工程设计规范有：《民用建筑电气设计规范》、《建筑电气照明设计标准》、《建筑物防雷设计规范》、《高层民用建筑设计防火规范》等。

在施工中除了遵循国家规范以外，还应遵循部门规范、地方规范及企（行）业标准。使用各种规范、标准时一定要选择现行最新版本。

1.1.3 建筑电气有关图集和图册

图集和图册是各类施工规范的补充。它以简图形式来解释和说明相关规范的安装要求，便于施工人员在施工中更好地执行相关规范。常用的建筑电气安装图集和图册有：《建筑电气工程设计常用图形和文字符号》、《建筑物防雷设施安装》、《干式变压器安装》、《室外变压器安装》、《常用灯具安装》、《室内管线安装》、《电缆桥架安装》等。

1.2 建筑电气安装工程施工的三大阶段

随着建筑电气标准与功能需求的不断提高，更多的高新技术产品和设备进入建筑领域，建筑电气工程的安装施工也将朝着复杂化、高技术方向发展。建筑电气工程的施工可分为三

个阶段进行，即施工准备阶段、施工安装阶段和施工验收阶段。

1.2.1 施工准备阶段

施工准备阶段是指工程施工前将施工必需的技术、物资、机具、劳动力及临时设施等方面的工作事先做好，以备正式施工时组织实施。只有充分做好施工前的准备工作，才能保证工程施工顺利进行。

1. 施工准备形式

施工准备的形式有阶段性施工准备和作业条件性准备两种。

1）阶段性施工准备

阶段性施工准备是指开工前的各项准备工作，它带有全局性，属于建设前期工作，需要进行经济、技术调查。经济、技术调查的目的是为签订承包合同、制定施工规划、编制施工组织设计提供依据。

2）作业条件性准备

作业条件性准备是为某一个施工阶段，某个分部、分项工程或某个施工环节所做的准备，是局部性的，也是经常性的，如冬、雨季施工准备等。

2. 施工准备的内容

施工准备通常包括：施工技术准备、施工现场准备，物资、机具及劳动力准备以及季节施工准备。

1）施工技术准备

（1）熟悉和审查施工图纸。熟悉和审查图纸包括识读图纸，了解设计意图，掌握设计内容、设计意图及技术条件，会审图纸。同时，还必须熟悉有关电气安装工程的施工及验收规范、技术规程、操作规程、质量检验评定标准、工程质量检验标准等有关技术资料。

（2）明确工程所采用的设备和材料。对施工图中选用的电气设备和主要材料等进行统计，做好备料工作，对采用的设备和材料，要考虑供电安全和经济、技术等指标。

（3）明确电气工程和主体工程以及其他安装工程的交叉配合。明确各专业的配合关系，以便及早采取措施，确定合理的施工方案。为防止破坏建筑物的强度和损害建筑物的美观，应尽量配合土建做好预埋、预留工作，同时还应根据规范要求考虑好与其他管线工程的关系，避免施工时发生位置冲突而造成返工。

（4）编制施工方案。在全面熟悉施工图纸的基础上，依据图纸并根据施工现场实际情况、技术力量及技术装备，编制出合理的施工方案。

（5）编制施工预算。按照施工图纸的工程量、施工组织设计（或施工方案）拟定的施工方法，参照建筑工程预算定额和有关施工费用规定，编制出详细的施工预算。施工预算可以作为备料、供料、编制各项具体计划的依据。

（6）进行技术交底。工程开工前，由设计部门、施工部门和业主等多方面技术人员参加的技术交底是施工准备工作不可缺少的一个重要步骤，是施工企业技术管理的一项重要内容，也是施工技术准备的一项重要措施。

2）施工现场准备

最基本的准备是“三通一平”以及施工用房设置等。在“三通一平”的基础上按相关要求进一步完善。

3）物资、机具准备

根据工程性质、工期等因素准备所需物资和机具。

4）劳动力准备

根据工程内容及要求合理搭配技术人员和施工人员，合理调整相关专业人员。

5）季节施工准备

为了保证施工质量、人身安全、物资器材安全，必须有防盗、防雨、防雪、防霉、防潮、防寒、防晒等措施。

1.2.2　施工安装阶段

建筑电气施工安装是建筑电气设计的实施和实现过程，是对设计的再创造和再完善的过程。施工图是建筑电气施工的主要依据，施工验收及验收相关规范是施工技术的法律性文件。

施工安装阶段的主要工作有：配合土建和其他施工单位施工，预埋电缆电线保护管和支持固定件，预留安装设备所需孔洞，固定接线盒、灯位盒及电器底座，安装电气设备等。随着土建工程的进展，逐步进行设备安装、线路敷设及单体检查试验。

1. 安装工序

（1）主要设备、材料进场验收。对合格证明文件确认，并进行外观检查，以消除运输保管中的缺陷。

（2）配合土建工程预留预埋。预留安装用孔洞，预埋安装用构件及暗敷线路用导管。

（3）检查并确认土建工程是否符合电气安装的条件。包括电气设备的基础、电缆沟、电缆竖井、变配电所的装饰装修等是否可开始电气安装的条件。同时，确认日后土建工程扫尾工作不会影响已安装好的电气工程质量。

（4）电气设备就位固定。按预期位置组合，组立高低压电气设备，并对开关柜等内部接线进行检查。

（5）电线、电缆、导管、桥架等贯通。按设计位置配管、敷设桥架，达到各电气设备或器具的贯通。

（6）电线穿管、电缆敷设、封闭式母线安装。供电用、控制用线路敷设到位。

（7）电气、电缆、封闭式母线绝缘检查并与设备器具连接。与高低压电气设备和用电设备电气部分接通；民用工程要与装饰装修配合施工，随着低压器具逐步安装而完成连接。

（8）做电气交接试验。高压部分有绝缘强度和继电保护等试验项目，低压部分主要是绝缘强度试验。试验合格，具备受电、送电试运行条件。

（9）电气试运行。空载状态下，操作各类控制开关，带电无负荷运行正常。照明工程可带负荷试验灯具照明是否正常。

（10）负荷试运行。与其他专业联合进行，试运行前，要视工程具体情况决定是否要联合编制负荷试运行方案。

2. 施工要点

电气工程施工表现为物理过程，即通过施工安装不会像混凝土施工那样出现化学过程，施工安装后不会改变所使用设备、器具、材料的原有特性，电气安装施工只是把设备、器

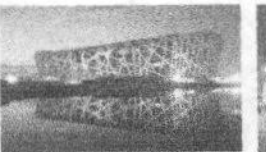

具、材料按预期要求可靠合理地组合起来，以满足功能需要。是否可靠合理组合，主要体现在两个方面：一是要依据设计文件要求施工，二是要符合相关规范要求的规定。因此必须掌握以下要点：

(1) 使用的设备、器具、材料规格和型号符合设计文件要求，不能错用。

(2) 依据施工设计图纸布置的位置固定电气设备、器具和敷设布线系统，且固定牢固、可靠。

(3) 确保导线连接及接地连接的连接处紧固不松动，保持良好导通状态。

(4) 坚持先交接试验后通电运行、先模拟动作后接电启动的基本原则。

(5) 做到通电后的设备、器具、布线系统有良好的安全保护措施。

(6) 保持施工记录形成与施工进度基本同步，保证记录的准确性和记录的可追溯性。

3) 电气工程施工外部衔接

(1) 与材料和设备供应商的衔接。

(2) 与土建工程配合是电气工程施工程序的首要安排。

(3) 与建筑设备安装工程其他施工单位的配合。

1.2.3 施工验收阶段

质量验收是指建筑工程在施工单位自行质量检查评定的基础上，参与建设活动的有关单位共同对检验批、分项、分部、单位工程的质量进行抽样复检，根据相关标准以书面形式对工程质量达到合格与否做出确认。

1. 质量验收项目的划分

根据《建筑安装工程质量检验评定标准》的规定，建筑安装工程的质量按分项工程、分部工程和单位工程的划分进行检验评定。

(1) 建筑安装工程的分项工程按用途、种类、输送介质和物资及设备组别来划分，如灯具、插座、电缆、母线等安装工程，桥式行车、电梯、变压器、车床等设备安装工程。

(2) 建筑安装工程的分部工程按工程种类划分，如建筑电气工程、管道工程、通风工程等。

(3) 工业与民用建设中，建筑物或构筑物的建筑工程是一个单位工程，而建筑物或构筑物的安装工程也是一个单位工程。

2. 可以进行质量验收的条件

(1) 建筑工程施工质量应符合《建筑电气施工质量验收规范》和相关专业验收规范的规定。

(2) 建筑工程施工应符合工程勘察、设计文件的要求。

(3) 参加工程施工质量验收的各方人员应具备规定的资格。

(4) 工程质量验收均应在施工单位自行检查评定的基础上进行。

(5) 隐蔽工程在隐蔽前应由施工单位通知有关单位进行验收，并应形成验收文件。

(6) 涉及结构安全的试块、试件以及有关材料，应按规定进行见证取样检测（在监理单位或建设单位监督下，由施工单位有关人员现场取样，并送至具备相应资格的检测单位所进行的检测）。

(7) 检验批的质量应按主控项目和一般项目验收。

(8) 对涉及结构安全和使用功能的重要分部工程应进行抽样检测。

(9) 承担见证取样检测及有关结构安全检测的单位应具有相应资质。

(10) 工程的观感质量（通过观察和必要的量测所反映的工程外在质量）应由验收人员通过现场检查，并应共同确认。

3. 质量检测（检验）的方法

建筑电气安装工程可根据质量评定方法和实际经验方法进行检查，常用的是直观检查方法。建筑安装工程因项目复杂、专业性强，应采用仪器测试的检查方法。

(1) 直观检查法：是指凭检查人员的感官，借助简单工具（直尺、卡尺、水平尺、线锤等），通过看、摸、照、靠、吊、量、套七种方法检查。

(2) 仪器测试法：是指用一定的测试设备及仪器进行的检查，如原材料的机械强度试验、焊接件的透视拍照、电器的耐压试验等。

产品检查可采用两种方法，一种是全数检查，即对产品进行逐项、逐件检验，多用于工程量少，而质量要求特别高及严格的项目上；另一种是抽样检查，即在工程中，按一定比例从分部分项中抽取一部分进行检查，要求抽样检查采用随机抽样的方法，避免抽样检查的片面性和倾向性。

4. 工程质量验收的程序

质量验收的程序均应在施工单位自行检查的基础上，按施工顺序进行：检验批→分项工程→分部工程→单位工程，要求循序进行，不能漏项。每项都应坚持实测，评定的部位、项目、计量单位、偏差、检查点数、检查方法及使用的工具仪表，都要按照评定标准的规定进行。

5. 工程质量验收的方法

1) 检验批质量验收

按统一的生产条件或按规定的方式汇总起来供检验用的，由一定数量样本组成的检验体称为检验批。检验批是构成建筑工程质量验收的最小单位，是判定单位工程质量合格的基础。

检验批质量合格应符合主控项目和一般项目的质量经抽样检验合格，并具有完整的施工操作规程和质量验收记录。

主控项目是指对检验批质量有致命影响的检验项目。它反映了该检验批所属分项工程的重要技术性能要求。主控项目中所有子项必须全部符合专业验收规范规定的质量指标，才能判定该主控项目质量合格；反之，只要其中某一子项甚至某一抽查样本检验后达不到要求，即可判定该检验批质量为不合格，则该检验批拒收。换言之，主控项目中某一子项甚至某一抽查样本的检查结果若为不合格，即行使对检验批质量的否决权。

2) 分项工程质量验收

分项工程质量合格应符合下列要求：

(1) 分项工程所含的检验批均应符合合格质量的规定。

(2) 分项工程所含的检验批质量验收记录完整。

3) 分部（子分部）工程质量验收

(1) 所含分项工程的质量验收全部合格。

(2) 各分项验收记录内容完整，填写正确，收集齐全。

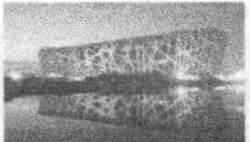

（3）质量控制资料完整。

（4）有关安全及功能的检验和抽样检测应符合有关规定。

（5）观感质量验收应符合规定。

分部（子分部）工程质量应由总工程师（建设单位项目专业负责人）组织施工项目经理和有关勘察、设计单位项目负责人进行验收。

4）单位（子单位）工程质量验收

单位工程质量验收合格应符合下列要求：

（1）单位工程所含分部工程质量均应验收合格，记录内容完整、填写正确、收集齐全。

（2）质量控制资料应完整。

（3）单位工程所含分部工程有关安全和功能检测资料应完整。

（4）主要功能项目的抽查结果应符合相关专业质量验收规范的规定。

（5）观感质量验收应符合要求。

1.3 室内配线方式及一般规定

敷设在建筑物内部的配线，统称为室内配线，也称为室内配线工程。室内配线是电气工程施工中的重要内容，配线的方式很多，无论施工工艺、安装要求、价格、特点还是适用场合均有很大不同，选择不当或施工不规范都会给使用者带来不便，甚至会危及设备及人身安全，故了解各种配线的适用范围、施工程序及施工要求是很重要的。

1.3.1 室内配线的方式及适用场合

导线沿墙壁、天花板、桁架及梁柱等布线称为明线敷设，导线埋设在墙内、地坪内和装设在顶棚内等布线称为暗线敷设。常用配线方式有瓷瓶配线、护套线配线、线槽配线、电缆沟配线、线槽板配线、线管配线、封闭式插接母线槽配线、桥架配线等。

1. 瓷瓶配线

瓷瓶配线是将导线固定在瓷瓶上，然后瓷瓶安装在支架上的一种配线，其特点是施工和检修方便、造价低，但美观度和安全性低，一般适用于简易厂房和临时用电的场合。配线瓷瓶如图 1.1 所示。

瓷瓶配线的施工工艺如下：

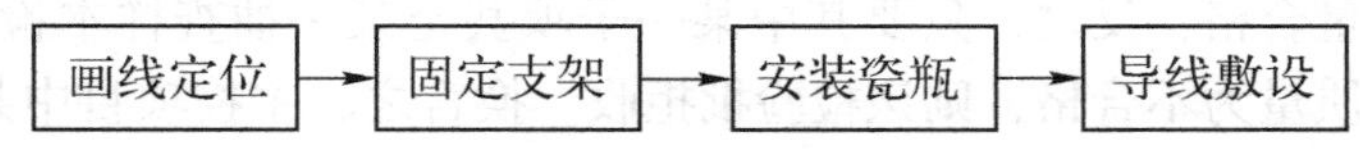

2. 护套线配线

塑料护套线是一种将双芯或多芯绝缘导线并在一起，外加塑料保护层的双绝缘导线，具有防潮、耐酸、耐腐蚀及安装方便等优点，广泛用于家庭、办公等室内配线中。塑料护套线一般用铝片或塑料钢钉线卡作为导线的支持物，直接敷设在建筑物的墙壁表面，有时也可直接敷设在空心楼板中。塑料钢钉线卡如图 1.2 所示。

塑料护套线配线施工工艺如下：

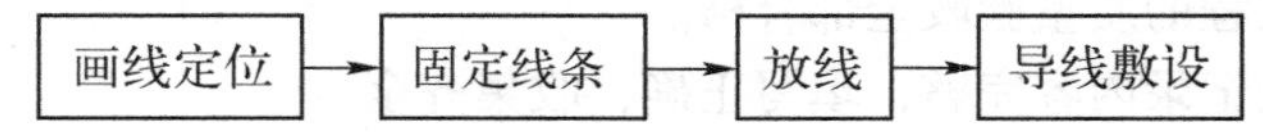

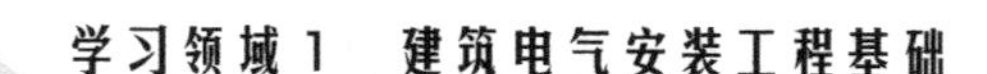

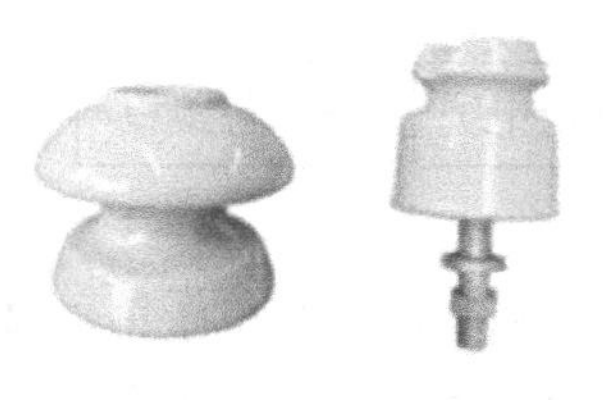

图 1.1 配线瓷瓶

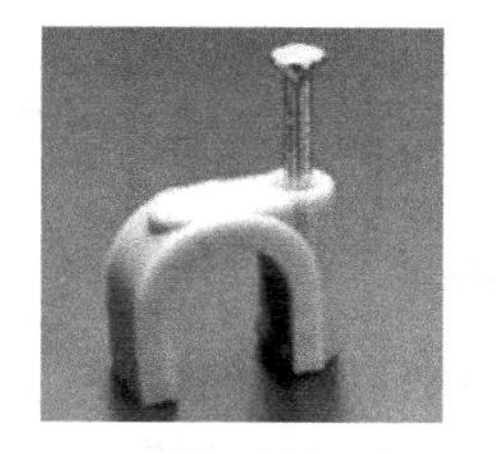

图 1.2 塑料钢钉线卡

3. 线槽配线

线槽配线最大的优点是检修方便。除地面线槽外一般为明敷设，线槽按材质分有塑料（如图 1.3 所示）和金属线槽（如图 1.4 所示）两种。

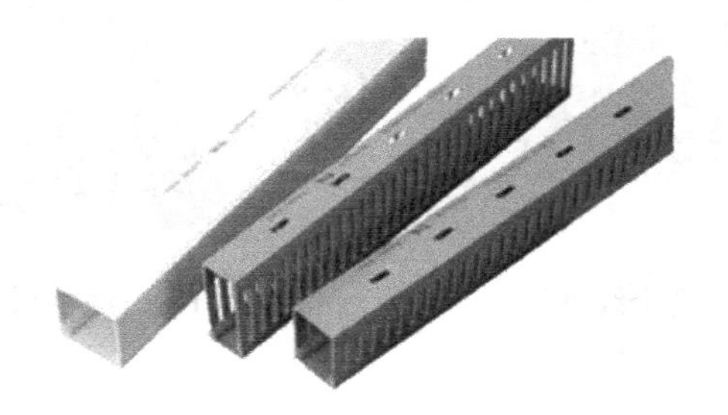

图 1.3 塑料线槽

图 1.4 金属线槽

塑料线槽价廉、轻便、加工方便、防腐能力强。塑料线槽配线一般适用于正常环境的室内场所，在高温和易受机械损伤的场所不宜采用。

金属线槽机械强度好、耐热能力强、不易变形、坚固耐用。金属线槽配线一般适用于正常环境的室内场所明敷，但对金属线槽有严重腐蚀的场所不应采用。

在简易的工棚、仓库或临时用房大多采用塑料线槽明敷。在吊顶、竖井、电梯井道等场所一般采用金属线槽明敷。在大型的商场或大开间办公室的地面大多采用地面金属线槽，地面线槽通过地面插座引出电源，地面插座如图 1.5 所示。

线槽配线的施工工艺如下：

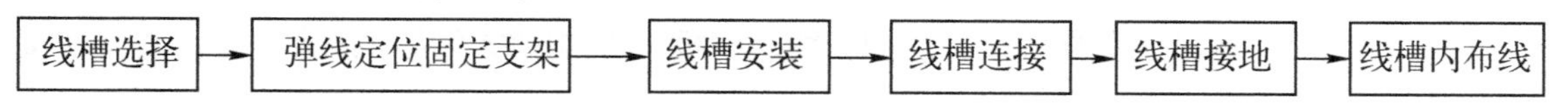

4. 电缆沟配线

电缆沟配线就是将电缆放在事先筑好的沟道内敷设。电缆沟配线的特点是施工与维修方便、电缆存放量大，特别适用于变配电所以及出线较多的场合。电缆沟配线示意图如图 1.6 所示。

图 1.5 地面插座

图 1.6 电缆沟配线示意图

电缆配线的施工工艺如下：

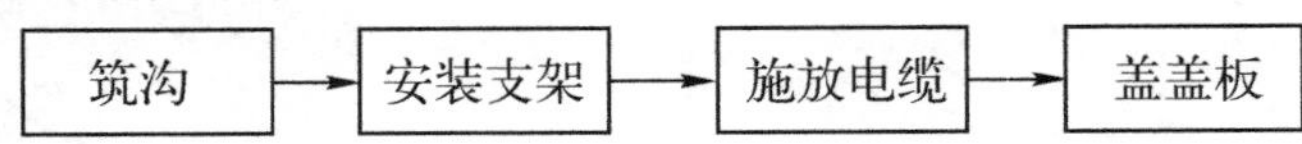

5. 线槽板配线

这几年随着改建工程的增多，线槽板作为一种成熟的配线方式使用得越来越多。其特点是牢固且安装和施工特别简便。其强度可以承载汽车的重量，特别适合不宜大面积施工的改建项目和临时用电设施。按线槽板的材质分有橡胶（如图 1.7 所示）和铝合金（如图 1.8 所示）两种。线槽板展开图如图 1.9 所示。

图 1.7　橡胶线槽板

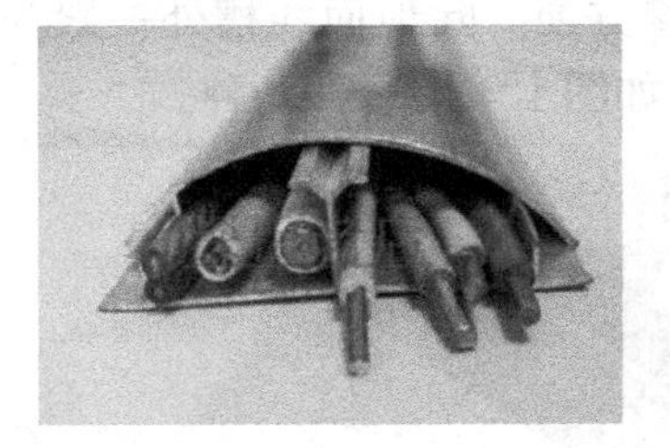

图 1.8　铝合金线槽板

图 1.9　线槽板展开图

线槽板的施工工艺如下：

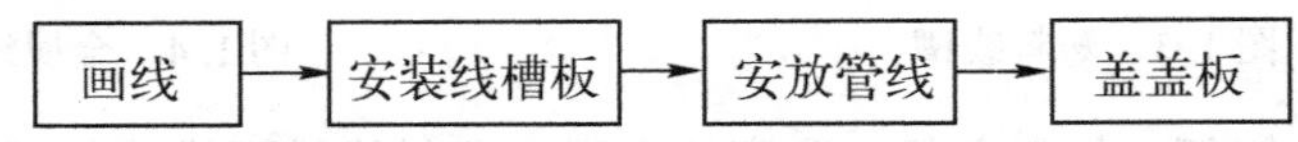

线管配线、封闭式插接母线槽配线、桥架配线在学习领域 4 和学习领域 6 有详细叙述，这里不再重复。

1.3.2　室内配线的一般规定

室内配线的原则是既应安全可靠、经济方便，又要布局合理、整齐、牢固。

（1）所用导线的额定电压应大于线路的工作电压，导线的绝缘应符合线路的安装方式和敷设环境的条件，导线的截面应满足发热条件和机械强度的要求。不同敷设方式导线线芯的最小截面应符合相关的规范要求。

（2）配线时应尽量避免导线接头。护套线、槽板、管内配线不应有接头，若需要应在接线盒、灯头盒内完成。

（3）明配线路在建筑物内应平行或垂直敷设，平行敷设的导线距地面一般不小于 2.5m，垂直敷设的导线距地面不小于 2m。否则，导线应穿管保护，以防机械损伤。

（4）导线穿墙时，应加装保护管，保护管伸出墙面的长度不应小于 10mm，并保持一定的倾斜度。

（5）电气线路经过建筑物、构筑物的沉降缝或伸缩缝处，应装设两端固定的补偿装置，导线应留有余量。

（6）电气线路与其他管道、设备间的最小距离应符合相关规范要求。

（7）配线工程采用的管卡、支架、吊钩、拉环和盒（箱）等黑色金属附件，均应镀锌或涂防锈漆。

（8）配线工程中非带电金属部分的接地和接零应可靠。

（9）当配线采用多相导线时，其相线的颜色应易于区分，相线与零线的颜色应不同，同

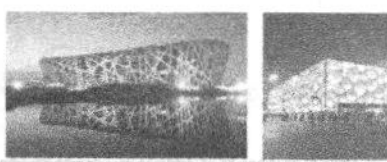
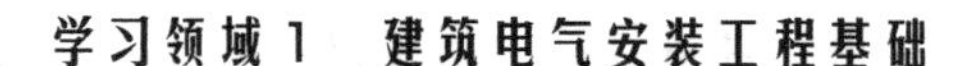

一建筑物、构筑物内的导线，其颜色选择应统一；保护地线（PE线）应采用黄绿颜色相间的绝缘导线；零线宜采用淡蓝色绝缘导线。

（10）配线工程施工后，应进行各回路的绝缘检查，绝缘电阻值应符合现行国家标准《电气装置安装工程电气设备交接试验标准》的有关规定，并应做好记录。

实训1　建筑电气安装工程基础训练

<table>
<tr><td>实训班级</td><td colspan="2"></td><td>姓 名</td><td></td><td>实训成绩</td><td></td></tr>
<tr><td>实训时间</td><td colspan="2"></td><td>学 号</td><td></td><td>基础训练</td><td>2</td></tr>
<tr><td rowspan="4">实训任务</td><td colspan="6">1. 完成书面练习</td></tr>
<tr><td colspan="6">2. 通过网络寻找线槽、线槽板和电缆沟安装视频</td></tr>
<tr><td colspan="6">3. 通过网络或书籍寻找线槽、线槽板和电缆沟的施工要求</td></tr>
<tr><td colspan="6">4. 练习总结与问题</td></tr>
<tr><td rowspan="2">实训目标</td><td>知识方面</td><td colspan="5">了解电气安装工程施工的三大依据；
掌握电气施工三大阶段的任务和要求；
了解常用配线的使用场合和特点；
掌握配线的一般规定</td></tr>
<tr><td>技能方面</td><td colspan="5">掌握查阅工程视频和资料的方法和路径</td></tr>
<tr><td>重点</td><td colspan="6">电气施工三大阶段的任务和要求</td></tr>
<tr><td>难点</td><td colspan="6">理解线槽、线槽板和电缆沟的施工要求</td></tr>
</table>

1. 任务背景

建筑在城市建设中发挥着越来越重要的作用，在建筑电气安装过程中合理的施工方法对提高建筑工程质量有至关重要的作用。安全合理的施工方法取决于对相关规范的了解、对施工工艺的理解。

2. 实训任务及要求

（1）完成书面练习。

通过课本知识、上课内容以及网络信息等方式完成。

（2）通过网络或书籍收集护套线配线、线槽配线和电缆沟配线的施工要求。

应收集最新规范施工要求。

（3）通过网络寻找线槽、线槽板和电缆沟安装视频。

要求图像清晰，施工工艺完整。

（4）训练总结与问题。

通过自学，进行总结提炼。

3. 知识链接

（1）电气工程安装的基本原则：最少的消耗、最短的施工周期、最简便的施工手段和施工方法创造出最佳的产品。

（2）根据《建筑安装工程质量检验评定标准》的规定，建筑安装工程的质量按分项工程、分部工程和单位工程的划分进行检验评定。

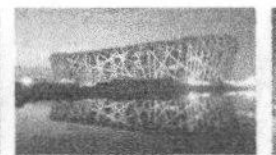

（3）工程质量验收的程序：检验批→分项工程→分部工程→单位工程。

（4）线槽配线最大的优点是检修方便。电缆沟配线的特点是施工与维修方便、电缆存放量大，特别适用于变配电所以及出线较多的场合。线槽板配线的特点是牢固且安装和施工特别简便。其强度可以承载汽车的重量，特别适合不宜大面积施工的改建项目和临时用电设施。

4. 相关练习

（1）电气安装工程施工的依据分别是__________、__________和__________。

（2）当配线采用多相导线时，其相线的颜色应易于区分，相线与零线的颜色应不同，同一建筑物、构筑物内的导线，其颜色选择应________；保护地线（PE 线）应采用________相间的绝缘导线；零线宜采用________绝缘导线。

（3）线槽板配线有何特点？适用什么场合？

____

（4）工程验收时应提交哪些质量控制资料？

____

5. 实施

将护套线配线、线槽配线和电缆沟配线的主要施工要求填入表 1.1 中。

表 1.1　护套线、线槽、电缆沟配线的主要施工要求

名称	序号	主要施工要求	有无视频
护套线	1		
	2		
	3		
	4		
	5		
线槽	1		
	2		
	3		
	4		
	5		
电缆沟	1		
	2		
	3		
	4		
	5		

6. 评估

（1）对练习进行小结，将自学心得和问题填入表 1.2 中。

表 1.2　自学心得和问题

自学心得	
问题	1.
	2.

（2）由老师对练习进行综合评定，填入表 1.3 中。

表 1.3　综合评定

序号	内　容	满　分	得　分
1	练习态度	20	
2	作业完成情况	60	
3	小结质量	20	
合　计		100	

学习领域2

常用电气安装工器具

教学指导页

<table>
<tr><td rowspan="2">授课时间</td><td rowspan="2"></td><td rowspan="2">授课班级</td><td rowspan="2"></td><td rowspan="2">课时分配</td><td>理论</td><td>2</td></tr>
<tr><td>实训</td><td>2</td></tr>
<tr><td rowspan="3">教学任务</td><td rowspan="2">理论</td><td colspan="5">2.1　常用电工操作工具</td></tr>
<tr><td colspan="5">2.2　常用电气施工工器具</td></tr>
<tr><td>实训</td><td colspan="5">常用电气安装工器具的操作使用</td></tr>
<tr><td rowspan="2">教学目标</td><td>知识方面</td><td colspan="5">掌握常用电工操作工具的使用方法；
掌握施工现场常用工器具的使用方法和安全注意事项</td></tr>
<tr><td>技能方面</td><td colspan="5">正确使用电气安装工器具</td></tr>
<tr><td>重点</td><td colspan="6">施工现场常用安装工器具的安全使用</td></tr>
<tr><td>难点</td><td colspan="6">施工现场常用安装工器具的使用注意事项</td></tr>
<tr><td rowspan="2">问题与改进</td><td>学生方面</td><td colspan="5"></td></tr>
<tr><td>教师方面</td><td colspan="5"></td></tr>
</table>

在建筑电气安装工程施工过程中，施工人员会使用很多工器具，能否正确使用工器具关系到工程质量和施工安全。

2.1　常用电工操作工具

常用电工操作工具一般有：验电器、螺丝刀、电工钳和电工刀等。

2.1.1　验电器

验电器是检验导线和电气设备是否带电的一种电工常用工具，验电器可分为低压验电笔和高压验电笔。在施工中低压验电笔用得比较多，高压验电笔一般在变配电所由专业操作人员使用。

低压验电笔按结构分有发光式和液晶显示式，按外形分有笔型和螺丝刀型。

发光式低压验电笔如图2.1所示。发光式低压验电笔使用时，必须按照图2.2所示的正确方法把握。以手指触及笔尾的金属体，使氖管小窗背光朝向自己。当用电笔测试带电体时，电流经带电体、电笔、人体到大地形成通电回路，电笔中的氖管就发光。

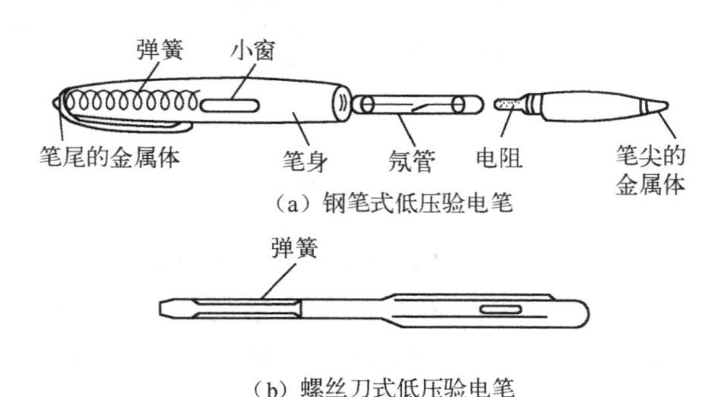

（a）钢笔式低压验电笔

（b）螺丝刀式低压验电笔

图2.1　低压验电笔

液晶显示式测电笔如图2.3所示，可以用来测试交流电或直流电的电压，测试的范围是12V、36V、55V、110V和220V。

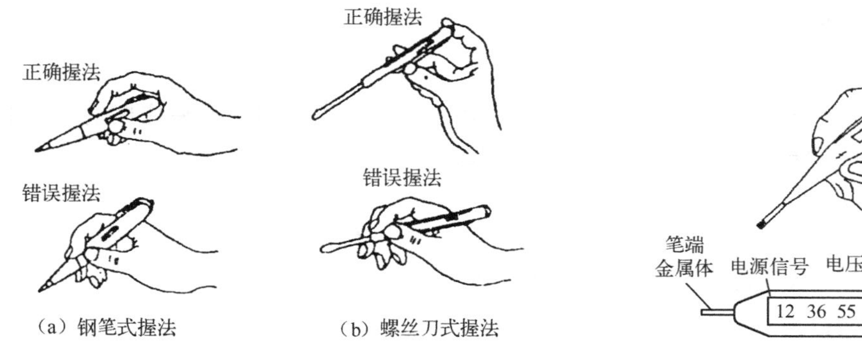

（a）钢笔式握法　（b）螺丝刀式握法

图2.2　低压验电笔握法

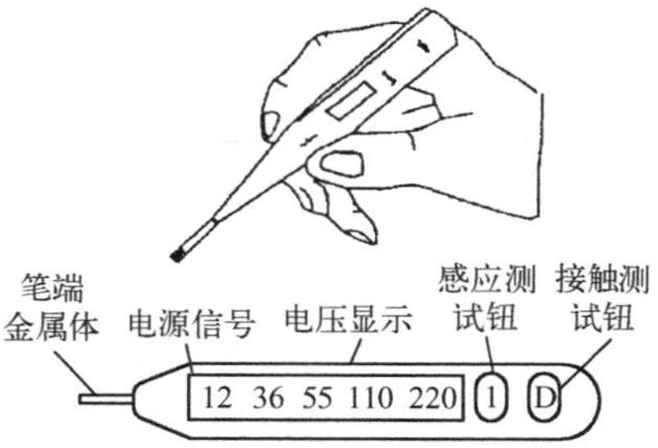

图2.3　液晶显示式测电笔

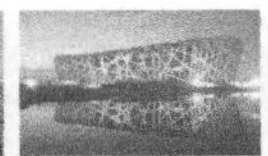
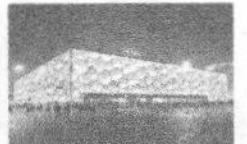

低压验电笔使用注意事项如下：

（1）低压验电笔测量电压范围在 60 ～ 500V 之间，低于 60V 时试电笔的氖泡可能不会发光，高于 500V 时不能用低压验电笔来测量，否则容易造成人身触电。

（2）使用验电笔之前，首先要检查验电笔里有无安全电阻，再直观检查验电笔是否有损坏，有无受潮或进水，检查合格后才能使用。

（3）测试前应先在确认的带电体上试验以证明是良好的，以防止氖泡损坏而得出错误的结论。

（4）有些设备工作时其外壳往往因感应而带电，用验电笔测试有电，但不一定会造成触电危险，这种情况下，必须用其他方法（如用万用表）判断是否真正带电。

2.1.2 螺丝刀

螺丝刀又称旋凿或起子，它是一种坚固或拆卸螺钉的工具。螺丝刀的式样和规格，按握柄材料不同又可分为木柄和塑料柄两种；按头部形状不同可分为一字形和十字形两种，如图 2.4 所示。

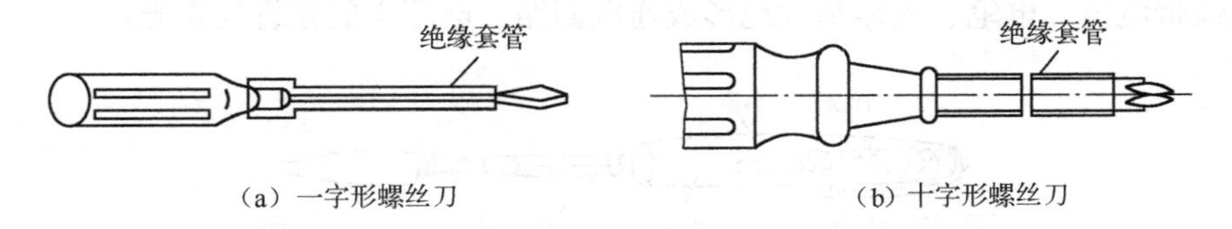

（a）一字形螺丝刀　　（b）十字形螺丝刀

图 2.4　螺丝刀

一字形螺丝刀常用的规格有 50mm、100mm、150mm 和 200mm 等，电工必备的是 100mm 和 150mm 两种。十字形螺丝刀专供紧固和拆卸十字槽的螺钉，常用的规格有四个，Ⅰ号适用于螺钉直径为 2 ～ 2.5mm，Ⅱ号为 3 ～ 5mm，Ⅲ 号为 6 ～ 8mm，Ⅳ号为 10 ～ 12mm。

1. 使用螺丝刀的安全知识

（1）电工不可使用金属杆直通柄顶的螺丝刀，否则使用时很容易造成触电事故。

（2）使用螺丝刀紧固或拆卸带电的螺钉时，手不得触及螺丝刀的金属杆，以免发生触电事故。

（3）为了避免螺丝刀的金属杆触及皮肤或触及邻近带电体，应在金属杆上穿套绝缘管。

2. 螺丝刀的使用技巧

1）大螺丝刀的使用

大螺丝刀一般用来紧固较大的螺钉。使用时，除大拇指、食指和中指夹住握柄外，手掌还要顶住柄的末端，这样就可防止旋转时滑脱，用法如图 2.5（a）所示。

2）小螺丝刀的使用

小螺丝刀一般用来紧固电气装置接线端头上的小螺钉，使用时，可用大拇指和中指夹着握柄，用食指顶住柄的末端捻旋，如图 2.5（b）所示。

3. 较长螺丝刀的使用

较长螺丝刀在使用时，可用右手压紧并转动手柄，左手握住螺丝刀的中间部分，以使螺丝刀不致滑脱，此时左手不得放在螺钉的周围，以免螺丝刀滑出时将手划破。

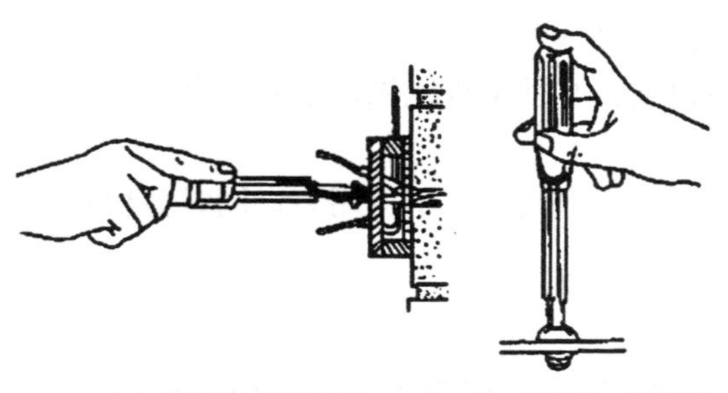

（a）大螺丝刀的使用　　（b）小螺丝刀的使用

图2.5　螺丝刀的使用

2.1.3　电工钳

1. 尖嘴钳

尖嘴钳的头部尖细，适用于在狭小的工作空间操作。尖嘴钳也有铁柄和绝缘柄两种，绝缘柄的耐压为500V，其外形如图2.6所示。

尖嘴钳的用途如下：

（1）带有刃口的尖嘴钳能剪断细小金属丝。

（2）尖嘴钳能夹持较小螺钉、垫圈和导线等元件。

（3）在装接控制线路时，用来弯制单股线芯的压接圈。

2. 斜口钳

斜口钳又称断线钳，用来剪断较粗的金属丝、线材及电线电缆，钳子的刀口也可用来剖切软电线的橡皮或塑料绝缘层等。钳柄有铁柄、管柄和绝缘柄三种形式，其中电工用的绝缘柄断线钳的外形如图2.7所示，其耐压等级为500V。

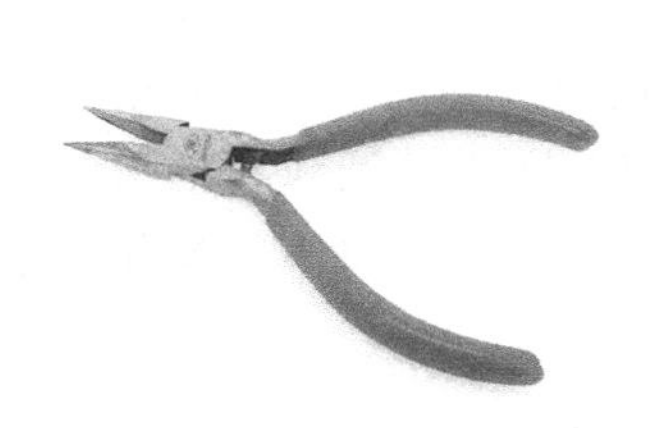

图2.6　尖嘴钳

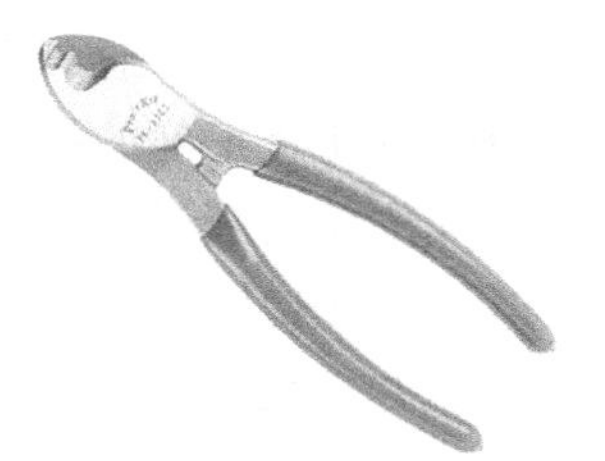

图2.7　斜口钳

3. 钢丝钳

钢丝钳有铁柄和绝缘柄两种，绝缘柄为电工用钢丝钳，常用的规格有150mm、170mm和200mm三种。

1）电工钢丝钳的结构和用途

电工钢丝钳由钳头和钳柄两部分组成，钳头由钳口、齿口、刀口、铡口四部分组成。钳口用来弯绞或钳夹导线线头；齿口用来紧固或起松螺母；刀口用来剪切导线或剖削软导线绝缘层；铡口用来铡切电线线芯、钢丝或铅丝等较硬金属。钢丝钳外形如图2.8所示。

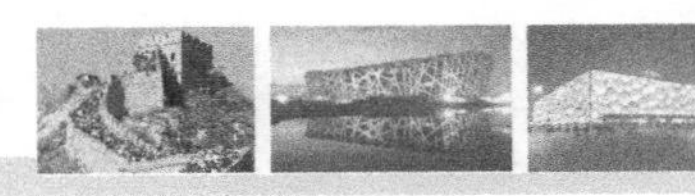

2）使用电工钢丝钳的安全知识

（1）使用电工钢丝钳以前，必须检查绝缘柄的绝缘是否完好。绝缘如果损坏，进行带电作业时会发生触电事故。

（2）用电工钢丝钳剪切带电导线时，不得用刀口同时剪切相线和零线，或同时剪切两根相线，以免发生短路事故。

4. 剥线钳

剥线钳是用于剥除6mm²及以下导线绝缘层的专用工具，它的手柄是绝缘的，可以用于工作电压为500V的带电操作，如图2.9所示。

图2.8 钢丝钳

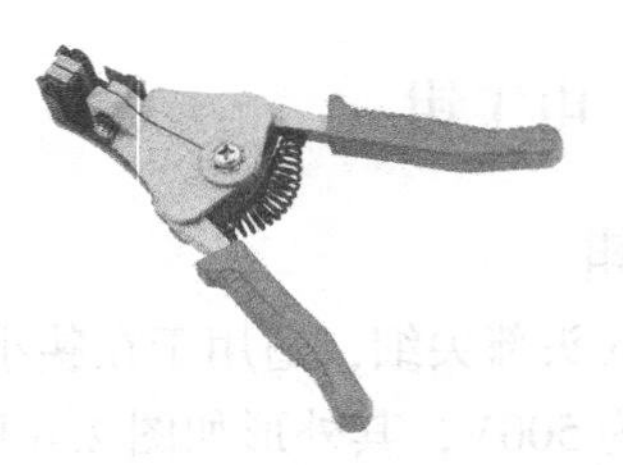

图2.9 剥线钳

剥线钳的规格以全长表示，有140mm和180mm两种，刀口有0.5～3mm多个直径的切口，以适应不同规格芯线的切剥。使用时，将剥削的绝缘长度用标尺定好以后，即可把导线放入相应的刃口中，用手将钳柄一握，导线的绝缘层即被割破自动弹出。

剥线钳的特点是使用方便，工效高，绝缘层切口整齐，不易损伤内部导线。应注意不同粗细的绝缘线在剥皮时应放在相适应的钳口中，以免损伤导线。

2.1.4 电工刀

电工刀是一种剥削和切割电工器材的常用工具，用于电工割切导线绝缘层、削制木榫、切割木台缺口等。电工刀有普通、两用和多用等三种，电工刀外形如图2.10所示。

使用电工刀时应注意正确的操作方法。剥导线绝缘层时，刀口朝外45°角倾斜推削，用力要适当，不可操作导线金属体。电工刀的刀口应在单面上磨出呈圆弧状的刃口。在剖削绝缘体的绝缘层时，必须使圆弧状刀面贴在导线上进行切割，这样刀口不易操作线芯。用电工刀剖削线头如图2.11所示。

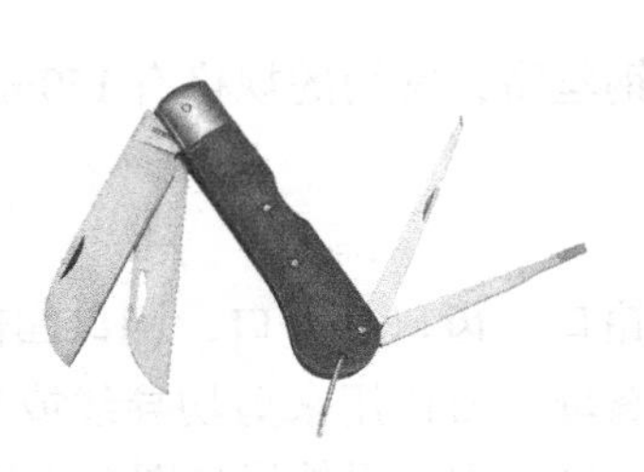

图2.10 电工刀

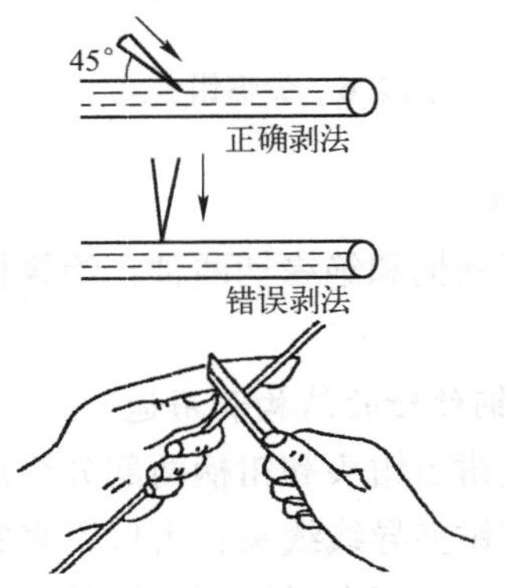

图2.11 用电工刀剖削线头

使用电工刀的安全注意事项如下：

（1）电工刀使用时注意避免伤手。

（2）电工刀用毕，将刀身折进刀柄。

（3）电工刀柄是无绝缘保护的，不能带电操作，有绝缘保护的新式电工刀也应注意操作安全，防止触电。

2.2　常用电气施工工器具

2.2.1　手锯

手锯是常用的锯割工具，由锯弓和锯条组成。手锯示意图如图 2.12 所示。

手锯安全使用注意事项如下：

（1）根据材质的软硬、厚薄选择厚薄锯条和粗齿、细齿锯条。

（2）锯条的绷紧程度要适当，若过紧，锯条会因受力而失去弹性，锯割时稍有弯曲，就会崩断；若安装过松，锯割时不但容易弯曲造成折断，而且锯缝易歪斜。

（3）安装锯条时要注意方向，即锯齿的齿尖方向要向前，若反装则不易操作。

2.2.2　电动切割机

电动切割机又叫砂轮机或电动无齿锯，在电气施工中，它主要用来切割管子和金属材料。电动切割机主要由基座、砂轮、电动机、托架、防护罩等组成，其外形如图 2.13 所示。

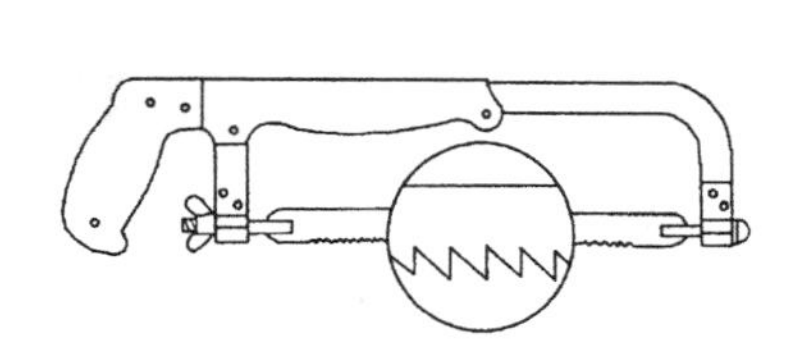

图 2.12　手锯

图 2.13　电动切割机

电动切割机使用注意事项如下：

（1）启动电动切割机时，应先开启手柄上的电源开关，检查一下运转方向是否正确，待确认并稳定后再进行切割操作。

（2）要检查确认电动切割机是否完好，砂轮片是否有裂纹缺陷，禁止使用带病设备和不合格的砂轮片。

（3）切料时不可用力过猛或突然撞击，遇到异常情况要立即关闭电源。

（4）被切割的料要用台钳夹紧，不准一人扶料一人切料，并且在切料时人必须站在砂轮片的侧面。

（5）更换砂轮片时，要待设备停稳后进行，并要对砂轮片进行检查确认。

（6）操作中，机架上不准存放工具和其他物品。

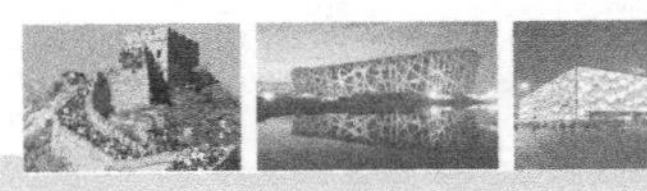

(7) 电动切割机外壳必须连接接地线，以免发生触电事故。

2.2.3 电钻

电钻是利用电作为动力的钻孔机具。电钻的工作原理是通过小容量电动机运转，经传动机构驱动钻头，刮削物体表面并洞穿物体。电钻可分为手电钻、冲击钻和电锤三种。

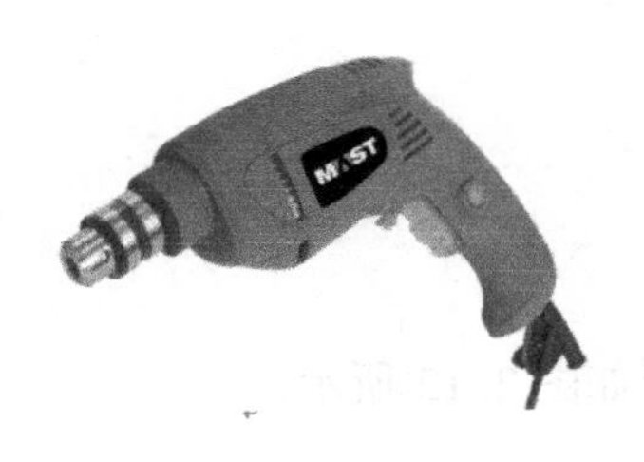

图 2.14 手电钻

1. 手电钻

手电钻有手枪式和手提式两种。手枪式如图 2.14 所示，通常采用 220V 或 36V 的交流电源。手电钻常用的钻头是麻花钻。手电钻由于体积小、功率小，一般适合金属材料和木质材料的钻孔之用。若做些改进，还可以做搅拌用，可以给螺杆套丝，还可以当手提砂轮机使用。

2. 冲击钻

冲击钻如图 2.15 所示，它是一种旋转带冲击的电钻，比普通电钻多出很小的震动钻孔能力，适合在石材上面进行钻孔。冲击钻的好处就是冲击力小，避免对易碎材料的破坏。

3. 电锤

电锤如图 2.16 所示，依据旋转和捶打来工作。钻头为专用的电锤钻头，有较大的冲击力，可在墙面、混凝土、石材上面进行打孔，功率一般要比冲击钻大。有的电锤可以进行调节，调节到适当位置配上适当钻头可以代替普通电钻和冲击钻使用。

图 2.15 冲击钻

图 2.16 电锤与钻头

电钻使用注意事项如下：

(1) 根据需加工的对象选择合适的电钻机钻头。

(2) 为保证安全，使用电压为 220V 的电钻时，应戴绝缘手套，在潮湿的环境中应采用电压为 36V 的电钻。

(3) 使用前检查电源线插头是否良好，有无接地装置，外壳手柄有无裂纹或破损。

(4) 通电后，应使冲击钻空钻 1min，以检查传动部分和冲击部分转动是否灵活。

(5) 机具不可弄湿，不得在潮湿环境下操作，机具把柄要保持清洁干燥，以便两手能握牢。

(6) 若是多用途冲击钻或电锤，应根据工作要求，调整机具的工作方式，选择至合适位置。

(7) 不熟悉机具使用的人员不准擅自使用，只允许单人操作。作业时，需要戴防护眼镜，登高使用机具时，应做好防止感应触电坠落的安全措施。

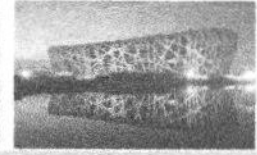

（8）遇到坚硬物体时，不要施加过大压力，出现卡钻时，要立即关掉开关，严禁带电硬拉、硬压和用力扳扭，以免发生事故。

2.2.4 射钉枪

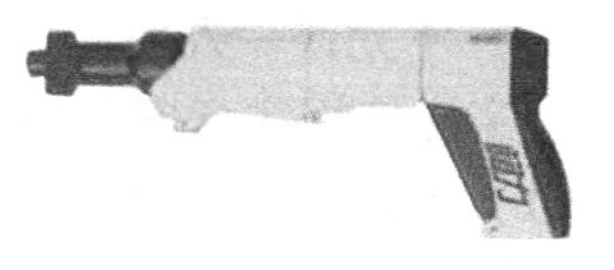

图2.17 射钉枪

射钉枪利用枪管内弹药爆发时的推力，将特殊形状的螺钉（射钉）射入钢板或混凝土构件中，以安装或固定各种电气设备、仪表、电线电缆以及水电管道，如图2.17所示。

射钉枪可以代替凿孔、预埋螺钉等手工劳动，提高工程质量，降低成本，缩短施工周期，是一种先进的安装工具。

射钉枪使用注意事项如下：

（1）必须了解被射物体的厚度、质量、墙内暗管、暗线和墙后面安装设备是否符合射钉要求，要求被射击物件厚度大于射钉长度的2.5倍。

（2）必须查看射击方向情况，防止射钉射穿后发生其他设备及人身的伤亡事故。在2.5m高度以下射击时，射击方向的物体背后禁止有人。

（3）弹药一经装入弹仓，射手不得离开射击地点，同时枪不离手，更不得随意转动枪口。严禁对着人开玩笑，防止走火发生意外事故，并尽量缩短射击时间。

（4）射手在操作时，要佩戴防护眼镜、手套和耳塞，周围严禁有闲人，以防发生意外。

（5）发射时，枪管与护罩必须紧紧贴在被射击平面上，严禁在凹凸不平的物体上发射。当第一枪未射入或未射牢固时，严禁在原位补射第二枪，以防射钉穿击发生事故，在任何情况下都不准卸下防护罩射击。

（6）当发现有“臭弹”或发现不灵现象时，应将枪身掀开，把子弹取出，找出原因后再使用。

（7）射入点距离建筑物边缘不要过近（不小于10cm），以防墙构件裂碎伤人。

2.2.5 梯子

梯子是登高的用具。梯子的种类和形式很多，按材质分有竹制、木制、钢制和铝合金等多种，按使用方式可分为靠梯和人字梯两种，按结构形式可分为折叠梯、伸缩梯和升降梯等。一般电气安装常用的梯子为靠梯（如图2.18所示）和人字梯（如图2.19所示）。

图2.18 竹制靠梯

图2.19 铝合金人字梯

靠梯使用注意事项如下：

（1）应根据使用场合，选择长短适中的梯子，不宜绑接使用梯子。

(2) 梯子与地面的斜角为60°左右。

(3) 在距离梯顶1m处应设限高标志。

(4) 不允许一人使用梯子，使用时应有人扶守。

人字梯使用注意事项如下：

(1) 使用人字梯时，其开度不得大于梯长的1/2，应加拉链或拉绳限制其开度，或采取相应限制开度措施。

(2) 人在梯子上作业时，禁止移动梯子，防止梯子损坏和人员从梯上摔落。

(3) 一架人字梯一般不宜两人操作，以免负荷过大。

(4) 须经常检查人字梯顶连接处是否牢固，防止连接处松动、脱节，造成摔跌事故。

使用梯子总体安全注意事项如下：

(1) 梯脚底部要坚实，并且要采取加包扎、钉胶皮、锚固或夹牢等防滑措施。

(2) 无论用哪种梯子上下，都须面向梯子，不允许手中持带任何器物。

(3) 踏板上下间距以300mm为宜，不能有缺档。

(4) 作业时禁止超过标明的最大承重量使用。

(5) 禁止在强风中使用梯子。

(6) 金属梯子避免靠近带电场所。

2.2.6 弯管器

弯管器是电工排线布管的常用工具，使用弯管器对电线管折弯，能使排管更美观，并减少了人力成本，大大提高了工作效率。弯管器按弯管时加热与否分为冷弯管器和热推弯管器；按传动方式分为气动、手动、机械传动和液压传动四种；按控制方式分为手动、半自动、自动和数控等。

1. 各类弯管器的适用范围

(1) 手动液压弯管器：它利用液压原理对管材进行弯曲加工，手动液压弯管器如图2.20所示。主要应用于铝塑管、铜管等管道或单件、小批量生产的管材。这种弯管器在施工现场用得较多，因为它体积小、携带方便、操作简单、使用方便，基本能满足弯管要求。

(2) 半自动弯管器：半自动弯管器一般只对弯管角度进行自动控制，主要用于中、小批量的生产，半自动弯管器如图2.21所示。它具有效率高、劳动强度小和弯曲质量好等特点。

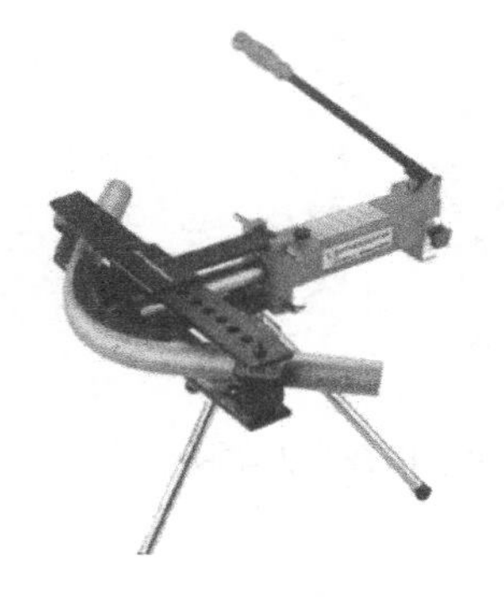

图2.20 手动液压弯管器

图2.21 半自动弯管器

（3）自动控制弯管器：自动控制弯管器通过尺寸预选机构和送料小车以及程序控制系统对弯管全过程（送进、弯管和空间转角）进行自动控制。这种弯管器一般采用液压传动、伺服电动机控制，生产效率高，但前期投入大，且不适合管材尺寸参数多变的场合，适用于大批量生产。

（4）数控弯管器：能够根据零件图规定的尺寸，通过输入数据来实现弯管过程的全自动控制。它适用于大批量生产，尤其是管材尺寸参数多变的场合。

2. 液压弯管器使用注意事项

（1）所弯管子的外径一定要与弯管模的凹槽相符、贴合好。

（2）使用弯管器时切忌超压、超载。

（3）正确使用设备上安全防护和保险装置，不得任意拆动。

（4）弯管器运转冲制中，操作者站立要恰当，手和头部应与弯管器保持一定的距离。严禁与他人闲谈。

2.2.7　压接钳

压接钳是导线和接线端子连接时的压接工具，常用的压接钳有手动压接钳（如图2.22所示）和液压压接钳（如图2.23所示）。手动压接钳主要压接小规格的多股导线，液压压接钳用于压接大规格的导线。

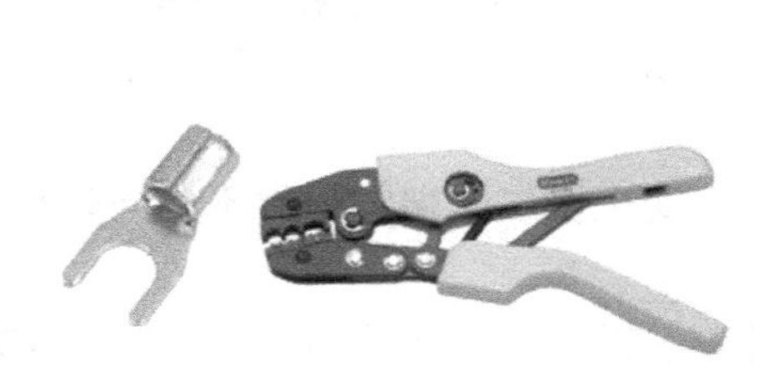

图2.22　手动压接钳及端子

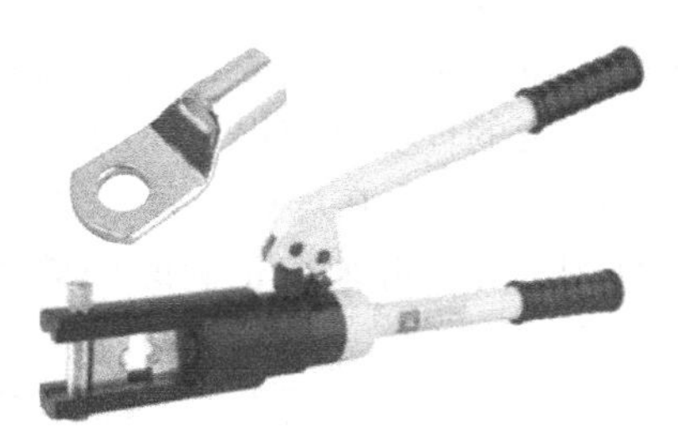

图2.23　液压压接钳及端子

液压压接钳使用注意事项如下：

（1）压接模应与接线端子的规格相符，并要正确安装压模，否则将导致压模及压头部破损。

（2）禁止不夹电线、端子（或套管）的空压接，否则容易损坏压钳工具。

（3）接线端子塞入钳内要注意位置和方向以确保压接紧密和美观。

（4）一个接线端子一般压两次，压接时要注意压接顺序并一压到底以确保压接质量。

2.2.8　电焊机

电焊机是将电能瞬间转换为热能的设备（如图2.24所示）。它利用正负两极在瞬间短路时引燃电弧，通过高温电弧熔化电焊条和焊材，瞬间将同种（或异种）金属材料永久性地连接，冷却后甚至达到与母材同等的强度。电焊机的结构简单、操作灵活、焊接牢固，被广泛应用于施工现场。

电焊机按输出电源种类可分为交流电焊机和直流电焊机，直流电焊机以焊有色金属、生铁为主，用于制造压力容器锅炉、管道等。交流电焊机以焊钢板为主，一般用在需要焊接钢材的场所。交流电焊机原理图如图2.25所示。

图 2.24　交流电焊机

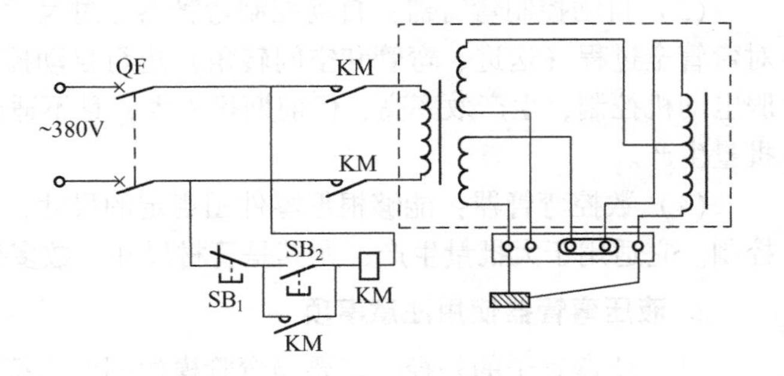

图 2.25　交流电焊机原理图

电焊机使用注意事项如下：

(1) 使用前，应检查初、次级接线是否正确。次级抽头连接铜板应压紧，接线柱应有垫圈。电焊机一次线和二次线的接线柱端口都必须有良好的防护罩。

(2) 电焊机的一次线（电源线）一般不超过 5m，二次线长度一般不应超过 30m。二次线宜采用 YHS 型橡皮护套铜芯多股软电缆，最好不要有接头。

(3) 多台电焊机集中使用时，应分别接在三相电源网络上，使三相负载平衡。电焊机的使用坚持“一机一闸一漏一箱”的原则。

(4) 电焊机导线和接地线不得搭在易燃、易爆和带有热源的物品上，接地线不得接在管道、机械设备和建筑物的金属结构、管道、轨道或其他金属物体搭起来形成焊接回路。

(5) 在不良的环境下施焊，使用“一垫一套”防止触电。即在焊工脚下加绝缘垫，停止焊接时，取下焊条，在焊钳上套上“绝缘套”。

(6) 使用电焊机应采取正确的保护接零措施，变压器二次端与焊件不应同时存在接地（接零）装置。

(7) 焊接现场 10m 范围内，不得堆放油类、木材、氧气瓶、乙炔发生器等易燃、易爆物品。

(8) 移动电焊机应先切断电源。完成焊接作业立即切断电源，关闭电焊机开关，分别清理好焊钳电源和地线。

实训 2　常用电气安装工器具的操作使用

实训班级		姓 名		实训成绩	
实训时间		学 号		实训课时	2
实训任务	1. 训前完成书面练习				
	2. 常用电气安装工器具的使用				
	3. 实训评估、总结与问题				
实训目标	知识方面	掌握常用电工操作工具的使用方法； 掌握施工现场常用工器具的使用方法和安全注意事项			
	技能方面	正确使用电气安装工器具			
重点	电钻和电动切割机的使用				
难点	掌握各种安装工器具的使用技巧				

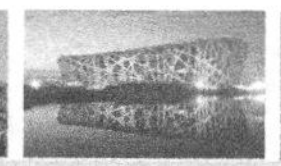

1. 任务背景

对从事电气工程施工的人员来说，掌握常用安装工器具的使用方法和使用技巧，工作时将会有事半功倍的效果。了解和熟知安装工器具的安全使用注意事项，会减少很多电气事故的发生。总之，熟练掌握安装工器具的使用技能，有助于提高工作效率、施工质量和安全系数。否则会危及设备、财产甚至生命的安全。

2. 实训任务及要求

（1）训前完成书面练习。

通过课本知识、上课内容以及网络信息等方式完成。

（2）常用电气安装工器具的使用。

主要完成电笔、截管器、剥线钳、电钻、压接钳、电动切割机等的使用。

（3）实训评估、总结与问题。

完成实训后，应对实训工作进行评估、总结和分析，分享收获与提高，分析不足与问题。

3. 重点提示

（1）使用电钻时，根据工件材质选择合适的钻头，钻孔时工件应固定。

（2）使用电工刀要注意周边情况，不要剥、削时伤到周边的人。

（3）电动切割机使用时，要注意电源、转向及外壳接地等事项。

4. 知识链接

1）电动切割机使用注意事项

（1）启动电动切割机时，应先开启手柄上的电源开关，检查一下运转方向是否正确，待确认并稳定后再进行切割操作。

（2）要检查确认电动切割机是否完好，砂轮片是否有裂纹缺陷，禁止使用带病设备和不合格的砂轮片。

（3）切料时不可用力过猛或突然撞击，遇到有异常情况要立即关闭电源。

（4）被切割的料要用台钳夹紧，不准一人扶料一人切料，并且在切料时人必须站在砂轮片的侧面。

（5）更换砂轮片时，要待设备停稳后进行，并要对砂轮片进行检查确认。

（6）操作中，机架上不准存放工具和其他物品。

（7）电动切割机外壳必须连接接地线，以免发生触电事故。

2）电钻使用注意事项

（1）根据需加工的对象选择合适的电钻机钻头。

（2）为保证安全，使用电压为 220V 的电钻时，应戴绝缘手套，在潮湿的环境中应采用电压为 36V 的电钻。

（3）使用前检查电源线插头是否良好，有无接地装置，外壳手柄有无裂纹或破损。

（4）通电后，应使冲击钻空钻 1min，以检查传动部分和冲击部分转动是否灵活。

（5）机具不可弄湿，不得在潮湿环境下操作，机具把柄要保持清洁干燥，以便两手能握牢。

(6) 若是多用途冲击钻或电锤，应根据工作要求，调整机具的工作方式，选择至合适位置。

(7) 不熟悉机具使用的人员不准擅自使用，只允许单人操作。作业时，需要戴防护眼镜，登高使用机具时，应做好防止感应触电坠落的安全措施。

(8) 遇到坚硬物体时，不要施加过大压力，出现卡钻时，要立即关掉开关，严禁带电硬拉、硬压和用力扳扭，以免发生事故。

5. 相关练习

(1) 简述手电钻、冲击钻和电锤的使用区别。

____

____

____

(2) 将常用安装工器具的名称及用途填入表 2.1 中。

表 2.1　常用安装工器具的名称及用途

常用工器具	名　称	用　途
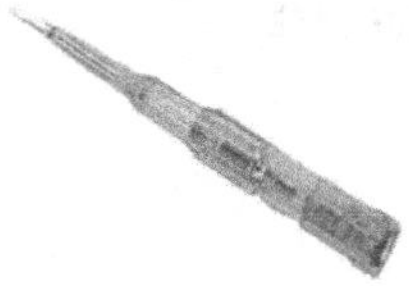		

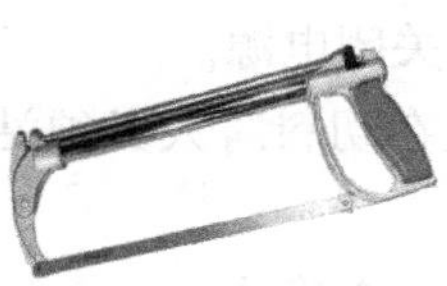		
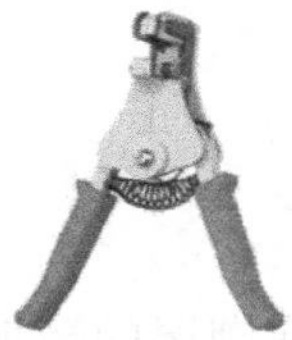		

续表

常用工器具	名　称	用　途

6. 计划

将常用工器具的使用步骤填入表2.2中。

表2.2　常用工器具的使用步骤

步　骤	液　压　钳	电动切割机	冲　击　钻
1			
2			
3			
4			
5			

7. 实施

逐项轮流使用验电笔、手锯、剥线钳、手动压接钳、手电钻、电动切割机及弯管器。

8. 评估

（1）对操作工器具效果进行评估，填写表2.3。

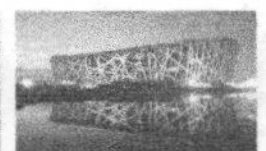

表 2.3　操作工器具效果评估

序　号	工　　具	掌 握 与 否	使用效果自评或互评
1	验电笔		
2	剥线钳		
3	手电钻		
4	手锯		
5	弯管器		
6	手动压接钳		
7	电动切割机		

（2）对任务完成情况进行分析，填写表 2.4。

表 2.4　任务完成情况分析

完 成 情 况	未完成内容	未完成的原因
完成 □ 未完成 □		

（3）根据实训的心得、不足与问题，填写表 2.5。

表 2.5　心得、不足与问题

心得	
不足	
问题	1.
	2.

（4）由老师对实训进行综合评定，填入表 2.6。

表 2.6　综合评定

序号	内　　容	满　分	得　分
1	训前准备与练习	30	
2	计划合理性	30	
3	完成任务	40	
合　　计		100	

学习领域3

常用电工测量仪表

教学指导页

<table>
<tr><td>授课时间</td><td></td><td>授课班级</td><td></td><td rowspan="2">课时分配</td><td>理论</td><td>2</td></tr>
<tr><td></td><td></td><td></td><td></td><td>实训</td><td>4</td></tr>
<tr><td rowspan="6">教学任务</td><td rowspan="5">理论</td><td colspan="5">3.1　万用表</td></tr>
<tr><td colspan="5">3.2　钳形表</td></tr>
<tr><td colspan="5">3.3　兆欧表</td></tr>
<tr><td colspan="5">3.4　接地电阻测试仪</td></tr>
<tr><td colspan="5">3.5　电能表的安装接线</td></tr>
<tr><td>实训</td><td colspan="5">单相、三相电能表的接线和测试</td></tr>
<tr><td rowspan="2">教学目标</td><td>知识方面</td><td colspan="5">掌握万用表、钳形表及兆欧表的使用方法；
掌握电能表的接线方法及注意事项</td></tr>
<tr><td>技能方面</td><td colspan="5">电能表的安装接线</td></tr>
<tr><td>重点</td><td colspan="6">单相、三相四线电能表的接线</td></tr>
<tr><td>难点</td><td colspan="6">互感器、电能表、电流表等组合接线</td></tr>
<tr><td rowspan="2">问题与改进</td><td>学生方面</td><td colspan="5"></td></tr>
<tr><td>教师方面</td><td colspan="5"></td></tr>
</table>

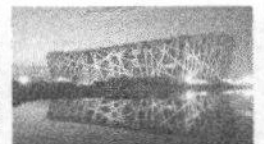

在电气人员工作中，对于电气设备的正常与否，除了人们在实践中凭借经验进行观测分析外，更多地是借助仪表进行测量，进而判断电气设备是否正常。其中便携式万用表、兆欧表和钳形电流表（俗称电工三表）是对电压、电流、电阻等参数测量不可缺少的工具。还有接地电阻测试仪及电度表等。正确使用电工仪表不仅是技术上的要求，而且关系到工程质量、施工安全和仪器仪表本身的使用寿命。

3.1 万用表

万用表能测量直流电流、直流电压、交流电压和电阻等，有的还可以测量功率、电感和电容等，是电工最常用的仪表之一。

3.1.1 指针式万用表

1. 万用表的结构及外形

万用表主要由指示部分、测量部分和转换装置三部分组成。指示部分通常为磁电式微安表，俗称表头；测量部分是把被测的电量转换为适合表头要求的微小直流电流，通常包括分流电路、分流电压和整流电路；不同种类电量的测量仪表及量程的选择是通过转换装置来实现的。指针式万用表的外形如图 3.1 所示。

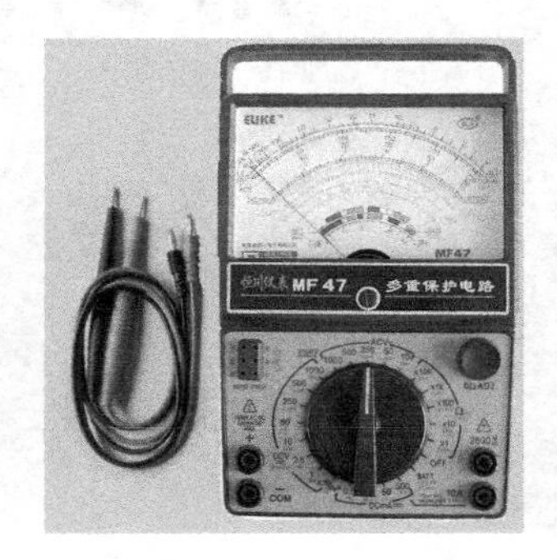

图 3.1 指针式万用表

2. 万用表的使用方法

1）端钮（或插孔）选择要正确

红色表笔连接线要接到红色端钮上（或标有“+”号的插孔内），黑色表笔的连接线应接到黑色端钮上（或接到标有“-”号的插孔内）。

2）转换开关位置的选择要正确

根据测量对象将转换开关转到需要的位置上。如测量电流时应将转换开关转到相应的电流挡；测量电压时转到相应的电压挡。有的万用表面板上有两个转换开关，一个用来选择测量种类，另一个用来选择测量量程，使用时应先选择测量种类，然后选择测量量程。

3）量程选择要合适

根据被测量的大致范围，将转换开关转至该种类的适当量程上。测量电压或电流时，最好使指针在量程的二分之一到三分之二的范围内，这样读数较为准确。

4）正确进行读数

在万用表的标度盘上有很多标度尺，它们分别适用于不同的被测对象，因此，测量时在对应的标度尺上读数的同时，还应注意标度尺读数和量程挡的配合，以避免差错。

5）欧姆挡的正确使用

测量电阻时，应选择合适的倍率挡，倍率挡的选择应以使指针停留在刻度线较稀的部分为宜。指针越接近标度尺的中间则读数越准确；越向左刻度线靠近，读数的准确度则越差。

测量电阻前，应将万用表调零，即将两根测试棒碰在一起，同时转动“调零旋钮”，使

指针刚好指在欧姆刻度尺的零位上，这一步骤称为欧姆挡调零。每换一次欧姆挡，测量电阻之前都要重复这一步骤，从而保证测量的准确性。如果指针不能调到零位，说明电池电压不足，需要更换。

不能带电测量电阻。万用表是由干电池供电的，被测电阻绝不能带电，以免损坏表头。在使用欧姆挡间隙中不要让两根测试棒短接，以免浪费电池。

3. 操作注意事项

（1）在使用万用表时要注意，手不可触及测试棒的金属部分，以保证安全和测量的准确度。

（2）在测量较高电压或较大电流时，不能带电转动转换开关，否则有可能使开关烧坏。

（3）万用表用完后最好将转换开关转到交流电压最高量程挡，此挡对万用表最安全，以防下次测量时疏忽而损坏万用表。

（4）在测试棒接触被测线路前应再做一次全面检查，看一看各部分是否有误。

3.1.2　数字式万用表

目前，数字式测量仪表已成为主流，有取代模拟式仪表的趋势。与模拟式仪表相比，数字式仪表灵敏度和准确度高，显示清晰，过载能力强，便于携带，使用更简单。数字式万用表外形结构如图3.2所示。

图3.2　数字式万用表

1. 使用方法

（1）使用前，应认真阅读有关使用说明书，熟悉电源开关、量程开关、插孔、特殊插口的作用。

（2）将电源开关置于ON位置。

（3）交直流电压的测量。根据需要将量程开关拨至DCV（直流）或ACV（交流）的合适量程，红表笔插入V/Ω孔，黑表笔插入COM孔，并将表笔与被测线路并联，读数即显示被测电压值。

（4）交直流电流的测量。将量程开关拨至DCA（直流）或ACA（交流）的合适量程，红表笔插入mA孔（<200mA时）或10A孔（>200mA时），黑表笔插入COM孔，并将万用表串联在被测电路中即可。测量直流量时，数字式万用表能自动显示极性。

（5）电阻的测量。将量程开关拨至Ω的合适量程，红表笔插入V/Ω孔，黑表笔插入COM孔。如果被测电阻值超出所选择量程的最大值，万用表将显示“1”，这时应选择更高的量程。测量电阻时，红表笔为正极，黑表笔为负极，这与指针式万用表正好相反。因此，测量晶体管、电解电容器等有极性的元器件时，必须注意表笔的极性。

2. 注意事项

（1）如果无法预先估计被测电压或电流的大小，则应先拨至最高量程挡测量一次，再视情况逐渐把量程减小到合适位置。测量完毕，应将量程开关拨到最高电压挡，并关闭电源。

（2）满量程时，仪表仅在最高位显示数字“1”，其他位均消失，这时应选择更高的量程。

（3）测量电压时，应将数字式万用表与被测电路并联。测量电流时，应将数字式万用表

与被测电路串联，测量直流量时不必考虑正、负极性。

(4) 当误用交流电压挡去测量直流电压，或误用直流电压挡去测量交流电压时，显示屏将显示“000”，或低位上的数字出现跳动。

(5) 禁止在测量高电压（220V 以上）或大电流（0.5A 以上）时换量程，以防止产生电弧而烧坏开关触点。

(6) 当显示“ - ”、“BATT”或“LOW BAT”时，表示电池电压低于工作电压。

3.2 钳形表

在电工维修工作中，经常要求在不断开电路的情况下测量电路电流，钳形电流表可以满足这个要求，其外形如图 3.3 所示。钳形表不断开电路测量负载电流如图 3.4 所示。

图 3.3　钳形电流表

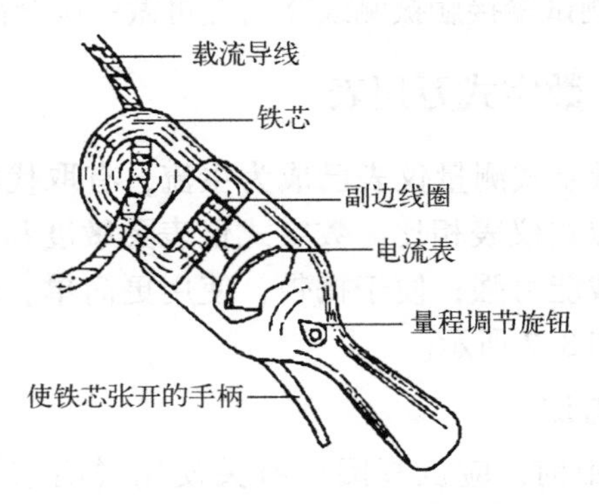

图 3.4　钳形电流表测量示意图

1. 钳形电流表的使用方法

(1) 在测量之前，应根据被测电流大小、电压高低选择适当的量程。若对被测量值无法估计时，应从最大量程开始，逐渐变换合适的量程，但不允许在测量过程中切换量程挡，即应松开钳口换挡后再重新夹持载流导体进行测量。

(2) 测量时，为使测量结果准确，被测载流导体应放在钳形口的中央。钳口要紧密接合，如遇有杂音时可重新开口一次再闭合。若杂音仍存在，应检查钳口有无杂物和污垢，待清理干净后再进行测量。

(3) 测量小电流时，为了获得较准确的测量值，可以设法将被测载流导线多绕几圈夹入钳口进行测量，但此时应把读数除以导线绕的圈数才是实际的电流值。

测量完毕后，一定要把仪表的量程开关置于最大量程位置上，以防下次使用时忘记换量程而损坏仪表。使用完毕后，将钳形电流表放入箱内保存。

2. 钳形电流表使用注意事项

(1) 使用钳形电流表进行测量时，应当注意保持人体与带电体之间有足够的安全距离。电业安全规则中规定最小安全距离不应小于 0.4m。

(2) 测量裸导线上的电流时，要特别注意防止引起相间短路或接地短路。

(3) 在低压架空线上进行测量时，应戴绝缘手套，并使用安全带，必须有两人操作，一

人操作，另一人监护。测量时不得触及其他设备，观察仪表时，要特别注意保持头部与带电部位的安全距离。

（4）钳形电流表的把手必须保持干燥，并且进行定期检查和试验，一般一年进行一次。

3.3　兆欧表

兆欧表又称高阻表和绝缘摇表，用来测量大电阻值，主要是绝缘电阻的直读式仪表。它是专用于检查和测量电气设备和供电线路绝缘电阻的可携式仪表，外形如图3.5所示。

图3.5　兆欧表

1. 兆欧表的选用

选择兆欧表要根据所测量的电气设备的电压等级和测量绝缘电阻范围而定。选用其额定电压一定要与被测电气设备或电气设备线路的工作电压相对应。

测量额定电压在500V以下的电气设备时，宜选用500V或1000V的兆欧表。如果测量高压电气设备或电缆，可选用1000～2500V的兆欧表，量程可选0～2500Ω的兆欧表。

2. 兆欧表使用前的校表

首先将被测的设备断开电源，并进行2～3min的放电，以保证人身和设备的安全，这一要求对具有电容的高压设备尤其重要，否则绝不能进行测量。

兆欧表测量之前应做一次短路和开路试验。当兆欧表表笔“地（E）”、“线（L）”处于断开的状态时，转动摇把，观察指针是否在“∞”处，再将兆欧表表笔“地（E）”、“线（L）”两端短接起来，缓慢转动摇把，观察指针是否在“0”位。如果上述检查发现指针不能指到“∞”或“0”位，则表明兆欧表有故障，应检修后再用。

3. 兆欧表测量接线的方法

兆欧表有三个端钮，即接地E端、线路L端和保护环G端。测量电路绝缘电阻时，E端接大地，L端接电线，即测的是电线与大地之间的电阻；测量电动机的绝缘电阻时，E端接电动机的外壳，L端接电动机的绕组；测量电缆绝缘电阻时，除E端接电缆外壳，L端接电缆芯外，还需要将电缆壳、芯之间的内层绝缘接至G端，以消除因表面漏电而引起的测量误差。绝缘测试接线如图3.6所示。

4. 兆欧表使用注意事项

（1）兆欧表在不使用时应放于固定的橱内，环境气温不宜太低或太高，切忌放于污秽、潮湿的地面上，并避免置于有腐蚀作用的空气（如酸、碱等蒸汽）之中。

（2）应尽量避免剧烈、长期的震动使表头轴尖和宝石受损而影响仪表的准确度。

（3）接线柱与被测物之间连接的导线不能用绞线，应分开单独连接，不致因绞线绝缘不良而影响读数。

（4）在测量前后应对被测物进行充分放电，以保障人身和设备安全。

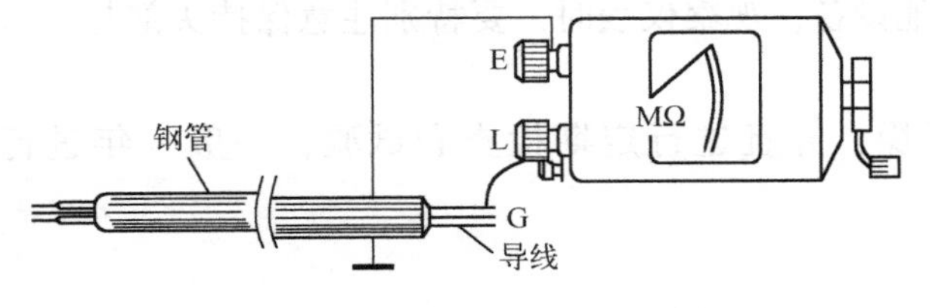

（a）测量照明或动力线路绝缘电阻

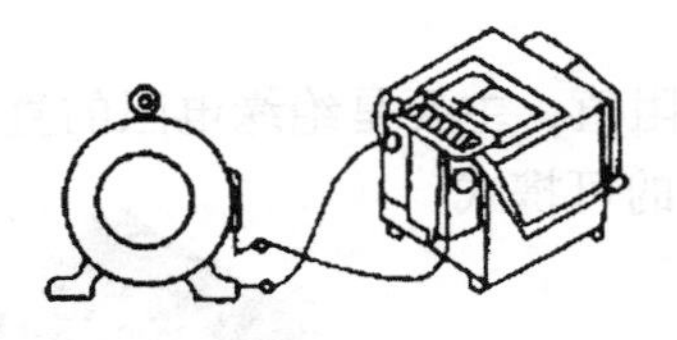

（b）测量电动机绝缘电阻

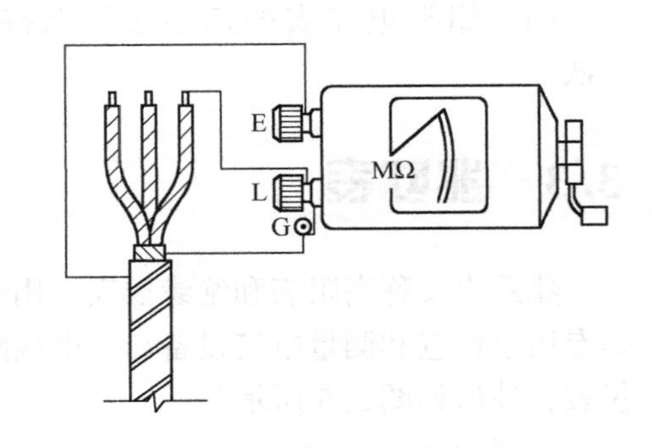

（c）测量电缆绝缘电阻

图 3.6　兆欧表测量时接线方法

（5）在测量雷电及邻近带高压导体的设备时，禁止用绝缘电阻表进行测量，只有在设备不带电又不可能受其他电源感应而带电时才能进行。

（6）转动手柄时由慢转快，如发现指针指零时不许继续用力摇动，以防线圈损坏。

3.4　接地电阻测试仪

接地电阻测试仪又可叫接地摇表、接地电阻表。

接地电阻是指埋入地下的接地体电阻和土壤散流电阻，通常采用接地电阻测量仪进行测量。

接地电阻测试仪按供电方式分为传统的手摇式和电池驱动，按显示方式分为指针式和数字式。手摇式接地摇表如图 3.7（a）所示，数字式接地摇表如图 3.7（b）所示。

（a）手摇式接地摇表

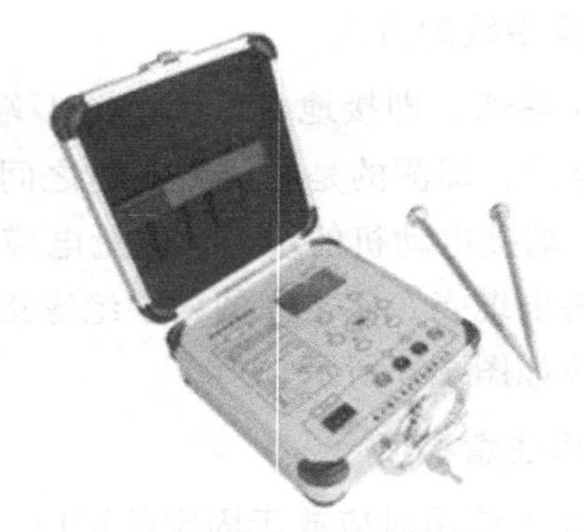

（b）数字式接地摇表

图 3.7　接地电阻测试仪

凡施工图上有防雷接地装置的建筑物、构筑物、配电室、高压输电线路等，当防雷接地体地下部分工程完工后要及时对接地体的接地电阻值进行测量；单位工程竣工时还要进行复测，作为工程竣工的资料之一。

1. 接地电阻测试仪的组成

（1）接地电阻测试仪一台。

（2）电位探针和电流探针各一支。

（3）导线5m、20m、40m各一根。

2. 接地电阻测试仪的接线方式

仪表上的E端钮接5m导线，P端钮接20m导线，C端钮接40m导线，导线的另一端分别接被测物接地极E′、电位探针P′和电流探针C′，且E′、P′、C′应保持直线，其间距为20m。

当测量大于等于1Ω接地电阻时接线图见图3.8，将仪表上两个E端钮连接在一起。

当测量小于1Ω接地电阻时接线图见图3.9，将仪表上两个E端钮导线分别连接到被测接地体上，以消除测量时连接导线电阻对测量结果引入的附加误差。

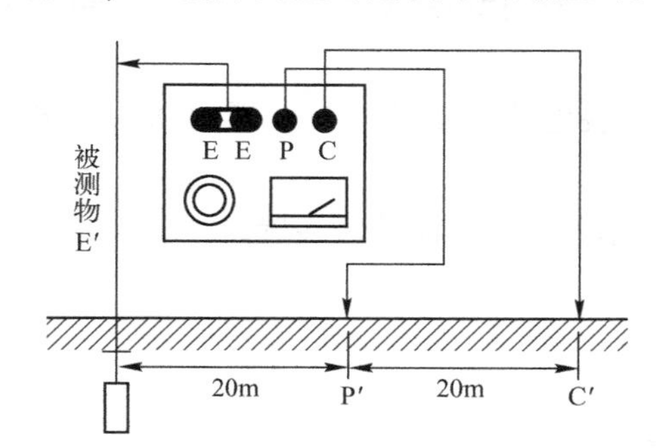

图3.8　测量大于等于1Ω接地电阻时接线图

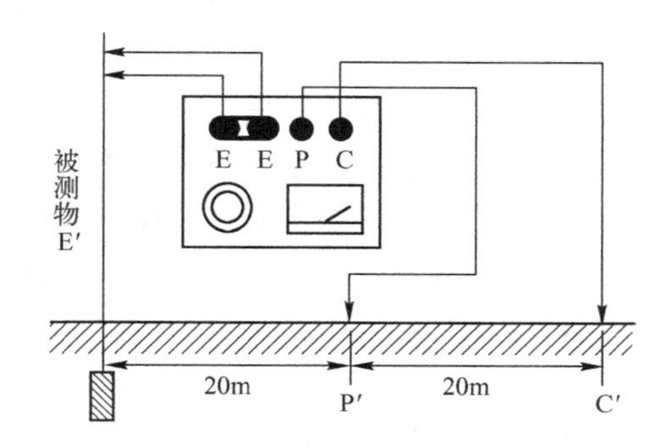

图3.9　测量小于1Ω接地电阻时接线图

3. 接地电阻测试仪操作步骤及注意事项

1）操作步骤

（1）认真阅读测量仪表使用说明书。

（2）连接导线。仪表连线与接地极E′、电位探针P′和电流探针C′牢固连接。

（3）仪表放置水平后，调整检流计的机械零位，即归零。

（4）将“倍率开关”置于最大倍率，逐渐加快摇柄转速，使其达到150r/min。当检流计指针向某一方向偏转时，旋动刻度盘，使检流计指针指零（中线）。

（5）读数。此时刻度盘上的读数乘上倍率挡即为被测电阻值。

注意：（1）如果刻度盘读数小于1，检流计指针仍未取得平衡，可将倍率开关置于小一挡的倍率，直至调节到完全平衡为止。

（2）如果发现仪表检流计指针有抖动现象，可变化摇柄转速，以消除抖动现象。

2）注意事项

（1）禁止在有雷电或被测物带电时进行测量。

（2）仪表携带、使用时须小心轻放，避免剧烈震动。

（3）为了保证所测接地电阻值的可靠，应改变方位重新进行复测。取几次测得值的平均值作为接地体的接地电阻。

（4）两插针设置的土质必须坚实，不能设置在泥地、回填土、树根旁、草丛等位置。

（5）雨后连续7个晴天后才能进行接地电阻的测试。

3.5 电能表的安装接线

电能表是测量电路中一定时间内消耗电能的装置。电能表的种类很多，按电源相数分有单相和三相之分；按用途分有有功表、无功表和峰谷表之分；按接线方式分有直接法和经互感器接法之分。

3.5.1 电能表的安装要求

（1）电能表应装在干燥及不受震动的场所，且便于安装、试验及抄表工作。

（2）住宅建筑原则上应按“一户一表”要求安装电能计量装置，住宅楼内楼道照明应安装在公用电能计量装置上。住宅的电能计量装置应采用专用电能表箱，电能表箱应装于户外。

（3）高层住宅建筑除应按“一户一表”要求安装电能计量装置外，楼内动力用电及公共用电部分应在配电间内安装电能计量装置。

（4）住宅建筑的配套商服部门应根据用电性质单独装设电能计量装置。

（5）电能表的安装高度应符合下列要求：

- 距地1.8～2.2m。
- 装于立式盘和成套开关柜时，不应低于0.7m。
- 除成套开关柜外，电能表上方一般不装设经常操作的电气设备。

（6）电能表箱暗装时，底口距地面不应低于1.4m，明装时不应低于1.8m，特殊情况不低于1.2m。

3.5.2 电能表的接线

1. 单相电能表直接法

单相电能表直接法如图3.10所示。

注意事项：

（1）接线遵循1、3进，2、4出的原则。火线应接1，零线应接3。

（2）注意电流线圈和电压线圈的极性。

（3）电能表的规格：电压为220V，电流大于或等于负载电流。

（4）工作零线（N）必须进仪表。

（5）电能表度数为表走字数。

2. 单相电能表经互感器接法

单相电能表经互感器接法如图3.11所示。

注意事项：

（1）互感器与电流线圈串联，并注意其极性。

（2）注意电流线圈和电压线圈的极性。

（3）电能表规格：电压为220V，电流选5A。

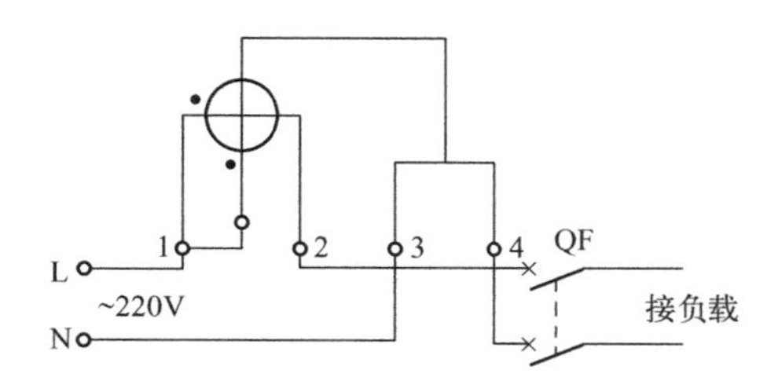

图 3.10　单相电能表直接法

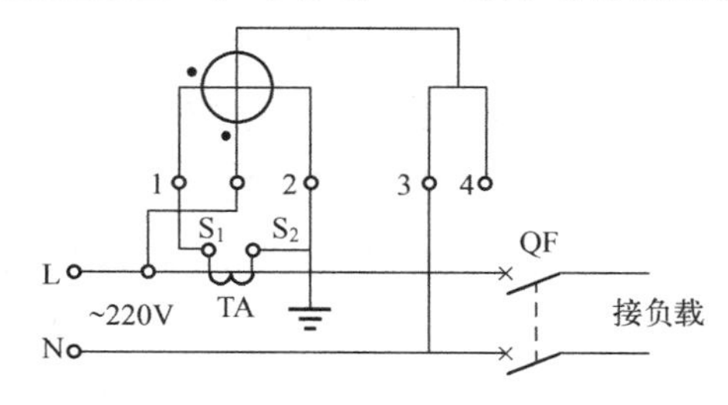

图 3.11　单相电能表经互感器接法

（4）互感器规格：一次电流根据负荷电流，二次电流选 5A。

（5）仪表必须接工作零线（N）。

（6）互感器任一端接地。

（7）电能表度数为表走字数乘以互感器变比。

3. 三相三线电能表直接法

三相三线电能表直接法如图 3.12 所示。

注意事项：

（1）电流线圈和电压线圈按序并接同相电源。

（2）注意电源线圈和电流线圈的极性。

（3）电能表的规格：电压为 3×380V，电流大于或等于负载电流。

（4）三相电源相序应按正相序装表接线。

（5）仪表不用接工作零线（N）。

（6）电能表度数为表走字数。

4. 三相三线电能表经互感器接法

三相三线电能表经互感器接法如图 3.13 所示。

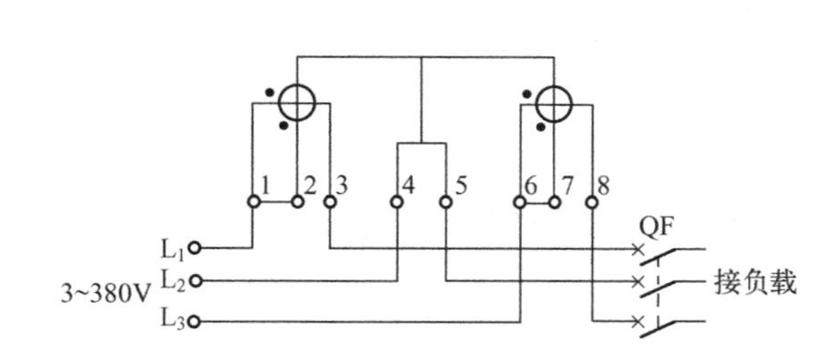

图 3.12　三相三线电能表直接法

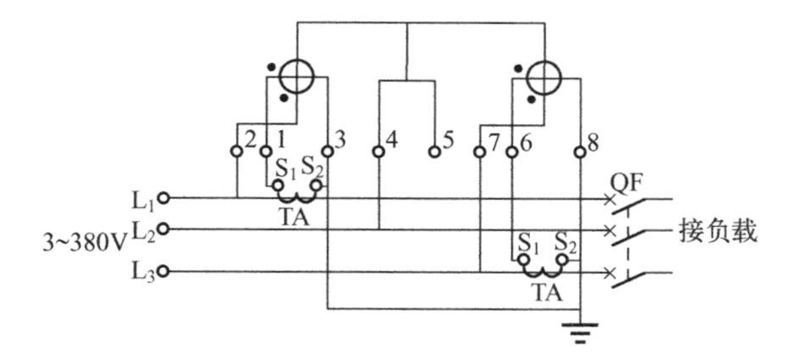

图 3.13　三相三线电能表经互感器接法

注意事项：

（1）互感器与电流线圈串联，并注意其极性。

（2）电流线圈和电压线圈按序并接同相电源。

（3）注意电流线圈和电压线圈的极性。

（4）电能表规格：电压为 3×380V，电流选 5A。

（5）互感器规格：一次电流根据负荷电流，二次电流选 5A。

（6）互感器任一端接地。

（7）仪表不需接工作零线（N）。

（8）电能表度数为表走字数乘以互感器变比。

5. 三相四线电能表直接法

三相四线电能表直接法如图 3.14 所示。

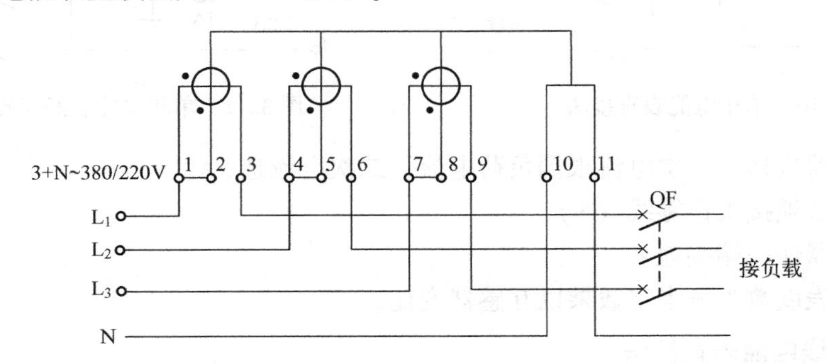

图 3.14　三相四线电能表直接法

注意事项：

（1）电流线圈和电压线圈按序并接同相电源。

（2）注意电源线圈和电流线圈的极性。

（3）电能表的规格：电压为 3 ×380V/220V，电流大于或等于负载电流。

（4）仪表必须接工作零线（N）。

（5）电能表度数为表走字数。

6. 三相四线电能表经互感器接法

三相四线电能表经互感器接法如图 3.15 所示。

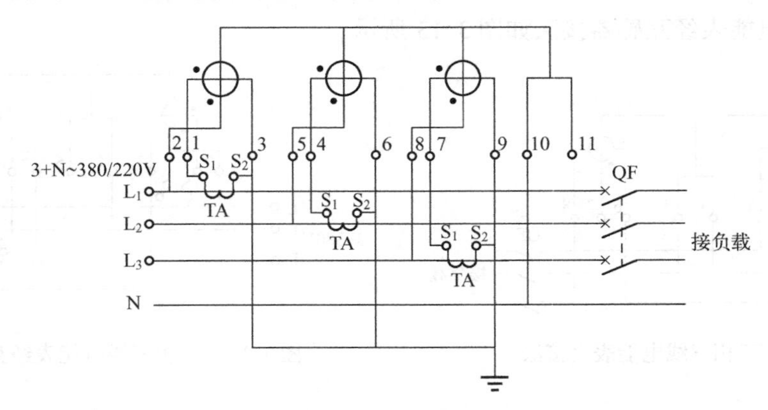

图 3.15　三相四线电能表经互感器接法

注意事项：

（1）互感器与电流线圈串联，并注意其极性。

（2）电流线圈和电压线圈按序并接同相电源。

（3）注意电流线圈和电压线圈的极性。

（4）电能表规格：电压为 3 ×380/220V，电流选 5A。

（5）互感器规格：一次电流根据负荷电流，二次电流选 5A。

（6）互感器任一端接地。

（7）仪表必须接工作零线（N）。

（8）电能表度数为表走字数乘以互感器变比。

实训 3　单相、三相电能表的接线和测试

<table>
<tr><td>实训班级</td><td></td><td>姓 名</td><td></td><td>实训成绩</td><td></td></tr>
<tr><td>实训时间</td><td></td><td>学 号</td><td></td><td>实训课时</td><td>4</td></tr>
<tr><td rowspan="3">实训任务</td><td colspan="5">1. 训前完成书面练习</td></tr>
<tr><td colspan="5">2. 单相、三相电能表的接线和测试</td></tr>
<tr><td colspan="5">3. 实训评估、总结与问题</td></tr>
<tr><td rowspan="2">实训目标</td><td>知识方面</td><td colspan="4">掌握万用表、钳形表及兆欧表的使用方法；
掌握电能表的接线方法及注意事项</td></tr>
<tr><td>技能方面</td><td colspan="4">电能表的安装接线</td></tr>
<tr><td>重点</td><td colspan="5">单相、三相四线电能表的接线</td></tr>
<tr><td>难点</td><td colspan="5">互感器、电能表、电流表等组合接线</td></tr>
</table>

1. 任务背景

电能表在用电管理中是不可缺少的仪表，凡是需要用电计量的地方均要用到它。目前应用较多的是感应式电能表。按相数分有单相和三相之分，按类型分有单相表、三相三线表和三相四线表。按接线方式分有直接接线式和经互感器接线式。电能表外形如图 3.16 ～图 3.18 所示。

图 3.16　单相电能表

图 3.17　三相三线电能表

图 3.18　三相四线电能表

2. 实训任务及要求

（1）实训前完成书面练习。

通过课本知识、上课内容及网络信息等方式完成。

（2）单相电能表直接接线（接线原理图如图 3.10 所示）。

要求：① 采用 BV 型导线板前接线；

② 负载为 40W 白炽灯。

（3）三相四线经互感器接线（接线原理图如图 3.15 所示）。

要求：① 采用 BV 型导线板前接线；

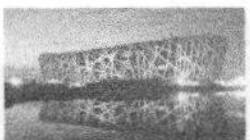

② 负载为一台 2.2kW 的三相电动机。

（4）实训评估、总结与问题。

完成实训后，应对实训工作进行评估、总结和分析，分享收获与提高，分析不足与问题。

3. 重点提示

（1）应选择合适的电能表及电气配件，并满足横平竖直的基本要求。

（2）电能表接线时首先应正确判别电流线圈和电流线圈的接线端子，以免接错损坏仪表。

（3）互感器的变比应根据负荷的大小选择，否则不能正确计量。

（4）连接电动机前先应检查电动机的接法是否正确。

（5）通电试验前必须用导通法判断电路接线是否有问题或异常，通电试验必须在老师在场时进行，以防发生事故。

4. 知识链接

（1）单相电能表的直接连接的注意事项：

① 接线遵循 1、3 进，2、4 出的原则，火线应接 1，零线应接 3；

② 注意电流线圈和电压线圈的极性；

③ 电能表的规格：电压为 220V，电流大于或等于负载电流；

④ 工作零线（N）必须进仪表；

⑤ 电能表度数为表走字数。

（2）三相四线电能表经互感器接法的注意事项：

① 互感器与电流线圈串联，并注意其极性；

② 电流线圈和电压线圈按序并接同相电源；

③ 注意电流线圈和电压线圈的极性；

④ 电能表规格：电压为 3×380/220V，电流选 5A；

⑤ 互感器规格：一次电流根据负荷电流，二次电流选 5A；

⑥ 互感器任一端接地。

⑦ 仪表必须接工作零线（N）；

⑧ 电能表度数为表走字数乘以互感器变比。

5. 相关练习

（1）单相电能表一般适应什么负载？

____

（2）三相三线与三相四线电能表在使用方面有哪些区别？

____

（3）电能表的直接法和经互感器接法在使用方面有哪些区别？

____

（4）互感器的种类有哪几种？一般用在哪些场合？

____

（5）三相四线电能表电流线圈的阻值是________Ω，__________号接线端子为电流线圈

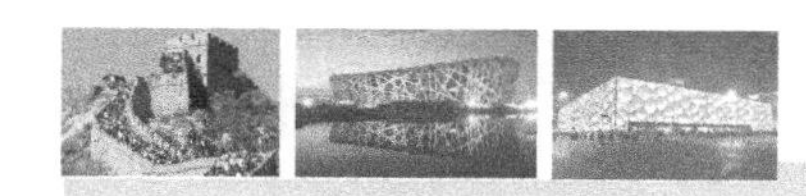

接线端子，三组分别是________________________。电压线圈的阻值是________Ω。________号接线端子为电压线圈接线端子，三组分别是________________________。

（此题按实训领取仪表实际情况回答）

6. 计划

（1）使用工具及仪表

工具：____

____

仪表及用途：____

____

（2）将计划领取的电气配件及辅助材料填入表3.1中。

表3.1　电气配件及辅助材料

序　号	配件名称	配件规格型号	数　量	辅助材料
1				
2				
3				
4				
5				

（3）列出实训工作计划，填入表3.2中。

表3.2　实训工作计划

序　号	工作计划	目标（自定标准）
1		
2		
3		
4		
5		

7. 实施

（1）对所领各器件进行安装前的检查，填写表3.3。

表3.3　安装前的检查

序　号	名　称	规格型号	绝　缘	电流线圈阻值	电压线圈阻值	其　他
1						
2						
3						
4						
5						

（2）对发现的故障进行分析及排除，填写表 3.4。

表 3.4　故障分析及排除

序　号	故障现象	原　因	解决方法
1			
2			
3			

8. 评估

（1）依照表 3.5 所列项目进行测量、检查与评定，填写表 3.5。

表 3.5　测量、检查与评定

测量检查项目	测量检查方法	测量检查结果
元器件的选择正确性		
布线观感质量		
线路绝缘情况		
负载工作状态		
单相电能表接线是否正确		
三相电能表接线是否正确		
自评（或互评）结果		

（2）对任务完成情况进行分析，填写表 3.6。

表 3.6　任务完成情况分析

完成情况	未完成内容	未完成的原因
完成 □ 未完成 □		

（3）根据实训的心得、不足与问题，填写表 3.7。

表 3.7　心得、不足与问题

心得	
不足	
问题	1.
	2.

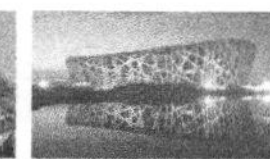

（4）由老师对实训进行综合评定，填写表3.8。

表3.8　综合评定

序　号	内　　容	满　　分	得　分
1	训前准备与练习	10	
2	完成情况	20	
3	合作精神	10	
4	计划合理性	10	
5	安装质量	35	
6	故障排除	15	
合　　计		100	

学习领域4

线管配线

教学指导页

<table>
<tr><td rowspan="2">授课时间</td><td rowspan="2"></td><td rowspan="2">授课班级</td><td rowspan="2"></td><td rowspan="2">课时分配</td><td>理论</td><td>4</td></tr>
<tr><td>基础训练</td><td>4 +4</td></tr>
<tr><td rowspan="6">教学任务</td><td rowspan="5">理论</td><td colspan="5">4.1　线管配线分类及适用场合</td></tr>
<tr><td colspan="5">4.2　线管配线施工作业条件</td></tr>
<tr><td colspan="5">4.3　金属管配线</td></tr>
<tr><td colspan="5">4.4　硬质阻燃塑料管配线</td></tr>
<tr><td colspan="5">4.5　线管配线的一般规定</td></tr>
<tr><td>实训</td><td colspan="5">塑料阻燃管（PVC 管）暗配线
金属管（KBG 管）暗配线</td></tr>
<tr><td rowspan="2">教学目标</td><td>知识方面</td><td colspan="5">了解线管配线的种类及适用场合；
掌握线管配线的施工工艺；
熟知线管配线的一般规定</td></tr>
<tr><td>技能方面</td><td colspan="5">安装、检验、调试与排除故障</td></tr>
<tr><td>重点</td><td colspan="6">线管配线的安装工艺及安装要求</td></tr>
<tr><td>难点</td><td colspan="6">实训过程中的故障分析及排除</td></tr>
<tr><td rowspan="2">问题与改进</td><td>学生方面</td><td colspan="5"></td></tr>
<tr><td>教师方面</td><td colspan="5"></td></tr>
</table>

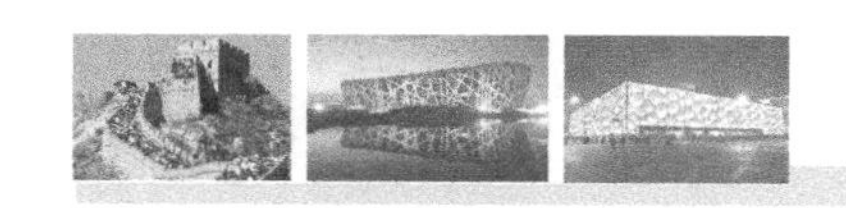

4.1 线管配线分类及适用场合

把绝缘导线穿在管内敷设，称为线管配线。线管配线是多种配线中用得最广的一种配线方式，线管配线可避免腐蚀性气体侵蚀和遭受机械损伤，安全可靠并便于更换导线，线管配线的种类也很多，既适用于强电、弱电领域，也适用于高温、高压、寒冷、潮湿等特殊场所。

4.1.1 线管配线方式及分类

凡敷设在需要破坏装饰或结构后方能见到的配管称为暗配管，除暗配管之外的配管称为明配管。暗配管包括敷设在墙体、顶板结构内的以及不上人的封闭吊顶和固定封闭的竖井内的配管。可上人的吊顶内（有人行通道的吊顶）和不封闭式竖井通道内的配管为明配管，其管路走向及支架、固定均应按明配管要求施工。

配管按照所用材料区分有金属管和塑料管。其中，金属管又分为厚壁钢管（焊接管、镀锌钢管、水煤气管、JDG管等）、电线管（黑铁管、薄壁管、KBG管等）、普利卡金属套管、普通金属软管等。塑料管可分为硬质阻燃管（PVC管）、阻燃型可挠（波纹）管等。

4.1.2 线管配线适用场合

（1）钢管适用于室内、外场所，但对金属有严重锈蚀的场所不宜使用；敷设在土中时，应有三油两布防腐措施；敷设在焦渣中时，须包裹至少50mm清水混凝土保护层；暗敷设在混凝土中时，不需做管外防腐，但要求管内外除锈，管内防腐；暗敷设在吊顶、墙体内及明配时，需管内外除锈，管内外防腐，外壁刷面漆，面漆颜色与建筑物表面颜色分界清晰，不得交叉污染。

（2）镀锌钢管宜敷设在室内场所，镀锌层剥落处应刷防腐漆。

（3）金属软管应敷设在不易受损伤的干燥场所，且不应直埋入地下或混凝土中。当在潮湿场所使用金属软管时，应采用带有非金属护套且附配连接器件的防液型金属软管，其护套应经过阻燃处理。

（4）塑料管宜敷设在不易受到冲击的场所。

（5）消防联动控制、自动灭火控制、通信、应急照明及紧急广播等线路，应采用金属管，并应敷设在非燃烧体结构内；当必须明敷设时，应在金属管上采取防火保护措施。

4.2 线管配线施工作业条件

4.2.1 暗管敷设的作业条件

（1）配合混凝土结构暗敷设施工时，根据设计图纸要求，在钢筋绑扎完、混凝土浇灌前进行配管稳盒，下埋件预留盒、箱位置。

（2）配合后砌隔墙暗浇管路施工时，应随墙立管，安装盒、箱或预留盒、箱位置。

（3）配合吊顶内或轻隔墙板内暗敷设管路时，应按土建大样图，先弹线确定灯具、插座等位置，随吊顶、立墙龙骨进行配管，稳盒、箱。

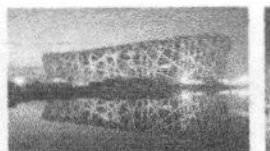

(4) 吊顶内采用单独支撑，吊挂的暗敷管路，应在吊顶龙骨安装前进行配管稳盒。

4.2.2 明管敷设的作业条件

(1) 根据设计图纸要求，结合土建结构、装修特点，在注意通风、暖卫、消防等专业的影响前提下，确定管路走向、箱盒准确安装位置，进行弹线定位，并在建筑结构期间安装好预埋件，预留孔、洞工作。

(2) 采用预埋法固定支架，应在抹灰前完成；采用膨胀螺栓固定支架时，应在抹灰后进行。

(3) 配管稳盒应在土建装修前进行。

4.3 金属管配线

4.3.1 金属管暗配线施工工艺

工艺流程如下：

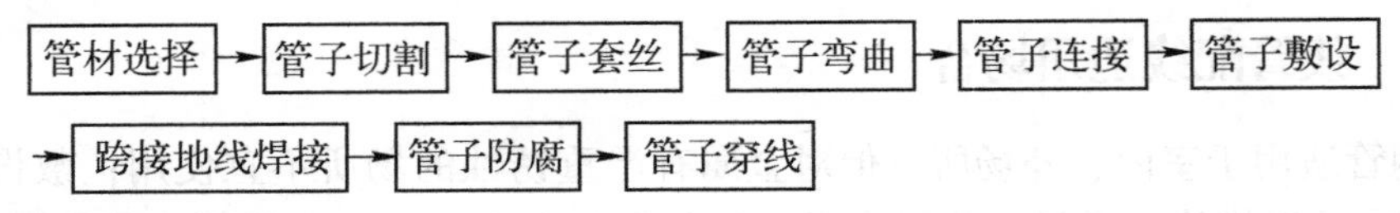

施工方法和要点如下：

1. 管材选择

施工时，应按施工图设计要求选择管子类型及规格。对钢管外观的选择应注意：壁厚均匀，无劈裂、砂眼、棱刺和凹扁缺陷，并应有产品合格证书。

2. 管子切割

配管前根据图纸要求的实际尺寸下料，切割管子可以用手锯或砂轮机切割，无论采用哪种方式，都应注意管口刮锉光滑、无毛刺，管内铁屑除净。

3. 管子套丝

钢管套丝采用套丝板，应根据管外径选择相应板牙，套丝过程中，要均匀用力、避免斜（乱）丝、注意长度。

4. 管子弯曲

对于直径小于等于32mm的钢管，一般采用手动弯管器在现场直接煨弯，也可采用液压弯管器。对于大于等于40～100mm直径的管子的弯曲，可以采用机械冷煨弯或热煨法，既能保证弯管质量，还能减轻施工人员劳动强度，加快施工进度。

无论是手工还是机械加工的弯管，一定要保证弯管光滑无明显皱褶，弯扁度不得超过管子外径的1/10。管子弯曲半径不应小于管子外径的6倍，埋入地下的或混凝土中管子的弯曲半径不应小于管子外径的10倍。

5. 管子连接

线管连接有两种形式，连接方式有：

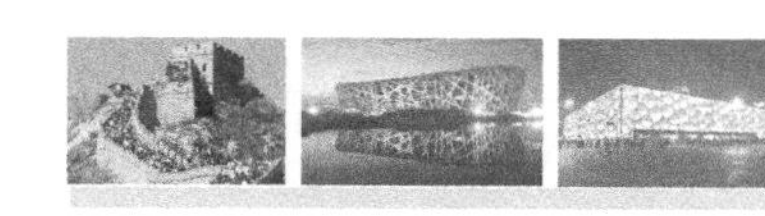

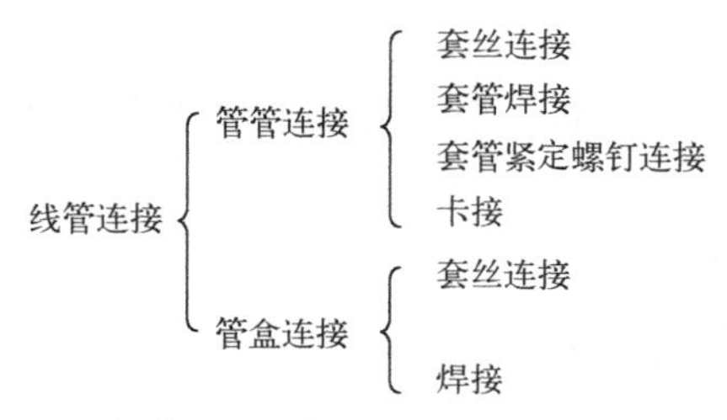

1）线管与线管套丝连接

丝接的两根管应分别拧进管箍长度的1/2，并在管箍中央部位连接，连接好的管子外露丝扣不应过长，应为2～3扣。为了保证管口的严密性，管子丝扣部分顺螺纹方向缠上麻丝，再涂上一层厚漆，或缠上塑料生料带，然后再连接。套丝连接一般适用于厚壁钢管和镀锌钢管。钢管套丝加管接头连接见图4.1。

2）线管与线管套管焊接

套管焊接是取比管外径大的一段钢管做套管，套管长度为管外径的1.5～3倍，两段管插入套管，将套管两端环焊。套管连接一般适用于焊接管。钢管加套管焊接连接见图4.2。

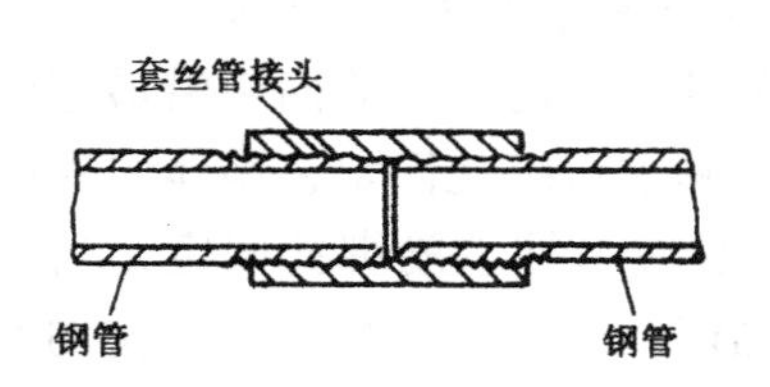

图4.1　钢管套丝加管接头连接

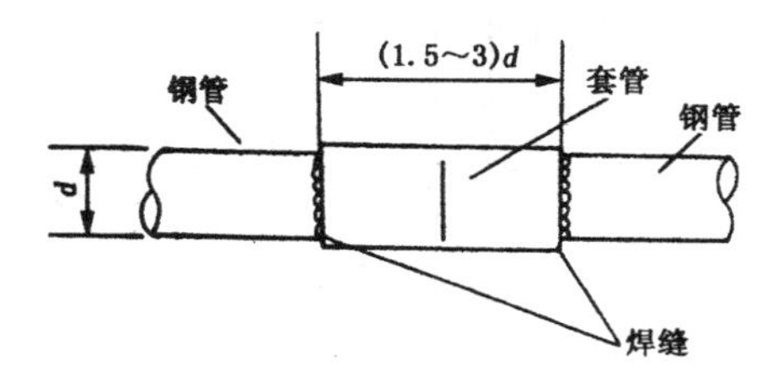

图4.2　钢管加套管焊接连接

3）线管与线管套管紧定螺钉连接

采用带螺钉的套管对两段管子进行连接，套管紧定螺钉连接见图4.3。套管紧定螺钉连接一般适用于镀锌钢管和钢管明配线。

4）线管与线管卡接

线管与线管连接时，套上无螺纹的管接头，然后用专用的压接钳进行压接，具体方法和要求见下述KBG管的连接。

5）管盒套丝连接

在钢管上套好丝扣，旋上薄形锁紧螺母，插入接线盒中，盒内旋上锁紧螺母，钢管和接线盒连接见图4.4。管盒套丝连接一般适用于镀锌钢管和钢管明配线。

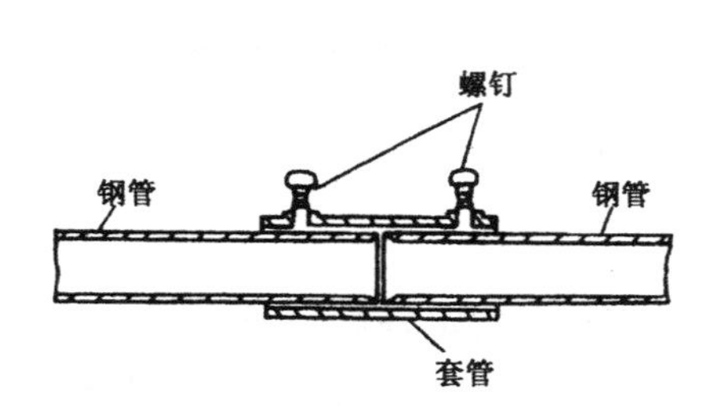

图4.3　套管紧定螺钉连接

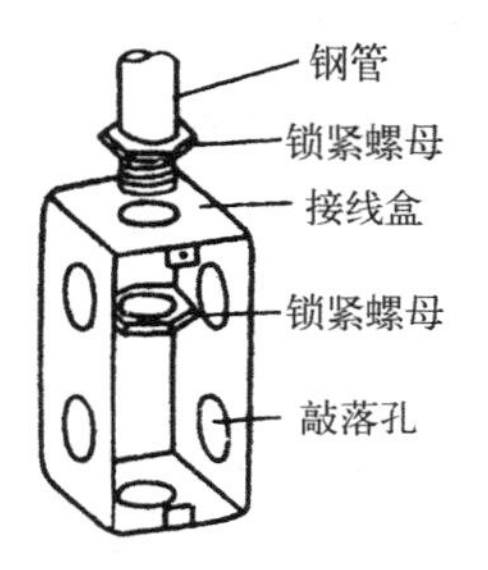

图4.4　钢管与接线盒连接

6）管盒焊接

将管子插入盒中，用电焊焊住。注意插入长度不小于5mm。管盒焊接一般适用于电线管和钢管暗配线。

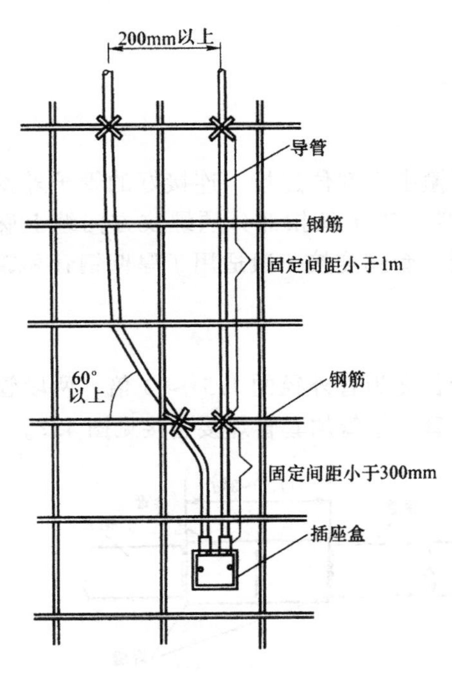

图4.5 墙体内管线敷设

6. 管子敷设

金属管敷设有暗配和明配两种。金属管暗敷常见的有：

1）砖墙内管线敷设

钢管在砖墙内敷设可以随土建砌砖时预埋，也可在砖墙上留槽或剔槽。钢管在砖墙内固定时，可先在砖缝里打入木楔，在木楔上钉钉子，用铁丝将钢管绑扎在钉子上，再将钉子打入，使钢管充分潜入槽内，也可用水泥钉直接将钢管固定在槽内。

直线段固定点的间距应不大于1m，进入开关盒等处应不小于100mm。

2）现浇混凝土墙和柱内管线敷设

墙体内的配管应在两层钢筋网中沿最近的路线敷设，并沿钢筋内侧进行绑扎固定，墙体内管线敷设见图4.5。柱内管线应与柱主筋绑扎固定，当线管穿过柱时，应适当加筋，以减小暗配管对结构的影响。柱内管线需与墙连接时，伸出柱外的短管不要过长，以免碰断。管线穿外墙时应加套管保护。开关、插座盒在混凝土墙、柱中固定如图4.6所示。

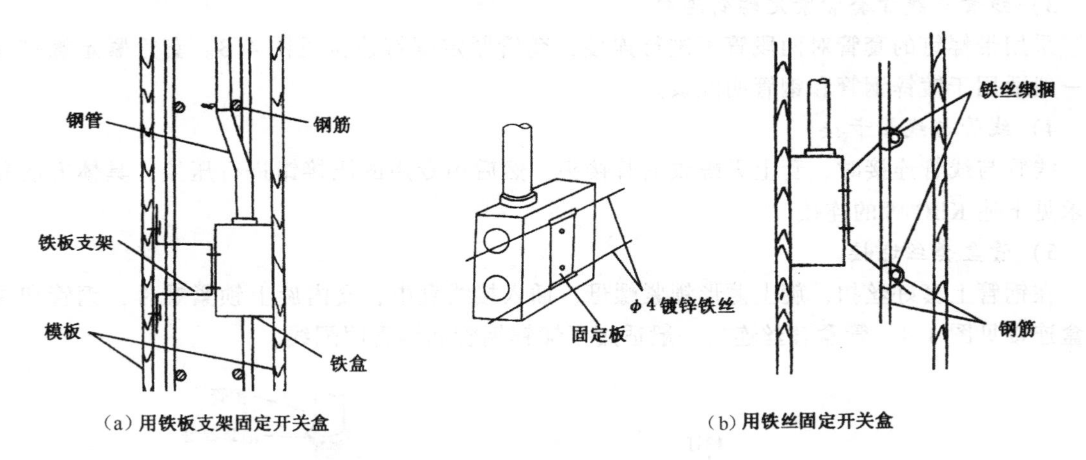

（a）用铁板支架固定开关盒　（b）用铁丝固定开关盒

图4.6 开关、插座盒在混凝土墙、柱中固定

3）现浇混凝土顶板内管线敷设

钢管在现浇混凝土顶板内暗配时，应在支好的模板上确定好灯、开关、插座盒位置，待土建下铁筋绑好，而上铁筋未铺设时敷设盒、管，并加以固定。钢管在现浇混凝土中暗敷设如图4.7所示。管、盒连接及在现浇混凝土顶板中固定的方法如图4.8所示。

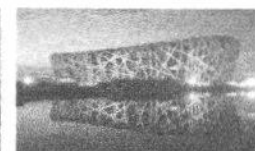

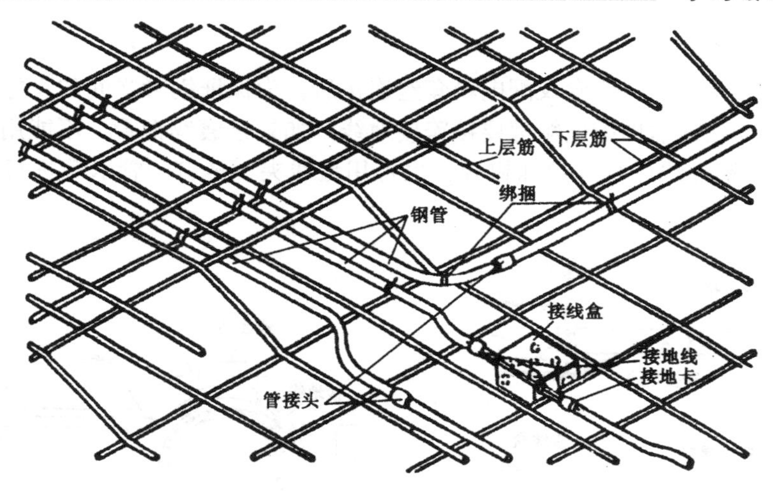

图 4.7　钢管在现浇混凝土中暗敷设

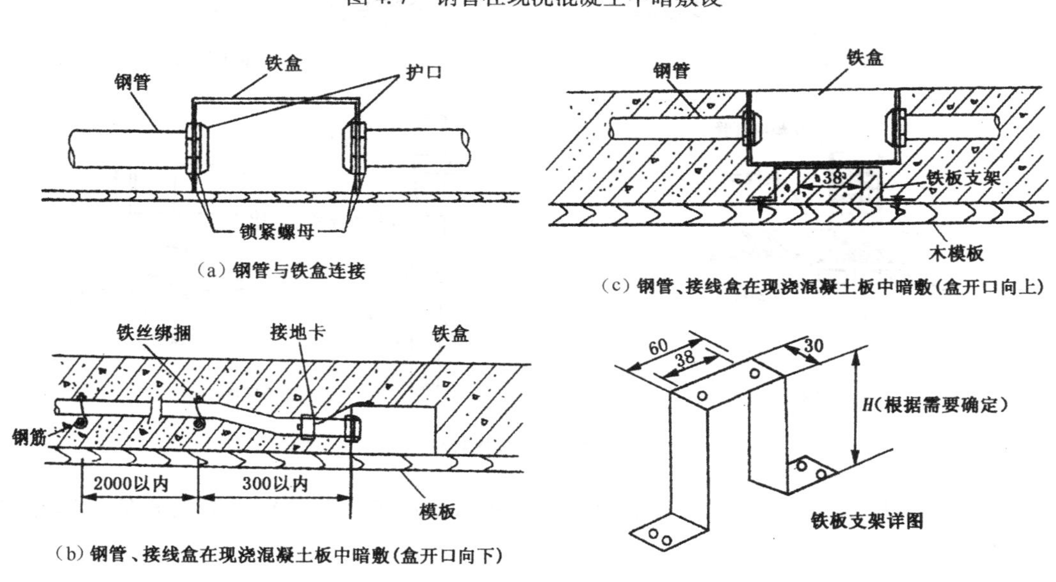

图 4.8　钢管、接线盒连接及在现浇混凝土板上固定

4) 建筑物吊顶内管线敷设

建筑物吊顶上的灯位及电器器具位置先放样，且与土建及各专业有关人员商定，方可在吊顶内配管。吊顶内管线敷设一般要在龙骨装配完后进行，并在顶板安装前完工。吊顶内配管应根据电器在吊顶上的位置，确定管子部位。当敷设直径在 25mm 及以下时，可利用吊装卡具在轻钢龙骨的吊杆和主龙骨上敷设，如图 4.9 所示。吊顶内钢管管径较大或并列钢管数量较多时，应由楼板顶部或梁上固定支架，或用吊杆直接吊挂配管。

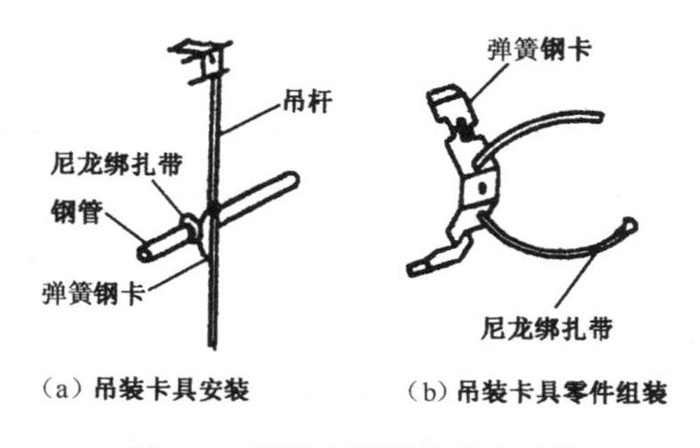

图 4.9　钢管在轻钢龙骨上安装

7. 跨接地线焊接

钢管与钢管、钢管与接线盒及配电箱套丝连接后，为保证钢管之间的良好电气连接，钢管与钢管、钢管与接线盒即配电箱都要接跨接地线。如果是镀锌钢管，不能用电焊焊接，可用截面4～6mm²铜导线进行气焊和锡焊，也可用地线夹、螺钉、管卡等进行压接，跨接接地线如图4.10所示。

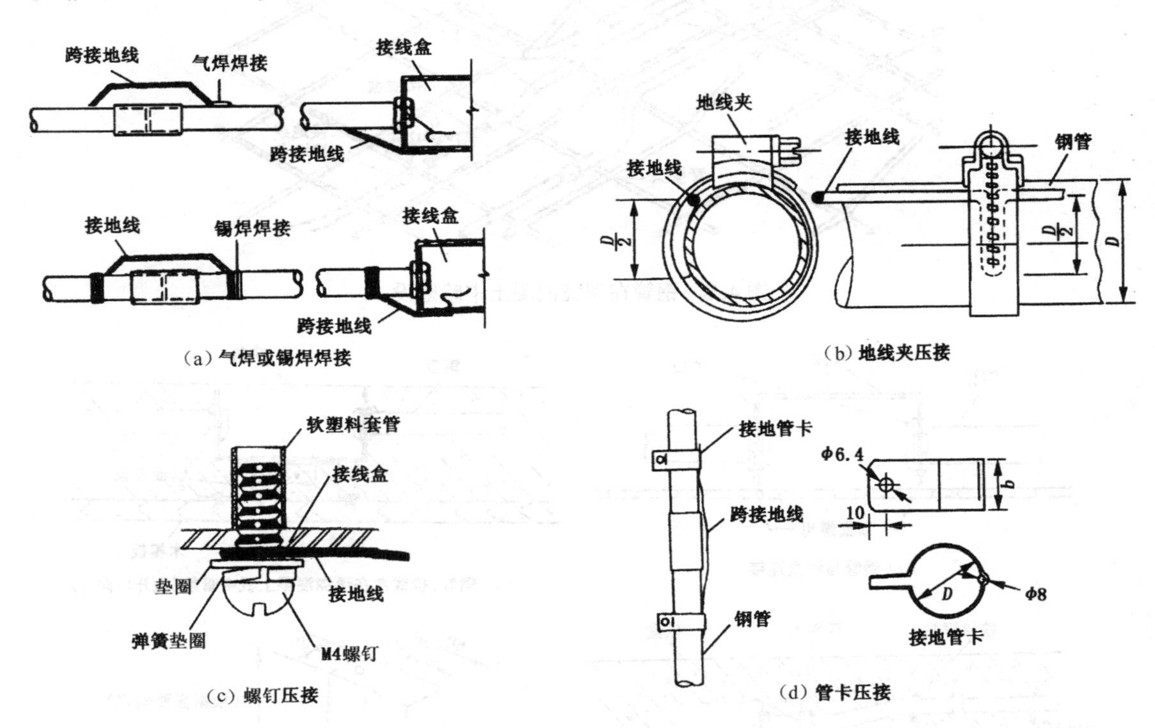

图4.10　跨接接地线

如采用跨接方法连接，跨接地线的两端焊接面不得小于该跨接线截面的6倍，焊缝均匀牢固。跨接地线规格如表4.1所示。

表4.1　跨接地线规格

钢管管径（SC）	圆　钢	扁　钢	钢管管径（SC）	圆　钢	扁　钢
15～25	φ5	—	50～63	φ10	25×3
32～38	φ6	—	≥70	φ8×2	(25×3)×2

8. 管子防腐

在各种砖墙内敷设的管线，应在跨接地线的焊接部位、丝扣连接的焊接部位刷防腐漆。

埋入土层和有防腐蚀性垫层（如焦渣层）内的管线应在管线周围打50mm的混凝土保护层进行保护，如图4.11所示。直埋入土壤中的钢管也可刷沥青油漆进行保护。

埋入有腐蚀性或潮湿土壤中的管线，如为镀锌管丝接，应在丝头处抹铅油缠麻，然后拧紧丝头；如为非镀锌管线，应刷沥青油后缠麻，然后再刷一道沥青油。

9. 管子穿线

穿线前，应选择好导线的型号、规格、颜色等。然后进行放线，正确放线是保证顺利穿线的第一步，放线的方法有手工放线和机械放线两种，室内配线一步采用手工放线。手工放线如图4.12所示。

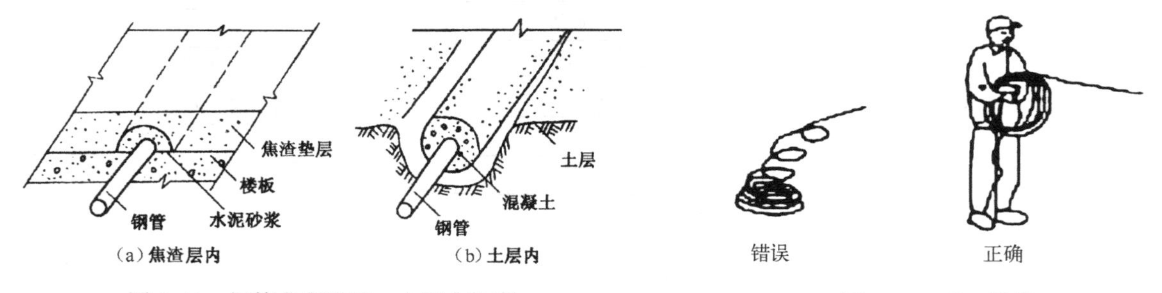

图4.11　钢管在焦渣层、土层内防腐

图4.12　手工放线

穿线前，首先应清扫管路，可采用铁丝绑扎布条来回抽拉清扫管路，也可采用压缩泵吹气法。第二步，穿引线，引线可采用1.2～1.5mm的钢丝或适当粗细的尼龙管作为穿管引线。用钢丝穿引导线如图4.13所示。

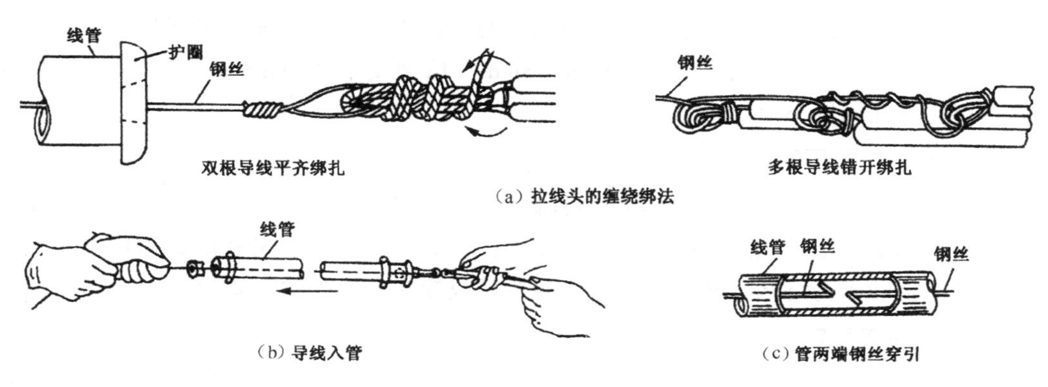

图4.13　用钢丝穿引导线

管内穿线注意事项：

(1) 为保证截流导体良好的散热性，导线外径总截面积不应超过管内面积的40%，且不应超过30根。

(2) 导线在变形缝、伸缩缝处，补偿装置应灵活自如，导线应留有一定的余度。

(3) 同一交流回路的导线必须穿在同一管内；不同回路、不同电压和交流与直流的导线，不得穿入同一管内，但以下几种情况除外：

① 标称电压为50V以下的回路；

② 同一设备或同一流水作业线设备的电力回路和无特殊干扰要求的控制回路；

③ 同一花灯的几个回路；

④ 同类照明的几个回路，但管内的导线总数不能超过8根。

(4) 在任何情况下，导线均不得明露（金属软管的保护地线除外），箱盒须用盖板封闭，盖板螺钉齐全紧固。

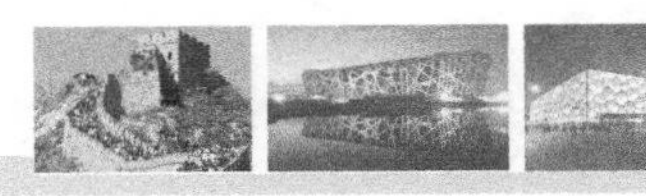

4.3.2 金属管明配线施工工艺

工艺流程如下：

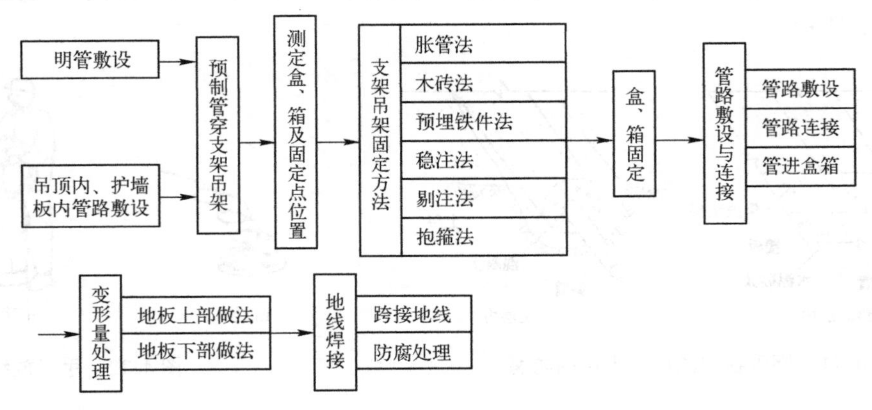

施工方法和要点如下：

1. 管弯、支架、吊架预制加工

明配线管的弯曲半径一般不应小于管外径的6倍。如只有一个弯，可不小于管外径的4倍。加工方法可采用冷煨法和热煨法。支架和吊架应按施工图设计要求进行加工。若无设计规定时，应符合下列规定：扁钢支架30mm×3mm；角钢支架25mm×25mm×3mm；埋注支架应有燕尾，埋注深度不小于120mm。

2. 测定盒、箱及固定点位置

根据设计首先测出盒、箱和出线口的具体位置，然后把管线的垂直、水平走向弹出线来，按照安装标准规定的固定点距离的尺寸要求，计算确定支架、吊架的具体位置。固定点的距离应均匀，管卡与终端、转弯中点、电器器具或接线盒边缘的距离为150～300mm。

3. 支架、吊架固定

支架、吊架的固定常用胀管法、预埋铁件法、木砖法、抱箍法。钢管固定方法如图4.14所示。由地面引出管线至明箱时，可直接焊在角钢支架上，采用定型盘、箱，需在盘箱下侧100～150mm处加稳固支架，将管固定在支架上。

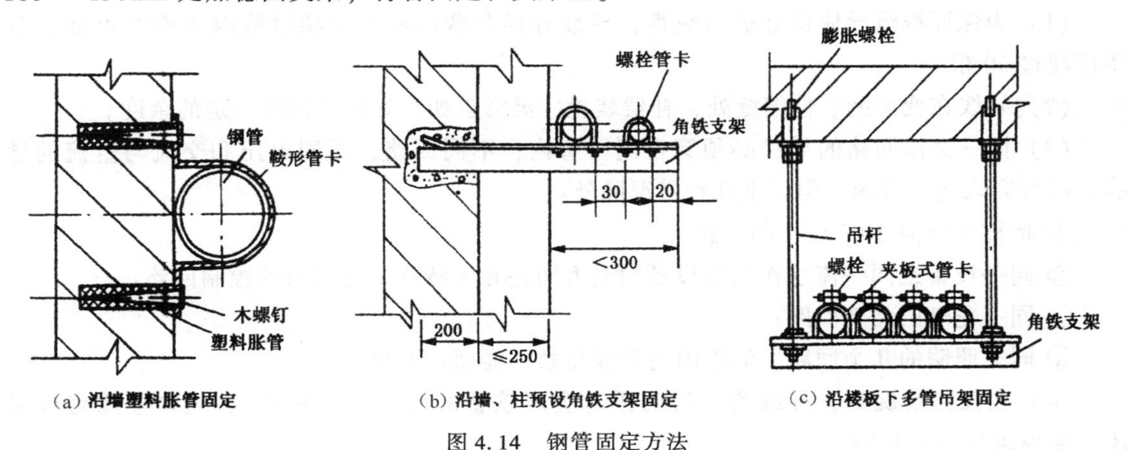

(a) 沿墙塑料胀管固定　(b) 沿墙、柱预设角铁支架固定　(c) 沿楼板下多管吊架固定

图4.14　钢管固定方法

4. 线管敷设

管线在2m以内时，水平和垂直敷设允许偏差值为3mm，全长不应超过管子内径的1/2。线管进入开关、灯头插座等接线盒孔内时，在距离接线盒300mm处，应用管卡将管子固定。钢管在拐角时，应使用弯头、接线盒或转角盒，如图4.15所示。

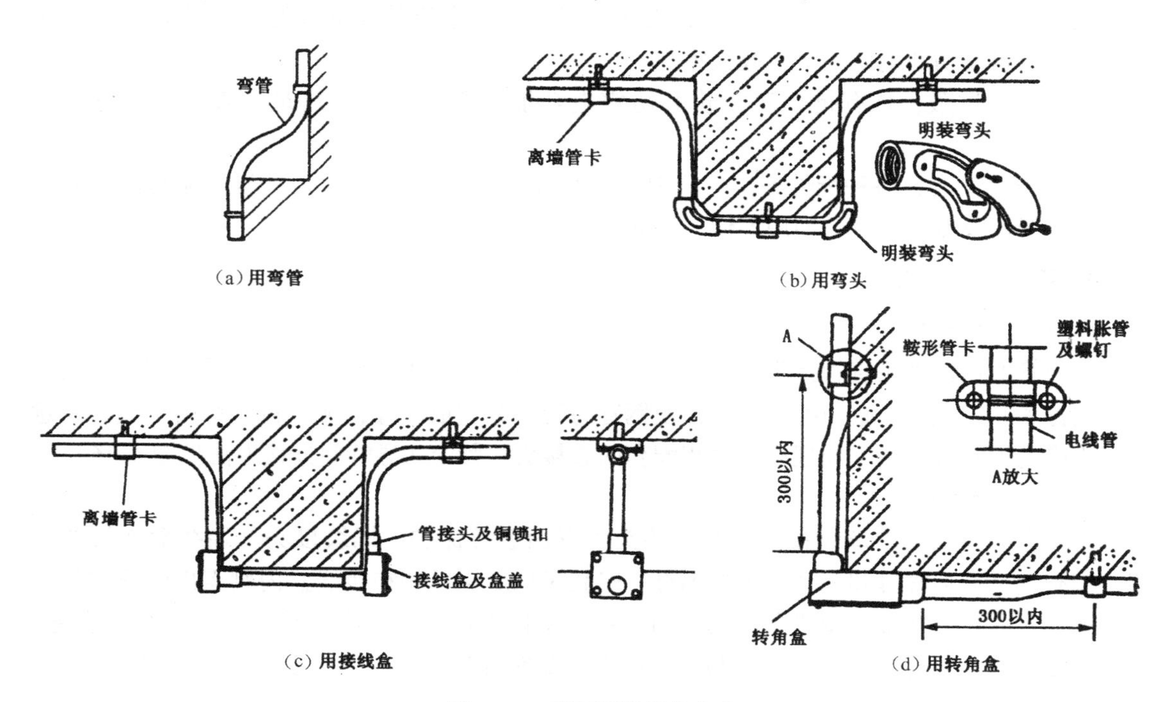

图4.15　明配钢管拐角方法

线管敷设的其他要求及线管连接、线管穿线与线管暗敷相同。

4.3.3　JDG管、KBG管配线

JDG管和KBG管都是SC（焊接钢管）的更新换代产品，均采用优质冷轧带钢，经高频焊管机组自动焊缝成型，由于该管材双面镀锌，因此具有良好的防腐性能，加工方便，施工便捷，在1kV及以下建筑电气工程中得到广泛应用。

1. JDG管和KBG管的区别

JDG管和KBG管都属于镀锌钢管，表面进行双面彩镀锌处理工艺。但两者的区别如下：

（1）连接方式不同，KBG管为扣压式，JDG管为紧定式。

（2）线管弯曲处理方法不同，KBG管是利用弯管接头，JDG管是使用弯管器煨弯。

（3）管壁厚不完全一样，KBG管的管壁厚度，ϕ16mm、ϕ20mm的为1.0mm，ϕ25mm、ϕ32mm、ϕ40mm的为1.2mm；而JDG管分为两型，标准型ϕ20mm、ϕ25mm、ϕ32mm、ϕ40mm的均为1.6mm，普通型ϕ16mm、ϕ20mm、ϕ25mm，管壁厚度为1.2mm。标准型适用于预埋敷设和吊顶内敷设，普通型仅适用于吊顶内敷设。

2. JDG管和KBG管的使用特点

（1）价格便宜、环保节能。特别是KBG管，以薄代厚，增加了单位重量的延长米数，

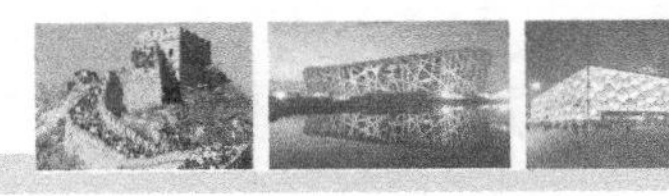

因而单位长度的价格优于普通的钢导管，既降低了工程造价，又节约了大量钢材，并且轻便易于搬运。

(2) 施工简便，用新颖的套接扣压连接和套接紧定式连接方式取代传统的螺纹连接和焊接施工，省去了多种施工设备和繁杂的施工环节，工效大大提高。

(3) 安全防火，施工现场无明火，无火灾隐患，整个建筑物的线管连成整体网络并接地，短路时自动切断电源不会引起火灾。

(4) 高度屏蔽，具有抗电磁干扰和防雷电功能，适用于智能建筑、通信控制等布线导管。

(5) 产品配套，各种配件齐全。特别是 KBG 管，开发中研发了大量与之配套使用的管接件、接线盒及专用工具，使用方便、快捷。

3. JDG 管的连接

1) 管与管连接

管与管的连接采用直管接头，安装时先把钢管插入管接头，使与管接头插紧定位，然后再持续拧紧紧定螺钉，直至拧断脖颈，使钢管与管接头连成一体，无须再做跨接地线。注意不同规格的钢管应选用不同规格与之相配套的管接头。紧定式导管间连接方法见图 4. 16。

2) 管与盒连接

管与盒的连接采用螺纹接头。螺纹接头为双面镀锌保护。螺纹接头与接线盒连接的一端，带有一个爪形螺母和一个六角形螺母。安装时爪形螺母扣在接线盒内侧露出的螺纹接头的丝扣上，六角形螺母在接线盒外侧，用紧定扳手使爪形螺母和六角形螺母夹紧接线盒壁。紧定式导管与盒间连接方法见图 4. 17。JDG 常用配件直接、盒接、月弯如图 4. 18 所示。

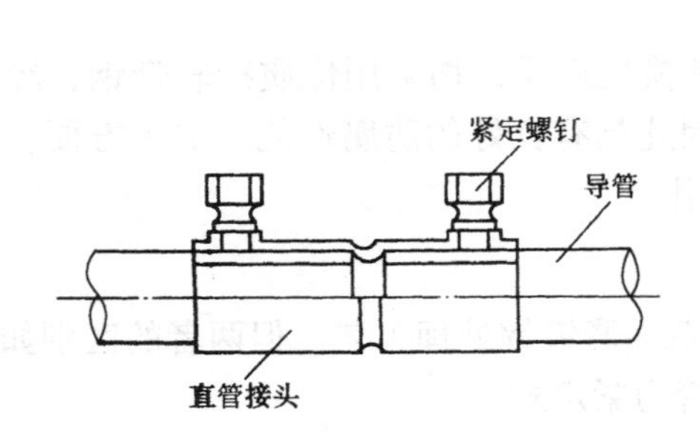

图 4. 16　紧定式导管间连接方法

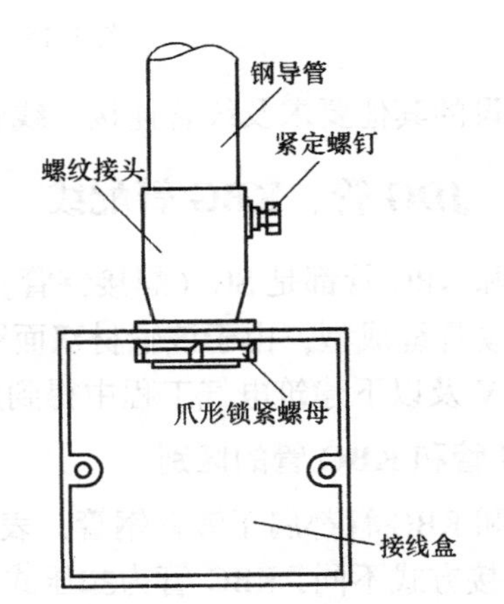

图 4. 17　紧定式导管与盒间连接方法

4. KBG 管的连接

1) 管与管连接

管与管连接可直接将导管插入直管接头或弯管接头，用专用扣压器在连接处扣压，水平敷设时宜在管路上、下方扣压，垂直敷设时宜在管路左、右侧扣压。专用扣压器如图 4. 19 所示，KBG 常用配件直接、盒接、月弯如图 4. 20 所示。

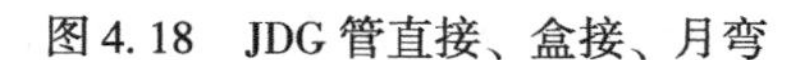

图4.18　JDG管直接、盒接、月弯

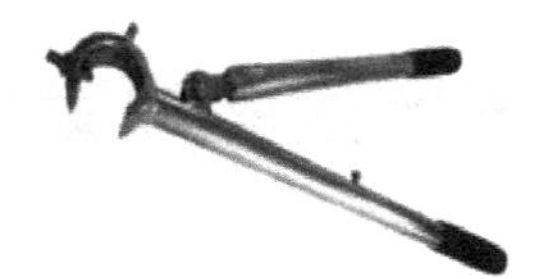

图4.19　专用扣压器

图4.20　KBG管的直接、盒接、月弯

2）管与盒连接

管与盒连接应先将螺纹管接头与接线盒进行螺纹连接，再将导管插入螺纹管接头的另一端，用扣压器在螺纹管接头与导管连接处扣压，爪形螺母的爪应向线盒侧以便破坏线盒氧化层从而达到跨接的作用。

扣压式导管与盒间连接方法如图4.21所示。

3）KBG管的连接注意事项

（1）导管电线管路连接应采用专用工具进行，不应敲打形成压点。严禁熔焊连接。

（2）导管电线管路连接处管与套接管件连接紧密，内、外壁应光滑，无毛刺，且应符合下列规定：直管连接时，两管口插入直管接头中心凹形槽两侧；转角连接时，管口插入弯管接头凹形槽侧。

（3）导管电线管路为水平敷设时，扣压点宜在管路上、下方分别扣压；管路为垂直敷设时，扣压点宜在管路左、右侧分别扣压。

（4）导管电气管路，当管径为 ϕ25mm 及以下时，每端扣压点不应少于2处；当管径为 ϕ32mm 及以上时，每端扣压点不应少于3处，且扣压点宜对称，间距宜均匀。

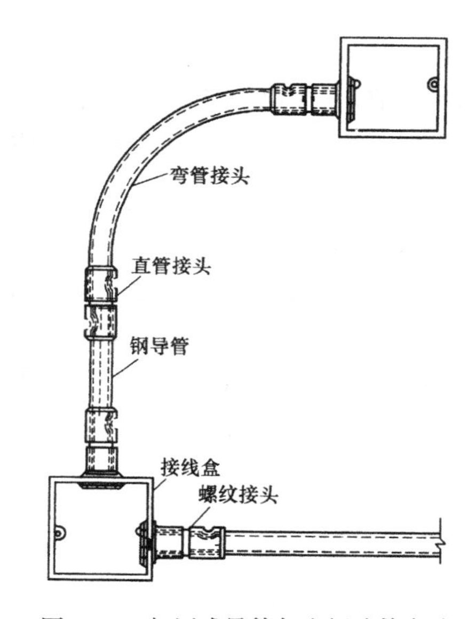

图4.21　扣压式导管与盒间连接方法

（5）导管管与管的连接处的扣压点深度不应小于1.0mm，且扣压牢固，表面光滑，管内畅通，管壁扣压形成的凹、凸点不应有毛刺。

（6）导管电气管路连接处的扣压点位置应在连接处中心。扣压后，接口的缝隙应采用封堵措施（可采用电力复合脂）。

（7）导管及其金属附件组成的电线管路，当管与管、管与盒（箱）连接符合以上规定时，连接处可不设置跨接线。管路外壳应可靠接地，但不应作为电气设备接地线。

（8）导管电线管路与接地线不应熔焊连接。

4.4 硬质阻燃塑料管配线

由于 PVC 管具有抗压、防潮、耐酸碱、阻燃、绝缘、可冷弯等优点，明敷、暗敷，包括在混凝土或吊顶内均可敷设。与金属管比较，PVC 管价格低廉、运输轻便、加工方便、敷设快捷，给施工带来极大的方便，已被广泛应用于民用建筑内的配线。

4.4.1 硬质阻燃塑料管（PVC）暗配施工工艺

工艺流程如下：

管材选择 → 管子切割 → 管子弯曲 → 管子连接 → 管子敷设 → 管子穿线

施工方法和要点如下：

1. 管材选择

施工时，应按施工图设计要求选择管子类型及规格。阻燃型塑料管外壁应有间距不大于 1m 的连续阻燃标记和制造厂标，管壁厚度均匀，无裂缝、空洞、气泡及变形现象。

2. 管子切割

PVC 管的切割可用钢锯，切割时应一次切割到底，否则管子切口不整齐。也可用专用截管器进行剪切，PVC 专用截管器如图 4.22 所示。剪切时，应边稍转动管子边进行剪切，使刀口易切入管壁，刀口切入管壁后，应停止转动 PVC 管（以保证切口平整），继续剪切，直至管子切断为止。

3. 管子弯曲

PVC 管的弯曲通常采用冷煨法，也可采用热煨法。

管径在 25mm 及以下可以采用冷煨法，将弯簧插入（PVC）管内的煨弯处，两手抓住弯簧两端头用力弯曲并控制弯曲角度，手弯 PVC 管如图 4.23 所示。也可用膝盖弯曲，膝盖顶弯 PVC 管如图 4.24 所示。

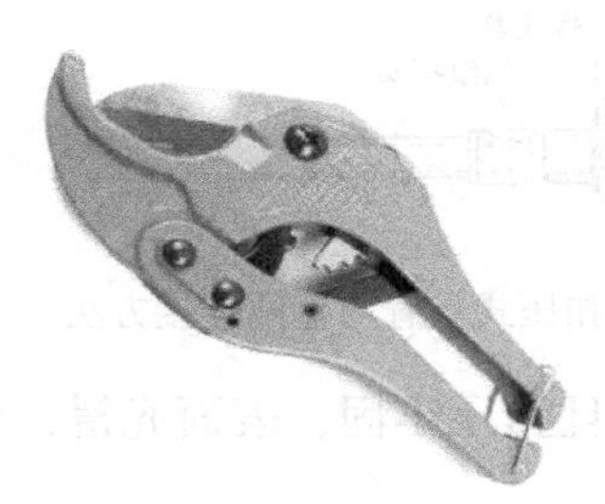

图 4.22　PVC 专用截管器

图 4.23　手弯 PVC 管

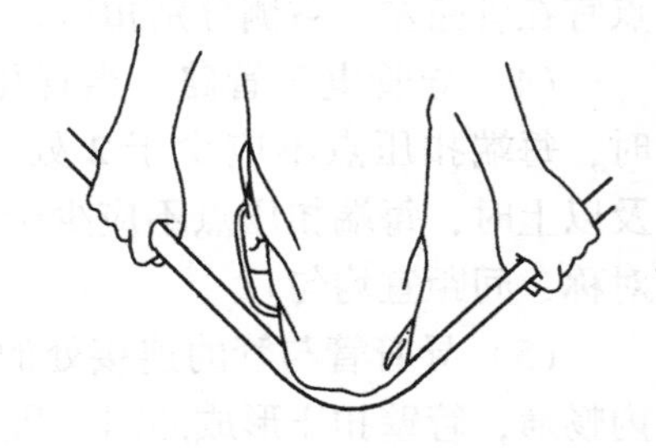

图 4.24　膝盖顶弯 PVC 管

当在硬质 PVC 管端部冷弯时，如用手冷弯 PVC 管有困难，可在管口处外套一个内径略大于管外径的钢管，一手握住管子，一手扳动钢管即可弯出管端长度适当的弯度。当手弯和膝盖弯均有困难时，可使用手扳弯管器冷弯管。

对于管径在 20mm 及以下的 PVC 管，也可直接加热煨弯，加热时，应均匀转动管身，达到适当温度后，应立即将管放在平木板上用手握住需煨弯处的两端进行弯曲，也可采用模型

煨弯。当弯曲成型后将弯曲部位插入冷水中冷却定型。

对于管径在25mm及以上的PVC管，可在管内填砂煨弯。弯曲时，先将一端管口堵好，然后将干砂子灌入管内墩实，再将另一端管口堵好，用热砂子加热到适当温度，即可放在模型上弯制成型。

弯曲注意事项：

（1）弯管时，用力和受力点要均匀，一般需弯曲至比所需要弯曲角度小些，待弯管回弹后，便可达到要求。

（2）弯90°曲弯时，管端部应与原管垂直，管端不应过长，应保证管（盒）连接后管子在墙体中间位置上，如图4.25（a）所示。

（3）在管端部煨鸭脖弯时，应一次煨成所需长度和形状，并注意两直管段间的平行距离，且端部短管段不应过长，防止预埋后造成砌体墙通缝，如图4.25（b）所示。

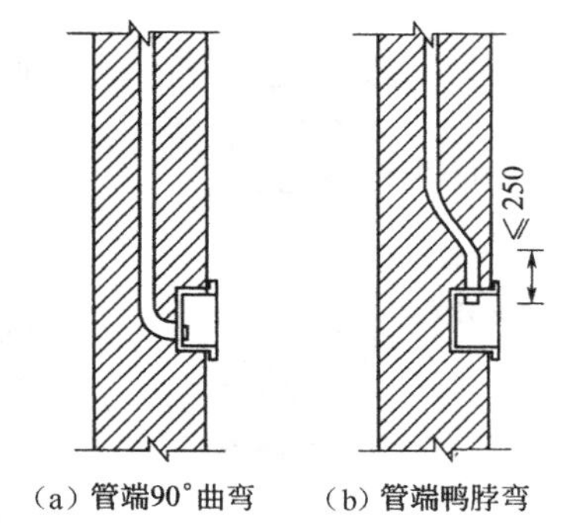

图4.25 管端部的弯曲

4. 管子连接

1）管与管连接

管与管的连接一般均应在施工现场管子敷设的过程中进行，硬质塑料管（PVC管）的连接方法有套管连接、管接头连接和插接法连接。连接前应将管子清理干净，在管子接头部分表面均匀刷一层PVC胶水后，立即将管接头插入接管内，不要扭转，保持约15s不动即可接牢。PVC管的连接如图4.26所示。

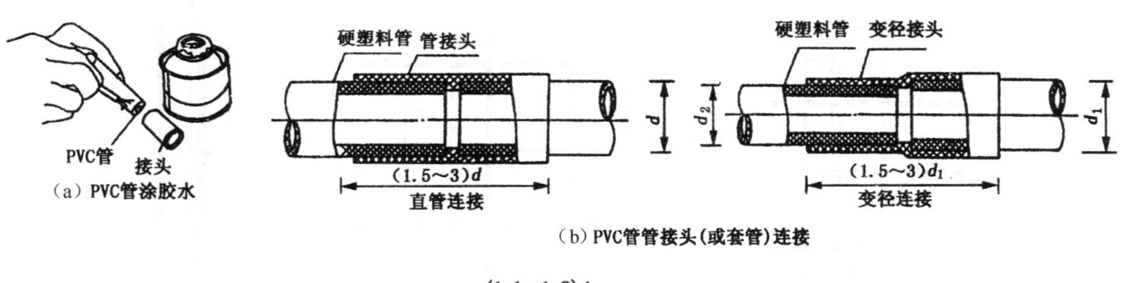

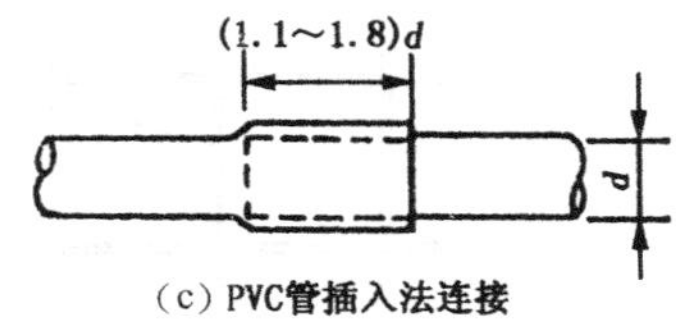

图4.26 PVC管的连接

2）管与盒连接

管与盒的连接有的需预先进行连接，有的则需要在施工现场配合施工过程在管子敷设时进行连接。管盒连接通常采用成品管盒连接件，如图4.27所示。

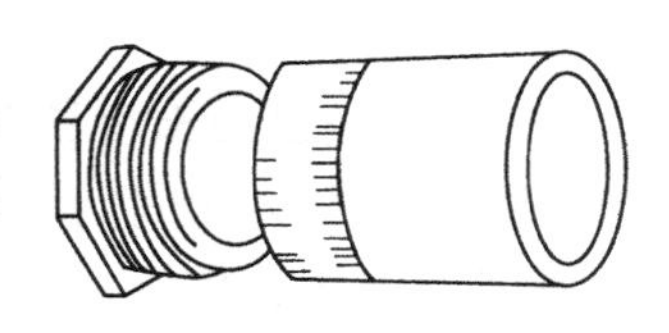

图4.27 管盒连接件

连接时，管插入深度宜为管外径的1.1～1.8倍，连接处结合面应涂专用胶合剂。

连接管外径应与盒（箱）敲落孔相一致。管口平整、光滑，一管一孔顺直插入盒（箱）。管与盒（箱）连接应牢固，没有用到的各种盒（箱）的敲落孔不应被破坏。线管进配电箱、开关盒安装如图 4.28 所示。

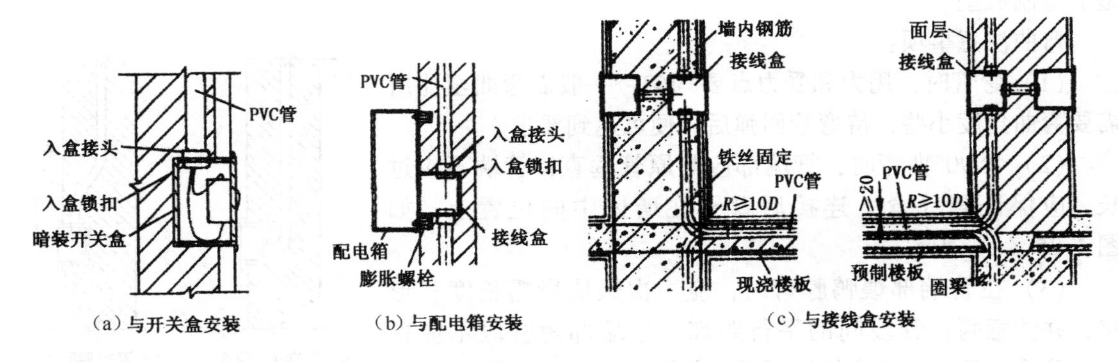

(a) 与开关盒安装　(b) 与配电箱安装　(c) 与接线盒安装

图 4.28　线管进配电箱、开关盒安装

5. 线管敷设

1）在现浇混凝土墙、柱内管线暗敷设

管线应敷设在两层钢筋中间，管进盒、箱时应煨成灯叉弯，管线每隔 1m 处用镀锌铁丝绑扎牢，弯曲部位按要求固定。PVC 管在墙、柱中暗敷设如图 4.29 所示。

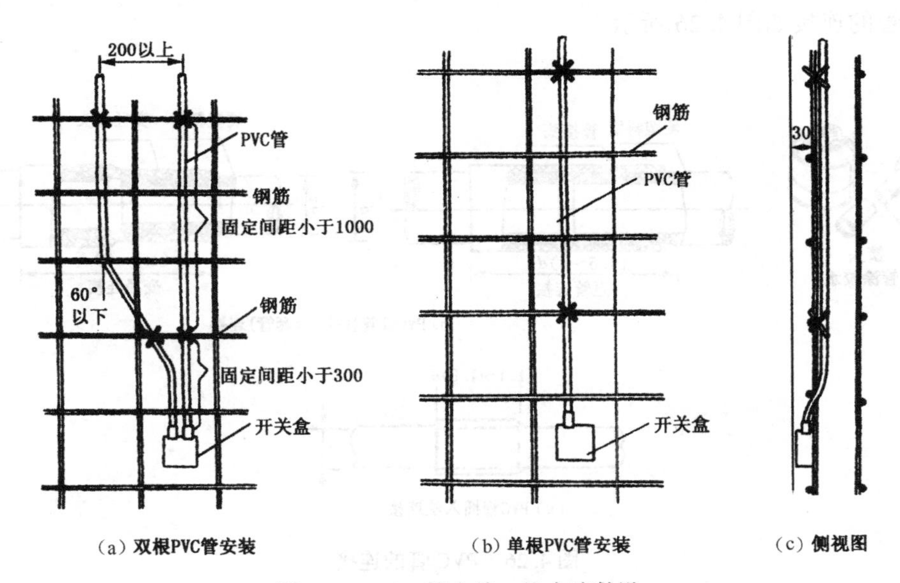

(a) 双根PVC管安装　(b) 单根PVC管安装　(c) 侧视图

图 4.29　PVC 管在墙、柱中暗敷设

2）在现浇混凝土顶板内管线暗敷设

根据建筑物内房间四周墙的厚度，弹十字线确定灯头盒的位置，将管接头、内锁母固定在盒子的管孔上，使用顶帽护口堵好管口，并堵好盒口，将固定好的盒子，用螺钉或短钢筋固定在底筋上，接着敷管，管线应敷设在上筋的下面、下筋的上面，管线每隔 1m 处用绑扎丝绑扎牢固。PVC 管在混凝土顶板内暗敷设如图 4.30 所示。

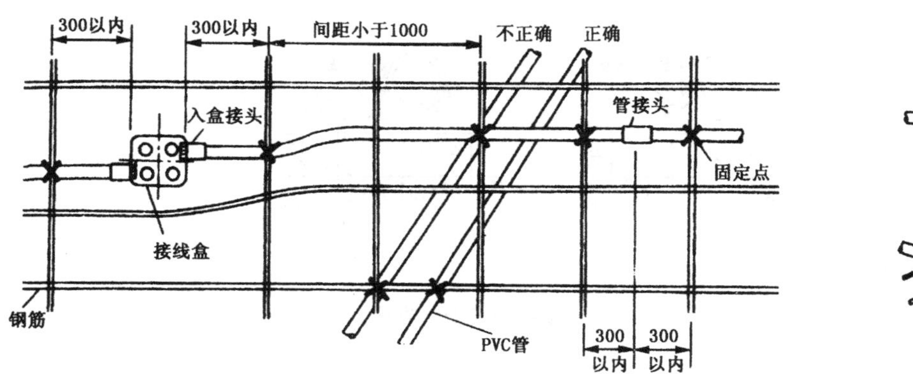

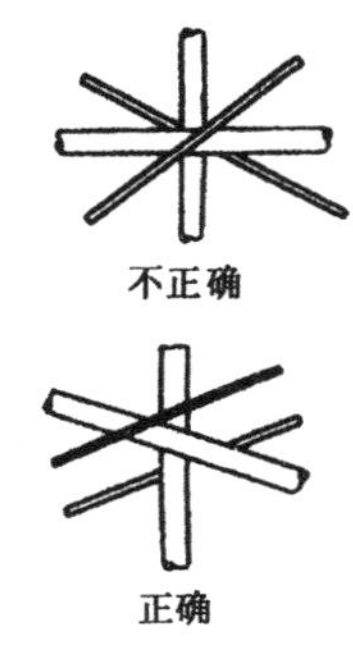

图4.30　PVC管在混凝土顶板内暗敷设

3）线管过梁暗敷设

线管过梁暗敷设如图4.31所示。图中标注不正确是指管间距离太近。

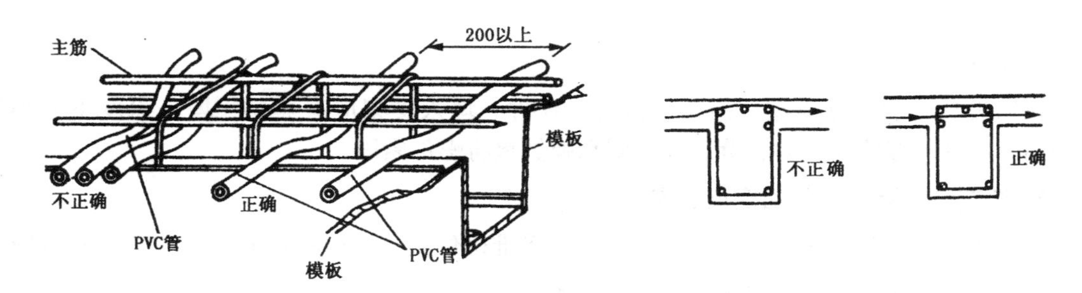

图4.31　PVC管过梁暗敷设

4）线管进设备

硬质塑料管埋地敷设（在受力较大处，宜采用重型管）引向设备时，露出地面200mm段，应用钢管和高强度塑料管保护，保护管埋地深度不小于50mm，具体方法如图4.32所示。线管进入电动机的方法如图4.33所示。

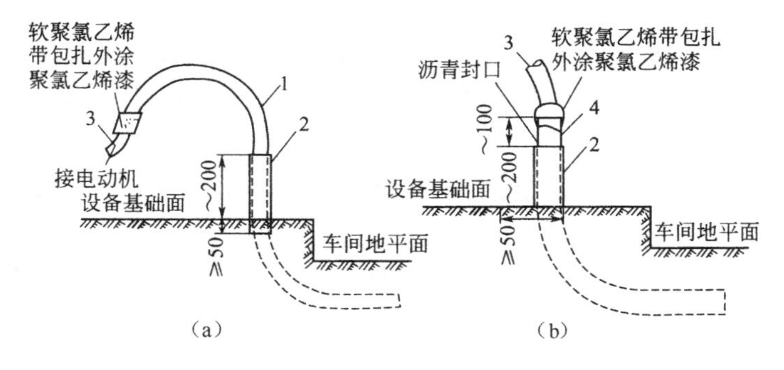

图4.32　线管暗敷设引至设备方法

5）线管穿线

硬质塑料管的穿线方法与金属管相似。

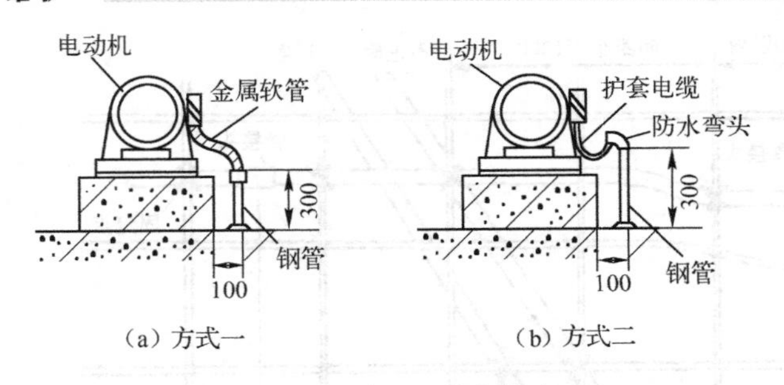

（a）方式一　　（b）方式二

图 4.33　电动机配管安装方法

4.4.2　硬质阻燃塑料管（PVC）明配施工工艺

工艺流程如下：

预制支、吊架铁件 → 测定盒、箱极管线固定点位置 → 管子加工 → 管子敷设 → 管子穿线

施工方法和要点如下：

1. 预制支、吊架铁件

按照设计图加工好支架、吊架、抱箍、铁件。埋入支架应有燕尾，埋入深度不应小于120mm，用螺栓穿墙固定时，背后加垫圈和弹簧垫将螺母紧固。

2. 测定盒、箱及管线固定点位置

按照施工图设计要求测出盒、箱、出线口等准确位置。根据测定的盒箱位置，把管线的垂直点水平线弹出，按照要求标出支架、吊架、管卡等固定点的位置、标高。

3. 管子加工

管子加工包括管子切割、管子弯曲和管子连接，具体方法和要求与塑料管暗配相似，这里不再复述。

4. 管子敷设

支架、吊架、管卡等固定好后可以敷设线管。

敷设注意事项如下：

（1）管线沿建筑物、构筑物表面敷设时，应按设计规定装设温度补偿装置，补偿的方法可以采用增加中间接线盒的方法，进入接线盒两端的管子不用固定，留有适当长度作为伸缩变化。

（2）PVC 管应排列整齐，固定点间距均匀，管卡固定点距离应符合相关规范的要求。

（3）PVC 管在穿过楼板等易受机械损伤的地方，应采用钢管保护，其保护高度距楼板表面的距离不应小于500mm。

4.5　线管配线的一般规定

（1）埋入墙体和混凝土内的管线，离表面层的净距应不小于15mm，塑料电线管在砖墙

内剔槽敷设时必须用强度等级不小于 M10 的水泥砂浆抹面保护，其厚度不小于 15mm。

（2）明、暗敷设的线管应配备相应明暗配件，如接线盒、开关盒及灯头盒等，并应保持材质一致。暗、明装开关盒、接线盒及灯头盒如图 4.34 所示。

（a）暗装开关盒、插座接线盒

（b）明装开关盒、插座接线盒

（c）暗装灯头盒

图 4.34　开关盒、插座盒及灯头盒

（3）进入灯头盒、开关盒及插座盒的线管数量不宜超过 4 个，否则应选用大型盒。

（4）地下暗配管线，不得穿越设备基础，如必须穿过基础则应设置套管进行保护。

（5）管线敷设时应尽量避开采暖沟、电信管沟等各种管沟。

（6）敷设在多尘或潮湿场所的电线保护管，管口及其各连接处均应密封。

（7）被隐蔽的接线盒和导管连接及敷设情况等应在隐蔽前检查验收合格，方可隐蔽。

（8）在 TN－S、TN－C－S 系统中，由于有专用的保护线（PE），可以不必利用金属电线管作为保护接地或接零的导体，用作保护接地或保护接零的导管壁厚不应小于 2mm，且管线通长与零线或地线有可靠的电气连接。

实训 4　塑料阻燃管（PVC 管）暗配线

实训班级		姓 名		实训成绩	
实训时间		学 号		实训课时	4
实训任务	1. 训前完成书面练习				
	2. 按接线原理图，进行 PVC 管暗配线				
	3. 检验、通电调试、故障分析及排除				
	4. 实训评估、总结与问题				
实训目标	知识方面	熟知线管配线的特点及一般规定； 掌握 PVC 管和 KBG 管的施工工艺； 学会检测和检验方法； 学会调试，提高排除故障的能力			
	技能方面	安装、检验、调试与故障排除			
重点	PVC 管配线的安装工艺及安装要求				
难点	调试过程中的故障排除				

1. 任务背景

阻燃管配线在民用建筑中用途非常广泛。它与金属管比较，价格低廉、配件齐全、加工

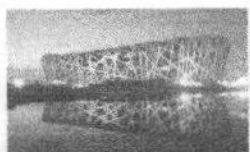

方便、安装便捷，而且具有阻燃作用，因而是民用建筑照明配线的首选。

2. 实训任务及要求

（1）训前完成书面练习。

通过课本知识、上课内容以及网络信息等方式完成。

（2）按图4.35所示接线原理图，进行PVC管暗配线。

图4.35所示为两个双控开关控制一盏灯，并接一个单相三眼插座，根据此接线原理进行PVC管暗配线。

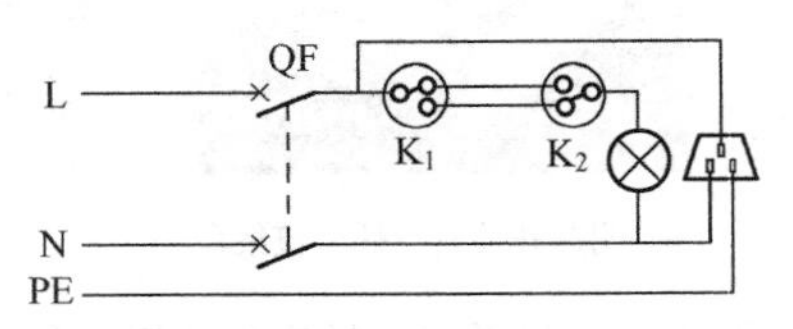

图4.35　双控开关控制电路

具体要求：

① 配线中要求设计一个弯头和一个中间接头；导线选用BV型导线；配管选用PVC16管。

② 应选择合适的配件（明敷设或暗敷设的配件）并满足横平竖直的基本要求。

③ 线管内的导线不得有接头，接头应在接线盒内采用塑料压线帽压接。

④ 管盒连接应选择合适的连接件，至器具和接线盒的导线应预留长度100～150mm。

⑤ 线管固定点间距不小于800mm，端部固定点距器具盒接线（开关）盒距离为50～100mm（实训时可兼顾考虑）。

⑥ 插座接线为左零右相，上保护线。

⑦ 火线宜采用红色，地线宜采用淡蓝色，保护线应采用黄绿双色线。

⑧ 火线应进开关。

⑨ 螺口灯头的中心触头端接相线，螺纹端接中性线。

（3）检验、通电调试、故障分析及排除。

① 通电前，应先用导通法初步检查接线是否正确，再用兆欧表测试线路的绝缘电阻，符合要求后方可进行通电试验。

② 出现故障或问题应查明原因并正确处理。

③ 指导老师在场方可进行通电试验，以确保实训安全。

（4）实训评估、总结与问题。

完成实训后，应对实训工作进行评估、总结和分析，分享收获与提高，分析不足与问题。

3. 重点提示

（1）应选择合适的配件（明敷设或暗敷设的配件）并满足横平竖直的基本要求。

（2）线管内的导线不得有接头，接头应在接线盒内采用塑料压线帽压接。

（3）管盒连接应选择合适的连接件，至器具和接线盒的导线应预留长度100～150mm。

（4）线管固定点间距不小于800mm，端部固定点距器具盒接线（开关）盒距离为50～100mm（实训时可兼顾考虑）。

（5）插座接线为左零右相，上保护线。

（6）火线宜采用红色，地线宜采用淡蓝色，保护线应采用黄绿双色线。

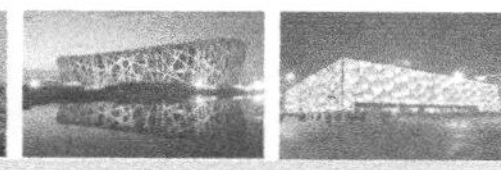

（7）火线应进开关。

（8）螺口灯头的中心触头端接相线，螺纹端接中性线。

4. 知识链接

（1）PVC管的切割可用钢锯，切割时应一次切割到底，否则管子切口不整齐。也可用专用截管器进行剪切，如图4.22所示。

（2）管径在25mm及以下的可以采用冷煨法，将弯簧插入（PVC）管内的煨弯处，两手抓住弯簧两端头用力弯曲并控制弯曲角度，如图4.23所示。也可用膝盖弯曲，如图4.24所示。

（3）管与盒的连接有的需预先进行连接，有的则需要在施工现场配合施工过程在管子敷设时进行连接。管盒连接通常采用成品管盒连接件，如图4.27所示。

5. 相关练习

（1）硬质塑料管埋地敷设（在受力较大处，宜采用重型管）引向设备时，露出地面____mm段，应用钢管和高强度塑料管保护，保护管埋地深度不小于____mm。

（2）半硬塑料管应尽量避免弯曲，当直线长度超过____m或直角弯超过____个时，均应装设中间接线盒。为了便于穿线，管子弯曲半径不宜小于____倍管外径，弯曲角度应大于____。

（3）简述PVC管在砖墙内敷设的程序及基本要求。

____

____

6. 计划

（1）使用工具及仪表。

工具：____

____

仪表：____

____

（2）将计划领取的电气配件及辅助材料填入表4.2中。

表4.2 电气配件及辅助材料

序 号	配件名称	配件规格型号	数 量	辅助材料
1				
2				
3				
4				
5				
6				
7				
8				
9				
10				

(3) 列出实训工作计划，填入表4.3中。

表4.3 实训工作计划

序 号	工作计划	工作标准
1		
2		
3		
4		
5		
6		
7		
8		

7. 实施

(1) 对所领各器件进行安装前的检查，填写表4.4。

表4.4 器件安装前的检查

序 号	名 称	完整性	绝 缘	接线螺钉	额定电压	额定电流	是否适用
1							
2							
3							
4							
5							
6							
7							
8							
9							
10							

(2) 绘制布置图和电气平面图。

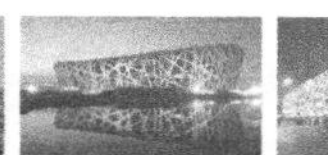

（3）对发现的故障进行分析及排除，填写表4.5。

表4.5　故障分析及排除

序　　号	故障现象	原　　因	解决方法
1			
2			
3			

8. 评估

（1）依照表4.6所列项目进行测量、检查与评定，并填写表4.6。

表4.6　测量、检查与评定

测量检查项目	测量检查方法	测量检查结果
布线观感质量		
双控开关接线		
插座接线		
线路绝缘电阻		
负载工作状态		
自评（或互评）结果		

（2）对任务完成情况进行分析，填写表4.7。

表4.7　任务完成情况分析

完成情况	未完成内容	未完成的原因
完成 □ 未完成 □		

（3）根据实训的心得、不足与问题，填写表4.8。

表4.8　心得、不足与问题

心得	
不足	
问题	1.
	2.

（4）由老师对实训进行综合评定，填写表4.9。

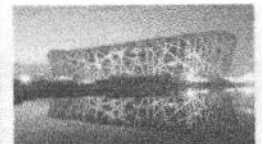

表 4.9 综合评定

序 号	内 容	满 分	得 分
1	训前准备与练习	20	
2	合作精神	10	
3	器件检查	20	
4	计划合理性	10	
5	安装质量	30	
6	故障排除	10	
合 计		100	

实训 5 金属管（KBG 管）暗配线

实训班级		姓 名		实训成绩	
实训时间		学 号		实训课时	4
实训任务	1. 训前完成书面练习				
	2. 按接线原理图，进行 KBG 管暗配线				
	3. 检验、通电调试、故障分析及排除				
	4. 实训评估、总结与问题				
实训目标	知识方面	了解线管配线的种类及适用场合； 掌握 KBG 管配线的施工工艺； 熟知线管配线的一般规定			
	技能方面	KBG 管暗配施工工艺； 安装、检验、调试与故障排除			
重点	KBG 管配线的安装工艺及安装要求				
难点	调试过程中的故障排除				

1. 任务背景

套接扣压式薄壁镀锌钢导管（简称 KBG 管）是焊接钢管（SC 管）的更新换代产品。KBG 管采用优质冷轧带钢，经高频焊管机组自动焊缝成型，由于该管材双面镀锌，因此具有良好的防腐性能，加工方便，施工便捷，在 1kV 及以下建筑电气工程中得到广泛应用。

2. 实训任务及要求

（1）完成训前书面练习。

通过课本知识、上课内容以及网络信息等方式完成。

（2）按接线原理图，进行 KBG 管暗配线。

图 4.35 所示为两个双控开关控制一盏灯，并接一个单相三眼插座，根据此接线原理进行 KBG 管暗配线。

具体要求：

① 配线中要求设计一个弯头和一个中间接头；导线选用 BV 型导线；配管选用 ϕ16mm 的 KBG 管。

② 导管电线管路连接应采用专用工具进行，不应敲打形成压点。严禁熔焊连接。

③ 导管电线管路为水平敷设时，扣压点宜在管路上、下方分别扣压；管路为垂直敷设时，扣压点宜在管路左、右侧分别扣压。

④ 导管电气管路，当管径为 ϕ25mm 及以下时，每端扣压点不应少于 2 处；当管径为 ϕ32mm 及以上时，每端扣压点不应少于 3 处，且扣压点宜对称，间距宜均匀。

⑤ 导管管与管的连接处的扣压点深度不应小于 1.0mm，且扣压牢固，表面光滑，管内畅通，管壁扣压形成的凹、凸点不应有毛刺。

⑥ 插座接线为左零右相，上保护线。

⑦ 火线宜采用红色，地线宜采用淡蓝色，保护线应采用黄绿双色线。

⑧ 火线应进开关。

⑨ 螺口灯头的中心触头端接相线，螺纹端接中性线。

（3）检验、通电调试、故障分析及排除。

① 通电前，应先用导通法初步检查接线是否正确，再用兆欧表测试线路的绝缘电阻，符合要求后方可进行通电试验。

② 出现故障或问题应查明原因并正确处理。

③ 指导老师在场方可进行通电试验，以确保实训安全。

（4）实训评估、总结与问题。

完成实训后，应对实训工作进行评估、总结和分析，分享收获与提高，分析不足与问题。

3. 重点提示

（1）导管电线管路连接应采用专用工具进行，不应敲打形成压点。严禁熔焊连接。

（2）导管电线管路为水平敷设时，扣压点宜在管路上、下方分别扣压；管路为垂直敷设时，扣压点宜在管路左、右侧分别扣压。

（3）导管电气管路，当管径为 ϕ25mm 及以下时，每端扣压点不应少于 2 处；当管径为 ϕ32mm 及以上时，每端扣压点不应少于 3 处，且扣压点宜对称，间距宜均匀。

（4）导管管与管的连接处的扣压点深度不应小于 1.0mm，且扣压牢固，表面光滑，管内畅通，管壁扣压形成的凹、凸点不应有毛刺。

（5）插座接线为左零右相，上保护线。

（6）火线宜采用红色，地线宜采用淡蓝色，保护线应采用黄绿双色线。

（7）火线应进开关。

（8）螺口灯头的中心触头端接相线，螺纹端接中性线。

4. 知识链接

（1）管与管连接可直接将导管插入直管接头或弯管接头，用专用扣压器在连接处扣压，水平敷设时宜在管路上、下方扣压，垂直敷设时宜在管路左、右侧扣压。专用扣压器如图 4.19 所示，KBG 管常用配件直接、盒接、月弯如图 4.20 所示。

（2）管与盒连接应先将螺纹管接头与接线盒进行螺纹连接，再将导管插入螺纹管接头的另一端，用扣压器在螺纹管接头与导管连接处扣压，爪形螺母的爪应向线盒侧以便破坏线盒氧化层从而起到跨接的作用。扣压式导管与盒间连接方法见图 4.21。

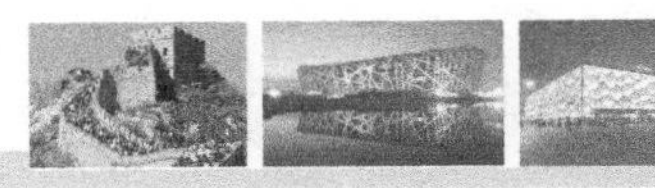

5. 相关练习

(1) 图4.36所示的连接方法适合于KBG管还是JDG管？答：__________。

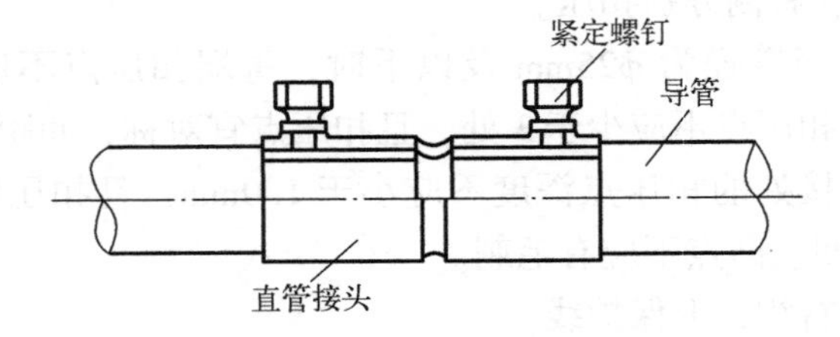

图4.36 连接方法

(2) 图4.37所示配件适合于KBG管还是JDG管？答：__________。

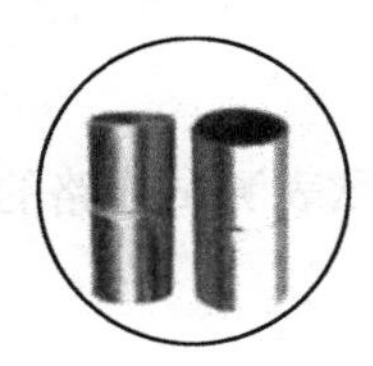

图4.37 配件

(3) 简述KBG管和JDG管的使用特点。

____

____

____

6. 计划

(1) 使用工具及仪表。

工具：____

____

仪表：____

____

(2) 根据所领电气配件及辅助材料填写表4.10。

表4.10 电气配件及辅助材料

序 号	配件名称	配件规格型号	数 量	辅助材料
1				
2				
3				
4				
5				
6				
7				
8				

（3）列出实训工作计划，填入表4.11中。

表4.11　实训工作计划

序　号	工 作 计 划	目标（自定标准）
1		
2		
3		
4		
5		
6		
7		
8		

7. 实施

（1）对所领各器件进行安装前的检查，填写表4.12。

表4.12　安装前的检查

序　号	名　称	完 整 性	绝　缘	接线螺钉	额定电压	额定电流	是否适用
1							
2							
3							
4							
5							
6							
7							
8							
9							
10							

（2）绘制布置图和电气平面图。

(3) 对发现的故障进行分析及排除，填写表4.13。

表4.13 故障分析及排除

序　号	故障现象	原　因	解决方法
1			
2			
3			

8. 评估

(1) 依照表4.14所列项目进行测量、检查与评定，并填写表4.14。

表4.14 测量、检查与评定

测量检查项目	测量检查方法	测量检查结果
布线观感质量		
双控开关接线		
插座接线		
线路绝缘电阻		
负载工作状态		
自评（或互评）结果		

(2) 对任务完成情况进行分析，填写表4.15。

表4.15 任务完成情况分析

完成情况	未完成内容	未完成的原因
完成 □ 未完成 □		

(3) 根据实训的心得、不足与发现的问题，填写表4.16。

表4.16 心得、不足与问题

心得	
不足	
问题	1.
	2.

(4) 由老师对实训进行综合评定，填写表4.17。

表4.17　综合评定

序　号	内　容	满　分	得　分
1	训前准备与练习	20	
2	合作精神	10	
3	器件检查	20	
4	计划合理性	10	
5	安装质量	30	
6	故障排除	10	
合　计		100	

学习领域5

导线的连接

教学指导页

<table>
<tr><td rowspan="2">授课时间</td><td rowspan="2"></td><td rowspan="2">授课班级</td><td rowspan="2"></td><td rowspan="2">课时分配</td><td>理论</td><td>2</td></tr>
<tr><td>实训</td><td>2</td></tr>
<tr><td rowspan="6">教学任务</td><td rowspan="5">理论</td><td colspan="5">5.1　导线的连接要求</td></tr>
<tr><td colspan="5">5.2　导线绝缘层剖削</td></tr>
<tr><td colspan="5">5.3　导线的连接</td></tr>
<tr><td colspan="5">5.4　导线的端接</td></tr>
<tr><td colspan="5">5.5　导线连接处的绝缘处理</td></tr>
<tr><td>实训</td><td colspan="5">绝缘导线的连接</td></tr>
<tr><td rowspan="2">教学目标</td><td>知识方面</td><td colspan="5">掌握导线连接的基本要求；
熟知各种导线连接与端接的方法及要求；
了解铜、铝导线连接的方法及要求</td></tr>
<tr><td>技能方面</td><td colspan="5">常用导线的连接与端接</td></tr>
<tr><td>重点</td><td colspan="6">铜导线的连接与端接</td></tr>
<tr><td>难点</td><td colspan="6">多股线的连接质量控制</td></tr>
<tr><td rowspan="2">问题与改进</td><td>学生方面</td><td colspan="5"></td></tr>
<tr><td>教师方面</td><td colspan="5"></td></tr>
</table>

导线连接是电工作业的一项基本工序，也是一项十分重要的工序。导线连接的质量直接关系到整个线路乃至系统能否安全可靠地长期运行。事实证明很多电气故障都是由导线接头质量不好引起的。不同截面、不同材质、不同股数、不同根数的导线，均有不同的连接方法。所以掌握各种导线的连接方法是电气施工人员最基本的操作技能。

5.1　导线的连接要求

导线连接有两种形式，分别是导线与导线的连接（即接头连接）和导线与设备、器具的连接（即导线端接）。

1. 接头连接基本要求

（1）接触紧密，使接头处电阻最小。

（2）连接处的绝缘强度与非连接处相同。

（3）连接处的机械强度与非连接处相同。

（4）耐腐蚀。

2. 导线端接基本要求

（1）连接应牢固，不致因震动而脱落。接触面应紧密，接触电阻应小。

（2）截面 $10mm^2$ 及以下的单股铜芯和单股铝芯导线可直接与设备、器具的端子连接。

（3）截面 $2.5mm^2$ 及以下的多股铜芯线的线芯，应先拧紧搪锡或压接端子后再与设备、器件的端子连接。

（4）多股铝芯线和截面大于 $2.5mm^2$ 的多股铜芯线，除设备自带插接式端子外，应焊接或压接端子后，再与设备、器件的端子连接。

5.2　导线绝缘层剖削

导线连接前，首先要进行导线的剖削，剖削的基本要求就是剖削时不损坏线芯。不同型号的导线有不同的剖削方法。

1. 塑料硬线（单芯）绝缘层剖削

（1）用剥线器剖削。把塑料硬线放入剥线器相应的刃口中，用手将钳柄一握，硬线的绝缘层即被割破并自动弹出，如图 5.1 所示。

（2）用钢丝钳剖削。芯线截面 $4mm^2$ 及以下的塑料硬线，一般可用钢丝钳或尖嘴钳剖削，如图 5.2 所示。

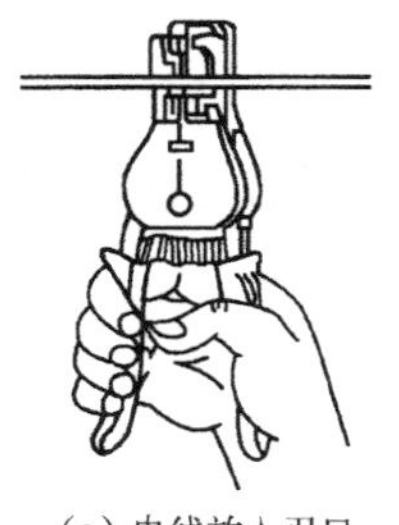

（a）电线放入刃口

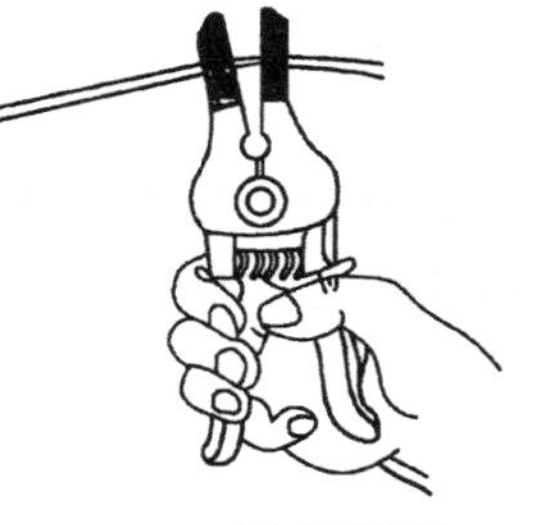

（b）握紧钳柄

图 5.1　剥线钳剖削塑料硬线绝缘层

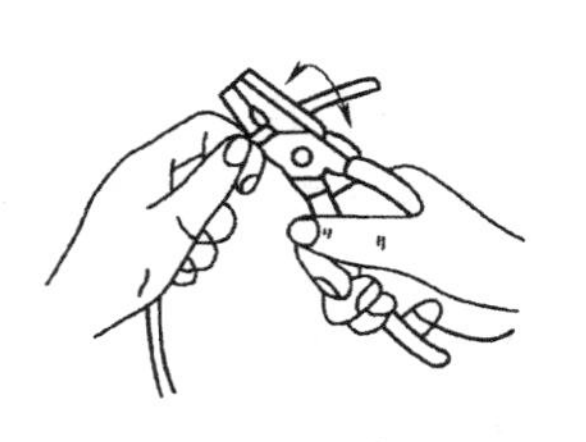

（a）切割绝缘层

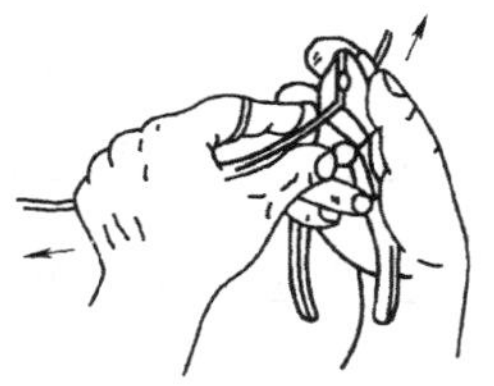

（b）勒去绝缘层

图 5.2　钢丝钳剖削塑料硬线绝缘层

(3) 用电工刀剖削。芯线截面大于4mm²以上的塑料硬线，可用电工刀剖削，如图5.3所示。

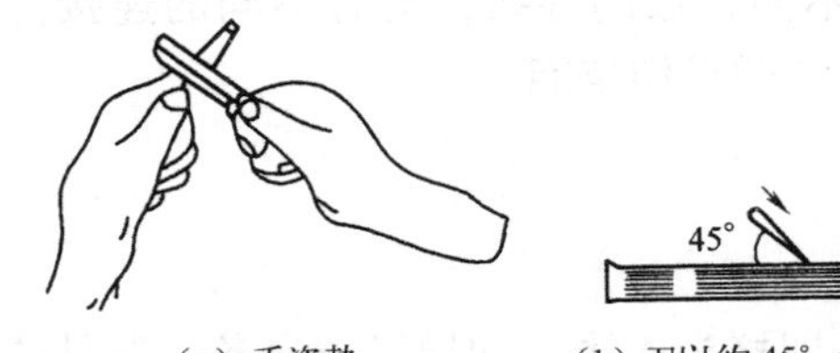
(a) 手姿势

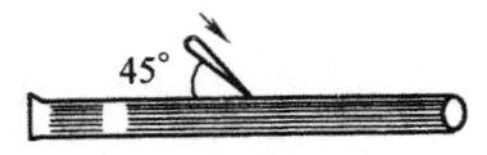

(b) 刀以约45°角倾斜切入

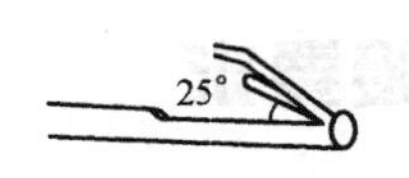

(c) 刀以约25°角倾斜推削

(d) 翻下绝缘层并切去

图5.3　电工刀剖削塑料硬线绝缘层

2. 塑料软线绝缘层剖削

塑料软线绝缘层只能用剥线器和尖嘴钳剖削，不宜用电工刀剖削，其剖削方法同上。

3. 塑料护套线绝缘层剖削

塑料护套线绝缘层宜用电工刀剖削，剖削方法如图5.4所示。

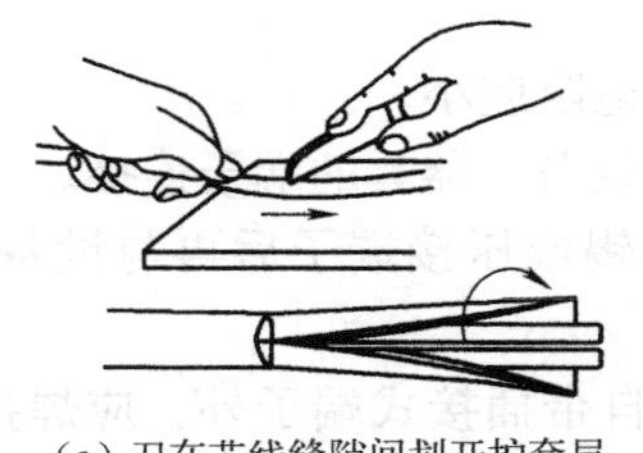
(a) 刀在芯线缝隙间划开护套层

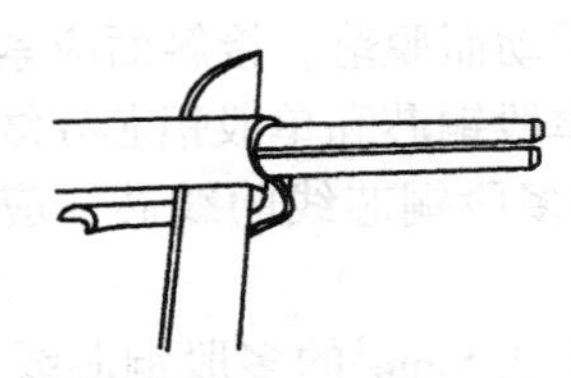
(b) 扳翻护套层并齐根切去

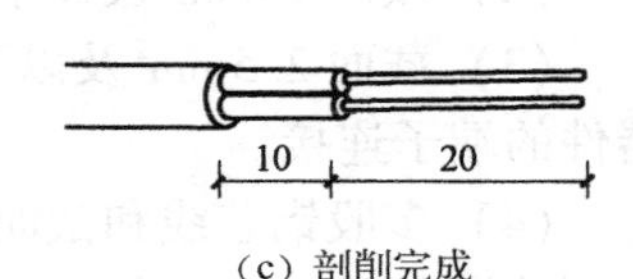

(c) 剖削完成

图5.4　塑料护套线绝缘层剖削

4. 橡皮线绝缘层剖削

用与剖削护套线的护套层类似的方法，把橡皮线编织保护层用电工刀尖划开，用剖削塑料线绝缘层相同的方法剖去橡胶层，最后，翻下松散面纱层至根部，用电工刀从根部切断。

5. 花线绝缘层剖削

在所需长度，用电工刀在面纱保护层四周割切一圈后拉去，距面纱织物保护层10mm处，用尖嘴钳刀口切割橡胶绝缘层，然后右手握住钳头，左手把花线用力抽拉，钳口勒出橡胶绝缘层，将露出的面纱层散开，最后，用电工刀从根部割断面纱层。

5.3　导线的连接

不同材质、不同截面、不同使用场合的导线，其连接方法是不同的。常用的连接方法有绞合连接（也叫绞接法）、紧压连接、焊接以及铜铝过渡连接等。

5.3.1　单股铜芯线的连接

单股铜芯线的连接有许多方法，采用哪种方法要根据导线截面、连接要求、施工场所等因素确定。

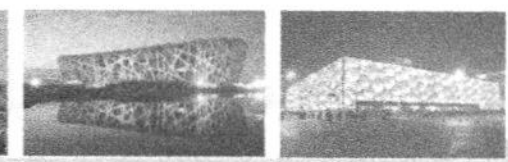

1）单股等径铜芯线的一字绞合连接

截面 $6mm^2$ 及以下的单股等径铜芯导线一般采用绞合连接，连接步骤如图5.5所示。

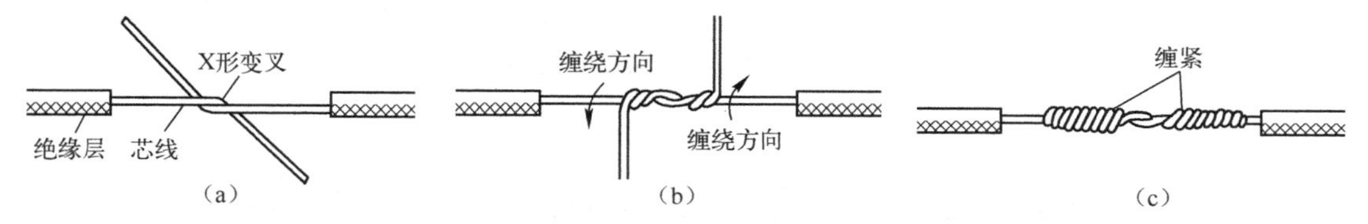

图5.5　单股铜导线的绞合连接

2）单股不等径铜芯线的直接绞合连接

单股不等径的铜导线连接方法如下：把细导线在粗导线上缠绕5～6圈后，弯折粗导线端部，使它压在细导线缠绕层上，再把细导线缠绕3～4圈后，剪去多余细线头，连接步骤如图5.6所示。

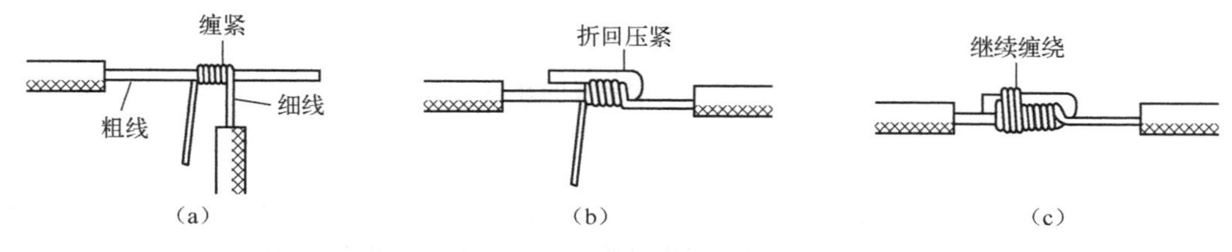

图5.6　单股不等径铜导线的连接

3）单股铜导线T字分支绞合连接

单股铜导线的T字分支连接如图5.7所示。将支路芯线的线头紧密缠绕在干路芯线上5～8圈后剪去多余线头即可。对于较小截面的芯线，可先将支路芯线的线头在干路芯线上打一个环绕结，再紧密缠绕5～8圈后剪去多余线头即可。

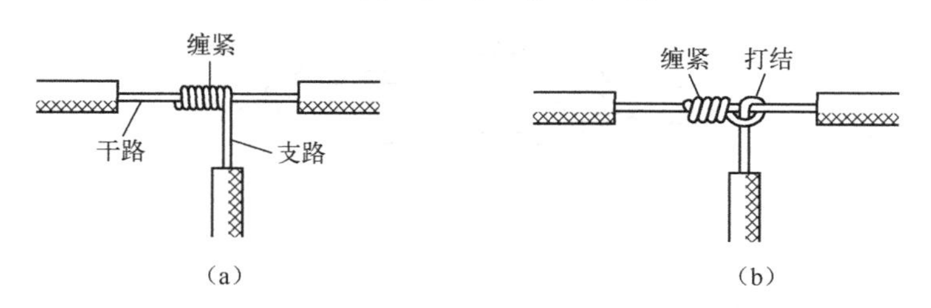

图5.7　单股铜导线的T字分支连接

4）单股铜导线十字分支绞合连接

单股铜导线的十字分支连接如图5.8所示，将上、下支路芯线的线头紧密缠绕在干路芯线上5～8圈后剪去多余线头即可。可以将上、下支路芯线的线头向一个方向缠绕，也可以向左右两个方向缠绕。

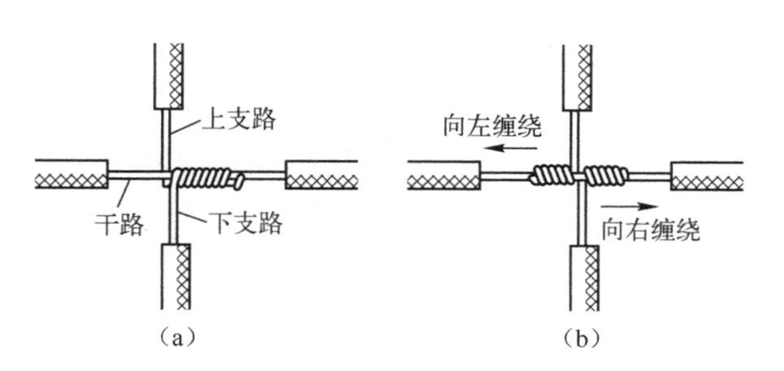

图5.8　单股铜导线的十字分支连接

5）铜芯线的并行绞合连接（并接）

当需要连接的导线来自同一方向时，

可以采用并接。对于单股导线，可将一根导线的芯线紧密缠绕在其他导线的芯线上，再将其他芯线的线头折回压紧即可。对于多股导线，可将两根导线的芯线互相交叉，然后绞合拧紧即可。对于单股导线与多股导线的连接，可将多股导线的芯线紧密缠绕在单股导线的芯线上，再将单股芯线的线头折回压紧即可。具体方法如图 5.9 所示。

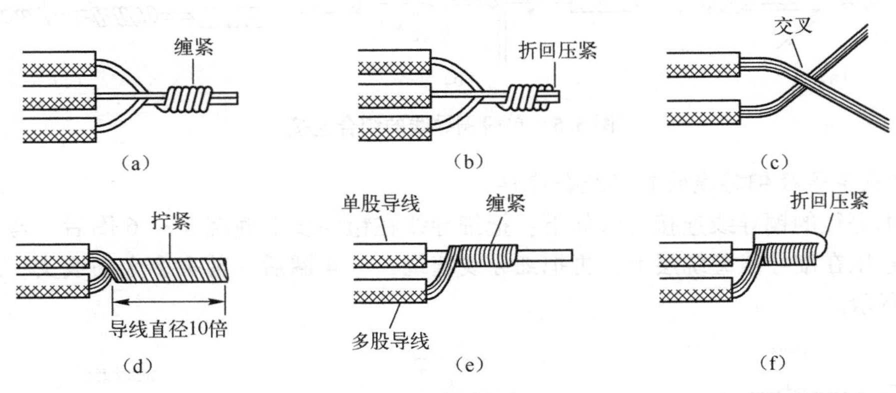

图 5.9　铜导线的并接

6）多芯铜导线的绞合连接

双芯护套线、三芯护套线或电缆、多芯电缆在连接时，应注意尽可能将各芯线的连接点互相错开位置，可以更好地防止线间漏电或短路。连接示意图如图 5.10 所示。

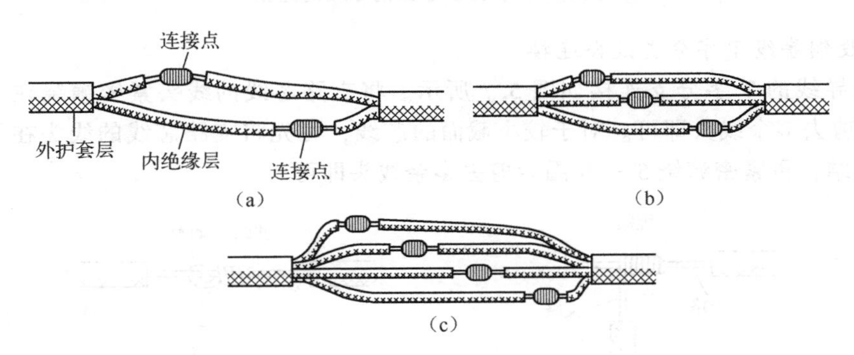

图 5.10　多芯铜导线的绞合连接

7）软线与硬线绞合连接

软线与硬线的绞合连接方法如下：把软线芯线拧紧，软线在硬线上紧缠 7 圈后，硬线折回并用钳子夹紧，如图 5.11 所示。

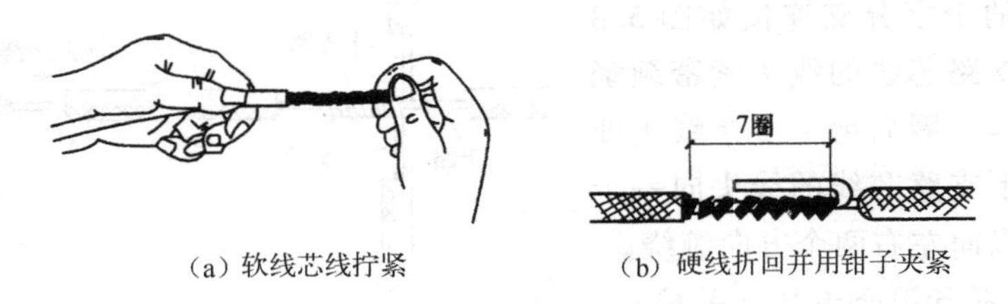

(a) 软线芯线拧紧　　(b) 硬线折回并用钳子夹紧

图 5.11　软线与硬线连接

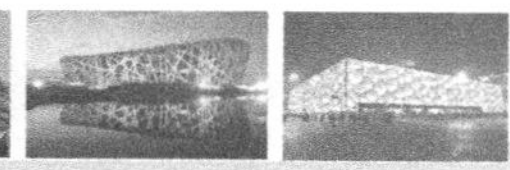

8）单股铜导线的绑扎连接

截面大于 $6mm^2$ 的单股等径铜导线一般采用绑扎法连接，连接步骤如图 5.12 所示。

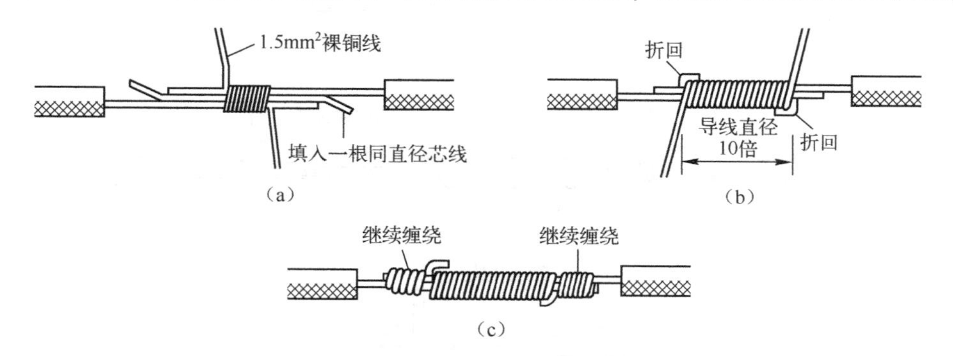

图 5.12　单股铜导线的绑扎连接

9）单股铜芯线压接帽连接

压接帽外为塑料壳，内为铝合金套管或镀银铜套管，图 5.13 所示为导线压接帽实物图，图 5.14 所示为导线压接帽剖面图。导线压接帽连接可采用阻尼式手握压线帽钳压接，压接帽钳如图 5.15 所示。压接时先把导线线头用剥线器剥去约 18mm 绝缘层，把几根线对齐，用钢丝钳顺时针绞紧，插入压接帽内，用压接帽钳夹住压接帽，用力压紧即可。这种方法特别适于在接线盒、灯头盒、开关盒内使用。

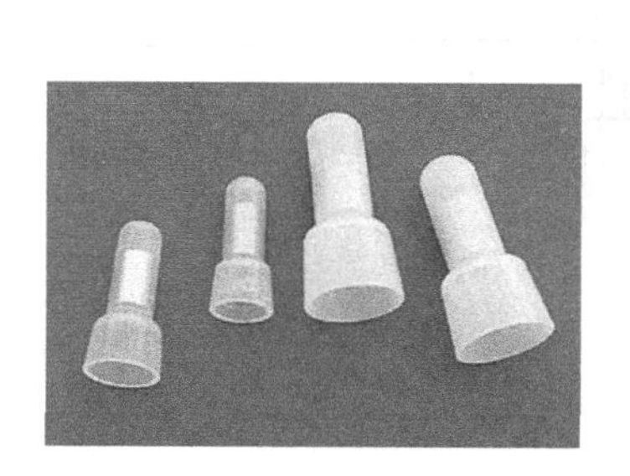

图 5.13　导线压接帽实物图

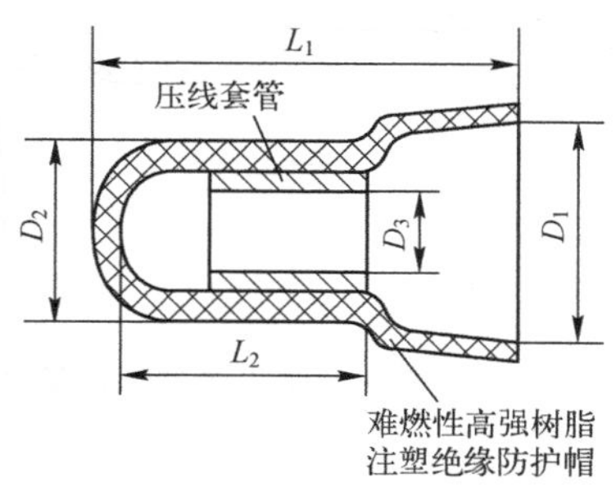

图 5.14　导线压接帽剖面图

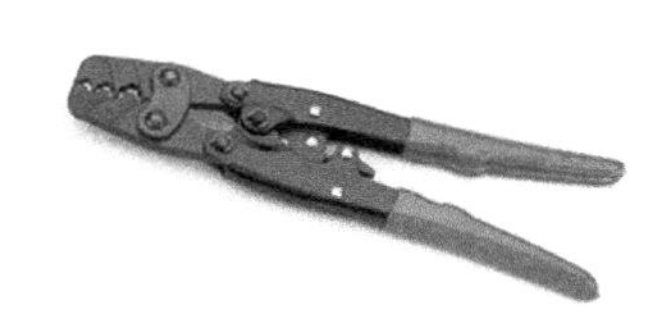

图 5.15　导线压接帽钳

5.3.2　多股铜芯线的绞合连接

1）多股铜芯线的直接绞合连接

多股铜芯线的直接绞合连接如图 5.16 所示，首先将剥去绝缘层的多股芯线拉直，将其靠近绝缘层的约 1/3 芯线成伞状散开，另一根需连接的导线芯线也如此处理。接着将两伞状芯线相对着互相插入后捏平芯线，然后将每一边的芯线线头分作 3 组，先将某一边的第一组线头翘起并紧密缠绕在芯线上，再将第二组线头翘起并紧密缠绕在芯线上，最后将第三组线头绞合拧紧，而将其余 2/3 翘起并紧密缠绕在芯线上。以同样方法缠绕另一边的线头。

2）多股铜芯线的 T 字分支绞合连接

多股铜芯线的 T 字分支绞合连接有两种方法，一种方法如图 5.17 所示，将支路芯线 90° 折弯后与干路芯线并行，然后将线头折回并紧密缠绕在芯线上即可。另一种方法如图 5.18 所示，将支路芯线靠近绝缘层的约 1/8 芯线绞合拧紧，其余 7/8 芯线分为两组，一组插入干

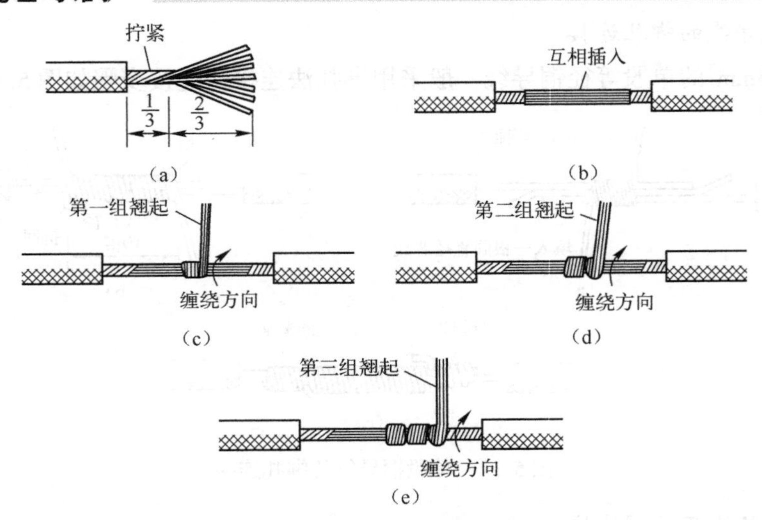

图 5.16　多股铜芯线的直接绞合连接

路芯线当中，另一组放在干路芯线前面，并朝右边按图 5.18（b）所示方向缠绕 4 ～ 5 圈。再将插入干路芯线当中的那一组朝左边按图 5.18（c）所示方向缠绕 4 ～ 5 圈，连接好的导线如图 5.18（d）所示。

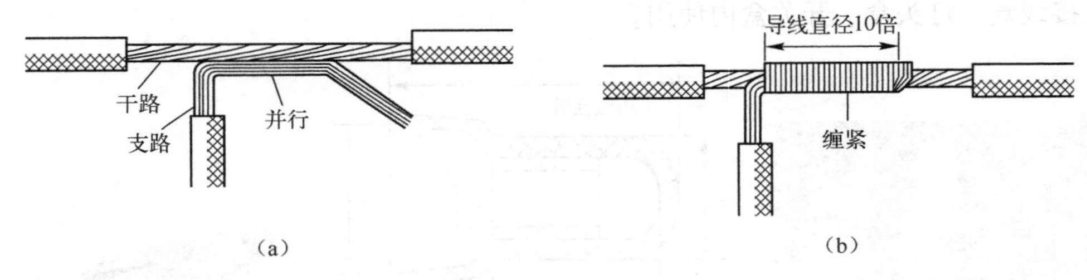

图 5.17　多股铜芯线 T 字分支连接（一）

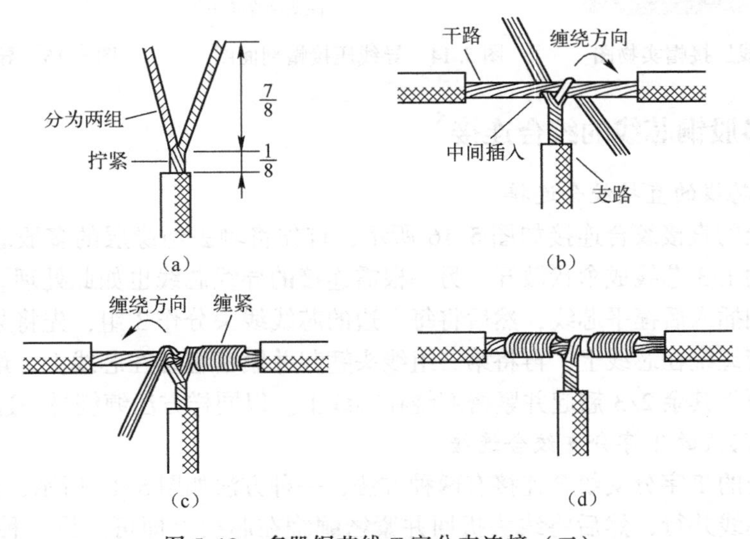

图 5.18　多股铜芯线 T 字分支连接（二）

5.3.3　导线的紧压连接

紧压连接是指用铜或铝套管套在被连接的芯线上，再用压接钳或压接模具压紧套管使芯线保持连接。紧压连接一般适用于较粗的铜导线和铝导线。套管有圆形和椭圆形两种。圆形套管直接压接如图5.19所示，椭圆形套管直接压接如图5.20所示。

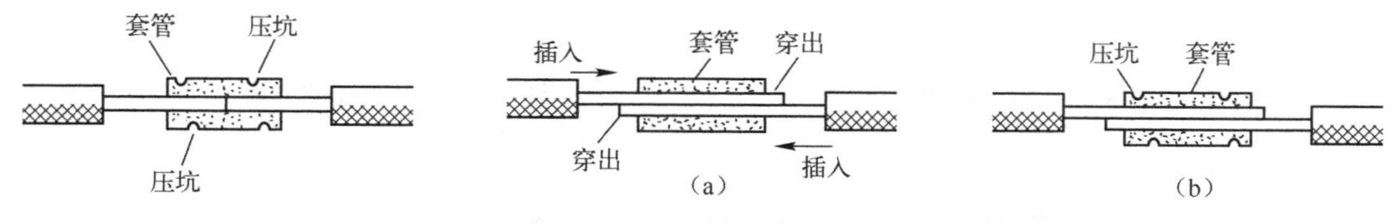

图5.19　圆形套管直接压接

图5.20　椭圆形套管直接压接

导线套管分支压接如图5.21所示，导线套管并接压接如图5.22所示。

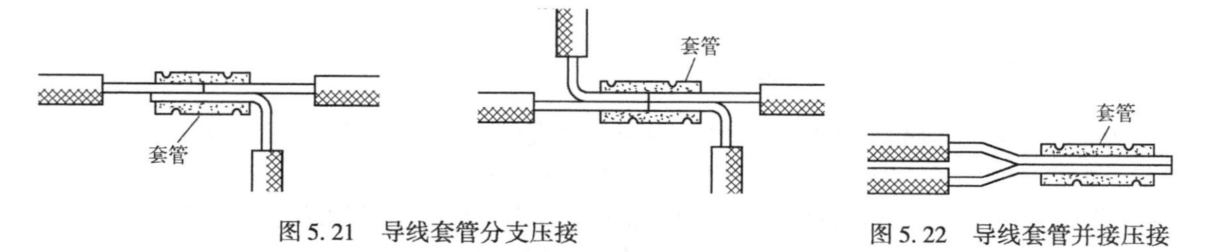

图5.21　导线套管分支压接

图5.22　导线套管并接压接

连接注意事项如下：

(1) 导线材质和套管材质应一致，即铜芯线应用铜套管，铝芯线应用铝套管。

(2) 导线的规格和套管的规格应一致。

(3) 压坑数量和深度应满足规范要求。

5.3.4　导线的焊接

焊接是指将金属（焊锡等焊料或导线本身）熔化融合而使导线连接。电工技术中导线连接的焊接种类有锡焊、电阻焊、电弧焊、气焊、钎焊等。铜导线的锡焊如图5.23所示。较粗（一般指截面16mm^{2}以上）的铜导线接头可用浇焊法连接。铜导线的浇焊法如图5.24所示。铝导线接头的焊接一般采用电阻焊或气焊。铝导线的电阻焊如图5.25所示。电阻焊应使用特殊的降压变压器（1kVA、初级220V、次级6～12V），配以专用焊钳和碳棒电极。铝导线的气焊如图5.26所示，气焊是指利用气焊枪的高温火焰，将铝导线的连接点加热，使待连接的铝导线相互熔融连接。

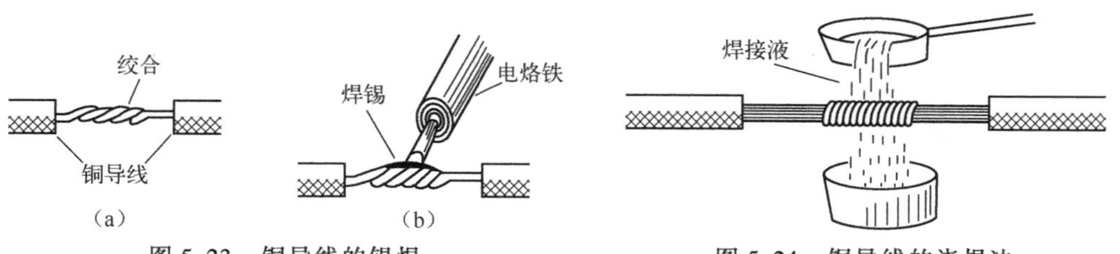

图5.23　铜导线的锡焊

图5.24　铜导线的浇焊法

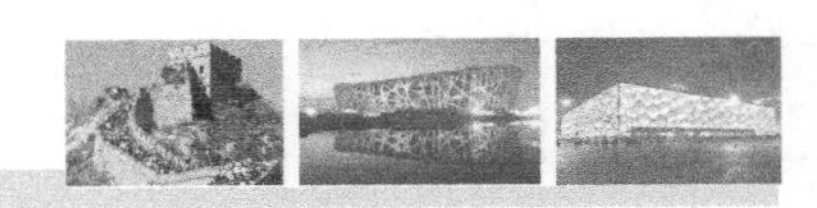

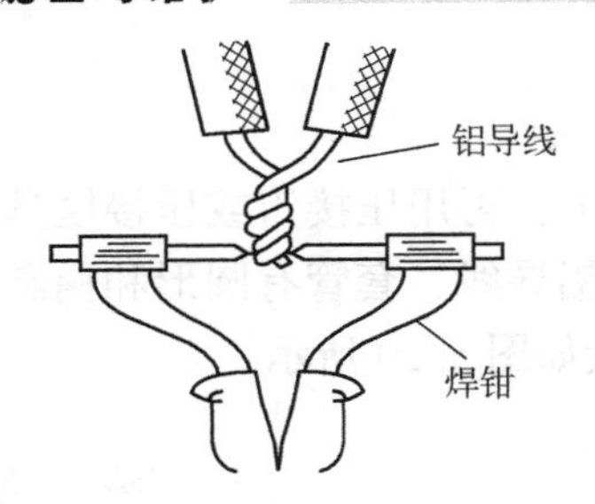

图 5.25　铝导线的电阻焊

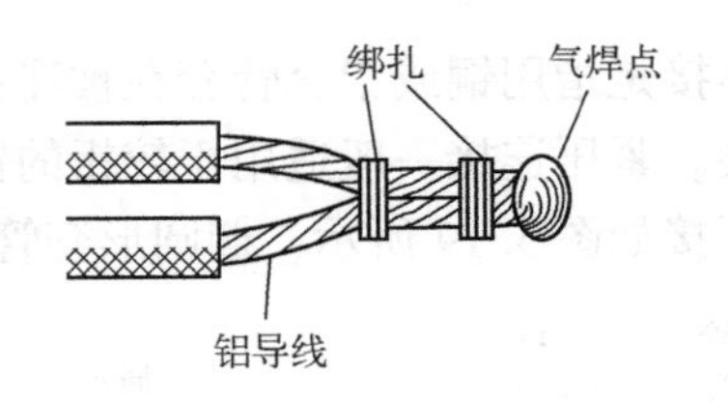

图 5.26　铝导线的气焊

焊接注意事项如下：

（1）焊接前应先清除铜导线接头部位的氧化层和污物。

（2）焊接中应使焊锡充分熔融渗入导线接头缝隙中，焊接完成的接点应牢固光滑。

（3）采用浇焊时，焊锡应充分熔化并达到一定的高温，浇焊的接头表面也应光洁平滑。

5.3.5　铜、铝导线的连接

为了避免电化学腐蚀，铜、铝导线连接时不得直接连接，可使用铜芯线刷锡法、铜铝过渡板、铜铝过渡端子、铜铝过渡套管和铜铝过渡夹板等连接。

下面简单介绍铜芯线刷锡法。截面 2.5mm^2 单股铝芯线与多股铜芯软线连接，铜线刷锡后缠绕在铝线上，缠 5 圈后将铝线弯成 180°角，用钳子夹紧，再用铜线缠几圈，铜铝导线刷锡法连接如图 5.27 所示。其他铜铝连接件连接如图 5.28 ～图 5.31 所示。

图 5.27　铜铝导线刷锡法连接

图 5.28　铜铝过渡板

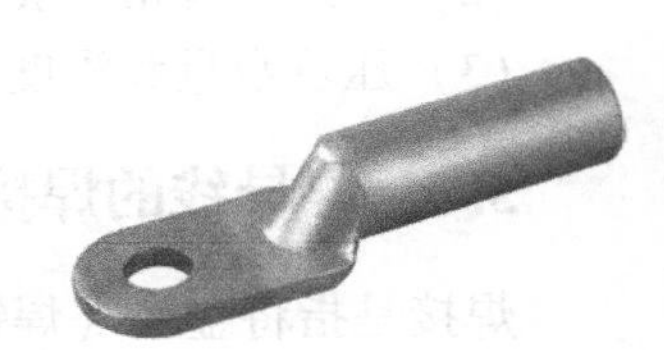

图 5.29　铜铝过渡端子

图 5.30　铜铝过渡套管

图 5.31　铜铝过渡夹板

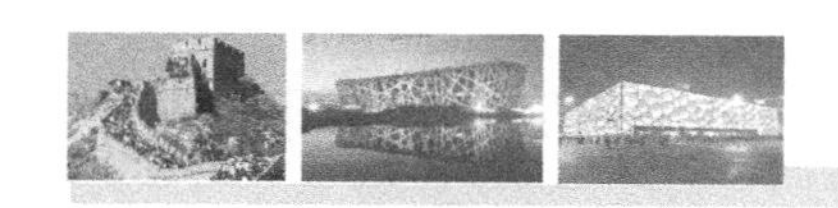

5.4　导线的端接

导线的端接有多种情况，有单股线端接、多股线压接、小规格和大规格导线端接。连接的固定装置也不同，有针孔式接线桩、螺栓式接线桩、瓦形接线桩及接线端子等。

1. 线头与针孔式接线桩连接

（1）单股导线端接：连接方法如图5.32所示。

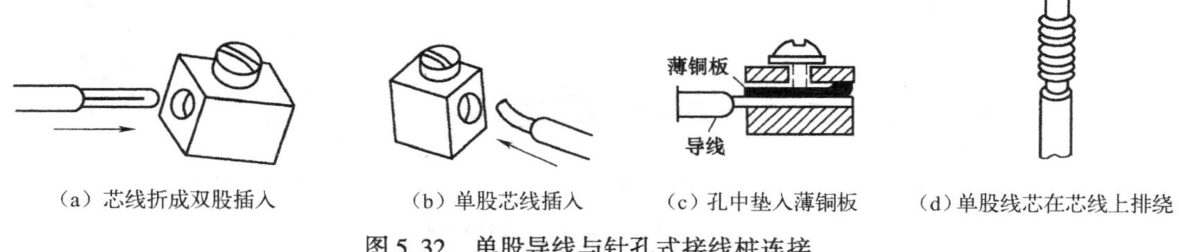

（a）芯线折成双股插入　（b）单股芯线插入　（c）孔中垫入薄铜板　（d）单股线芯在芯线上排绕

图5.32　单股导线与针孔式接线桩连接

（2）多股导线端接：连接方法如图5.33所示。

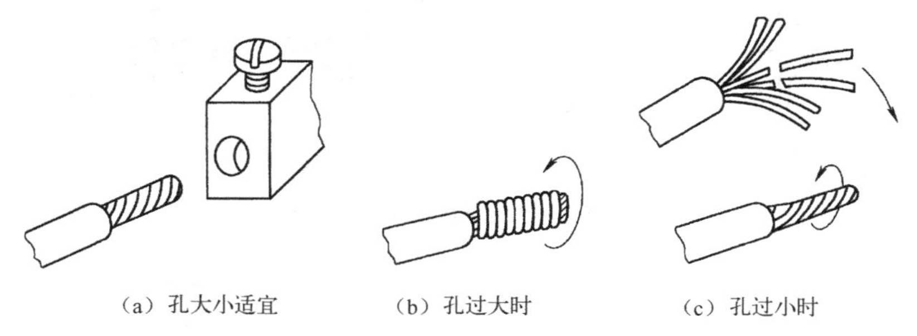

（a）孔大小适宜　（b）孔过大时　（c）孔过小时

图5.33　多股导线插入压接

2. 盘绕端接

这种接线端子靠螺钉平面或再通过垫圈紧压芯线完成连接，单股、多股芯线如图5.34所示。

3. 导线与瓦形接线桩端接

这种接线桩压紧方式与平压式接线桩类似，只是垫圈为瓦形（桥形）。为了防止线头脱落，在连接时应将芯线做如图5.35（a）所示的处理。如果需要把两个线头接入同一个接线桩，应按图5.35（b）所示。

4. 铜（铝）线与接线端子端接

多股铝芯线和截面大于2.5mm²的多股铜芯线与接线端子的端接可采用锡焊或压接两种方法。压接是通过压接工具，锡焊是压接后再浇锡进行灌注以提高连接的紧密度。常用的接线端子如图5.36和图5.37所示。

连接注意事项如下：

（1）导线材质和接线端子材质应一致。

（2）导线规格与接线端子规格应相符。

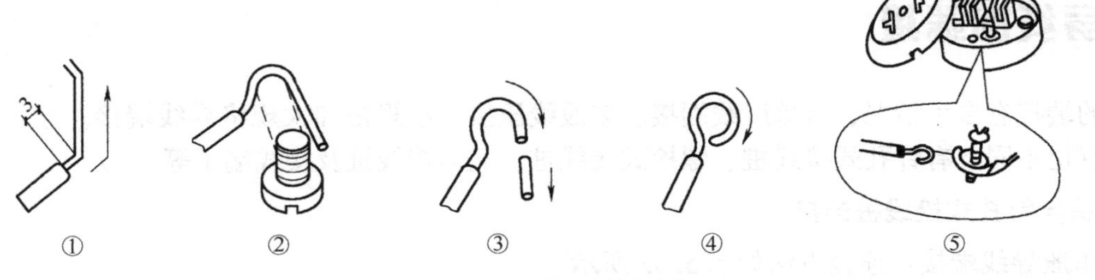

(a) 单股芯线压接圈弯法和连接

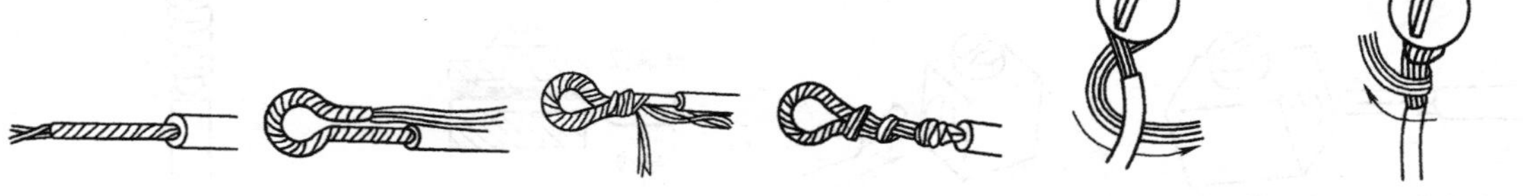

(b) 多股芯线压接圈做法和连接方式一　　(c) 多股芯线压接圈做法和连接方式二

图 5.34　单股、多股芯线盘绕端接

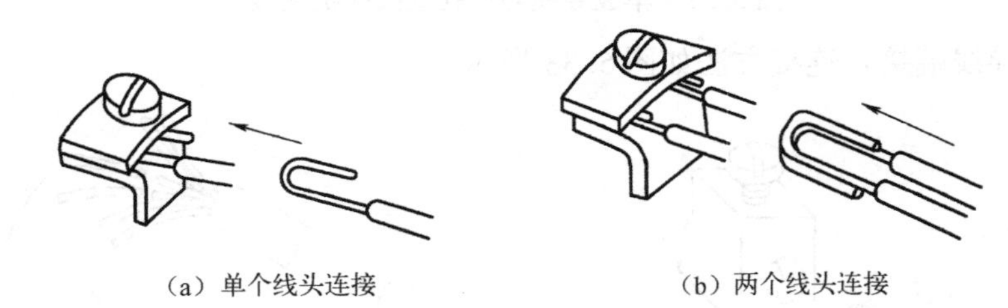

(a) 单个线头连接　　(b) 两个线头连接

图 5.35　导线与瓦形接线桩端接

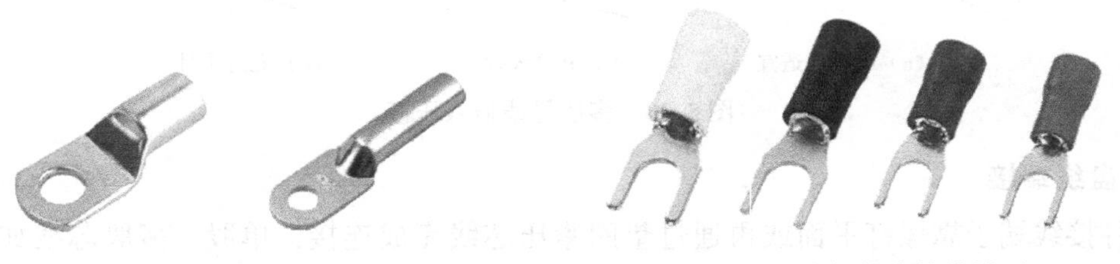

图 5.36　大规格线接线端子　　图 5.37　小规格线接线端子

(3) 连接时应用合适的压接钳压接，压坑数量及坑深应符合规范要求。

(4) 压接顺序应合适，以免导线滑出。

5.5　导线连接处的绝缘处理

导线连接好后，均应采用绝缘带包扎，以恢复其绝缘。经常使用的绝缘带有黑胶布、自粘性胶带、塑料带和黄蜡带等，应根据接头处环境和对绝缘的要求，结合各绝缘带的性能选用。包缠处理中应用力拉紧胶带，注意不可稀疏，更不能露出芯线，以确保绝缘质量和用电安全。

1. 导线一字形接头的绝缘处理

导线一字形接头的绝缘处理如图 5.38 所示。绝缘包缠应走一个一字形的来回，使每根导线上都包缠两层绝缘胶带，每根导线也都应包缠到完好绝缘层的两倍胶带宽度处。

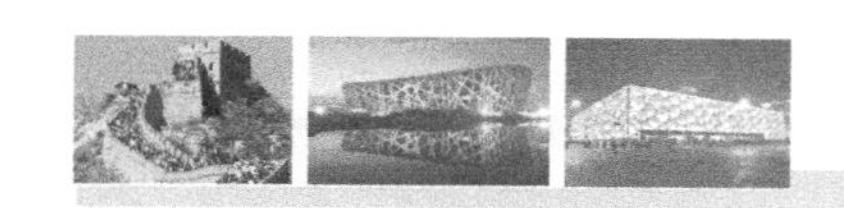

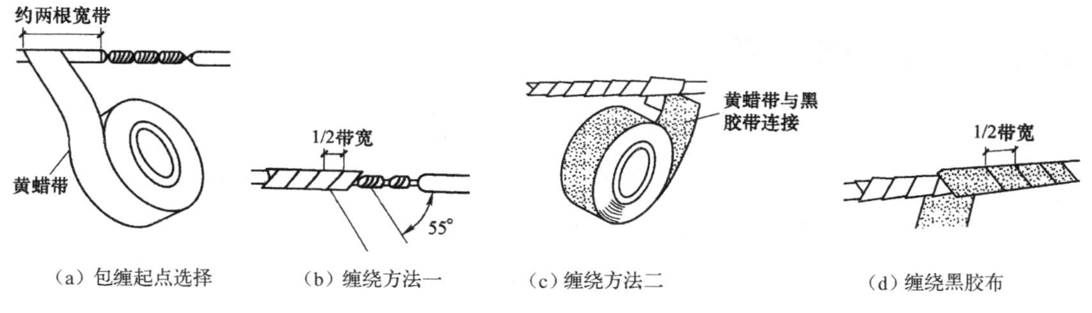

（a）包缠起点选择　（b）缠绕方法一　（c）缠绕方法二　（d）缠绕黑胶布

图5.38　导线一字形接头的绝缘处理

2. 导线分支接头的绝缘处理

导线分支接头的绝缘处理如图5.39所示。绝缘带应走一个T字形的来回，使每根导线上都包缠两层绝缘胶带，每根导线都应包缠到完好绝缘层的两倍胶带宽度处。

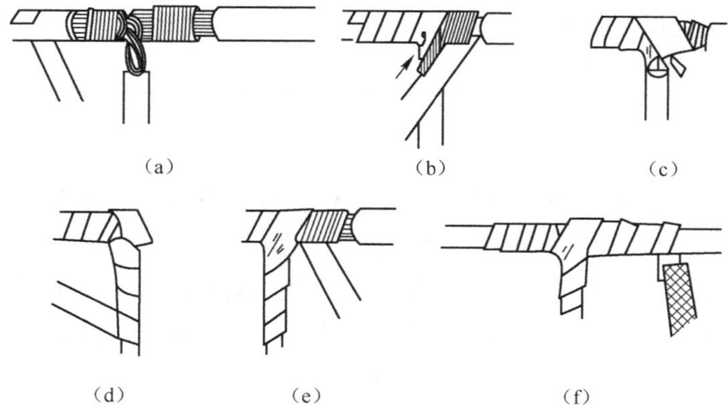

（a）　（b）　（c）　（d）　（e）　（f）

图5.39　导线分支接头的绝缘处理

3. 导线十字形接头的绝缘处理

对导线的十字形分支接头进行绝缘处理时，包缠方向如图5.40所示，走一个十字形的来回，使每根导线上都包缠两层绝缘胶带，每根导线也都应包缠到完好绝缘层的两倍胶带宽度处。

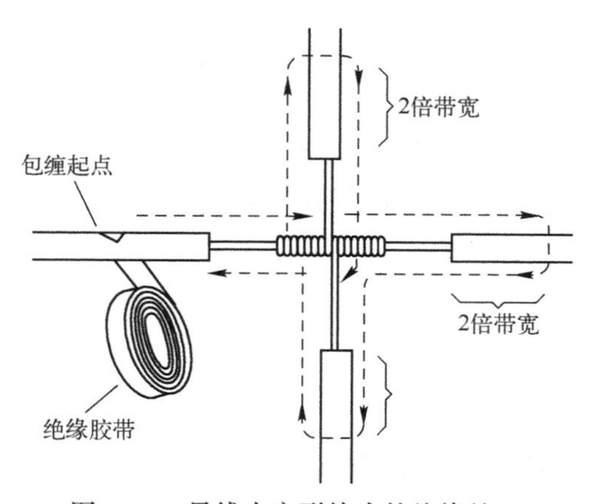

图5.40　导线十字形接头的绝缘处理

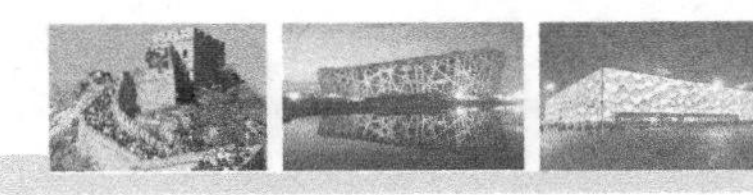

实训6 导线的连接

<table>
<tr><td>实训班级</td><td></td><td>姓 名</td><td></td><td>实训成绩</td><td></td></tr>
<tr><td>实训时间</td><td></td><td>学 号</td><td></td><td>实训课时</td><td>4</td></tr>
<tr><td rowspan="4">实训任务</td><td colspan="5">1. 训前完成书面练习</td></tr>
<tr><td colspan="5">2. 单股导线的连接</td></tr>
<tr><td colspan="5">3. 多股导线的连接</td></tr>
<tr><td colspan="5">4. 实训评估、总结与问题</td></tr>
<tr><td rowspan="2">实训目标</td><td>知识方面</td><td colspan="4">掌握导线连接的基本要求；
熟知各种导线连接与端接的方法及要求；
了解铜、铝导线连接的方法及要求</td></tr>
<tr><td>技能方面</td><td colspan="4">常用导线的连接与端接</td></tr>
<tr><td>重点</td><td colspan="5">铜导线的连接与端接</td></tr>
<tr><td>难点</td><td colspan="5">多股线的连接质量控制</td></tr>
</table>

1. 任务背景

导线的连接是配线过程中非常重要的一项工作，接头质量的好坏直接影响到能否可靠供电、安全用电和电气设备的正常使用。因为接头接触不好，会导致很多故障和危险，如发热、闪弧、触电、火花及爆炸等。事实证明很多电气故障都是由导线接头质量不好引起的。不同截面、不同材质、不同股数、不同根数的导线，均有不同的连接方法。所以掌握各种导线的连接方法是电气施工人员最基本的操作技能。

2. 实训任务及要求

（1）完成训前书面练习。

通过课本知识、上课内容以及网络信息等方式完成。

（2）导线连接与端接。

① 羊眼圈的制作。

② 3 根导线压接帽连接。

③ 单股铜芯导线（BV－1mm^{2}或 BV－1.5mm^2）的一字连接和 T 字连接。

④ 导线 BLV－10mm^{2}采用绞合连接。

⑤ 导线 BLV－10mm^{2}与接线端子压接。

⑥ 一字形、T 字形导线接头的绝缘恢复并对导线接头进行绝缘测试。

（3）实训评估、总结与问题。

完成实训后，应对实训工作进行评估、总结和分析，分享收获与提高，分析不足与问题。

3. 重点提示

（1）导线剥切应使用正确的方法和工具，以免损坏线芯。使用电工刀剥切导线时，要注意安全，采用正确的方法，不要用力过猛伤害自己或他人。

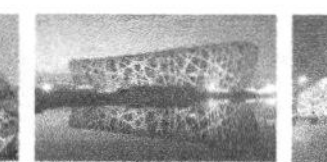

（2）导线的连接按规定的步骤进行，不同材质、不同截面的导线，应采用不同的连接方法。

（3）导线的压接要注意接线端子的规格和材质，压接的顺序、坑数及深度。

4. 知识链接

（1）导线连接的基本要求。

① 接触紧密，使接头处电阻最小。

② 连接处的绝缘强度与非连接处相同。

③ 连接处的机械强度与非连接处相同。

④ 耐腐蚀。

（2）导线端接的基本要求。

① 连接应牢固，不致因震动而脱落。接触面应紧密，接触电阻应小。

② 截面 $10mm^2$ 及以下的单股铜芯和单股铝芯导线可直接与设备、器具的端子连接。

③ 截面 $2.5mm^2$ 及以下的多股铜芯线的线芯，应先拧紧搪锡或压接端子后再与设备、器件的端子连接。

④ 多股铝芯线和截面大于 $2.5mm^2$ 的多股铜芯线，除设备自带插接式端子外，应焊接或压接端子后，再与设备、器件的端子连接。

（3）截面 $6mm^2$ 及以下的单股等径铜芯导线一般采用绞合连接，连接步骤如图 5.5 所示。

（4）单股铜导线的 T 字分支连接如图 5.7 所示。

（5）多股铜导线的直接绞合连接如图 5.16 所示。

5. 相关练习

（1）截面______及以下的单股等径铜芯导线一般采用绞合连接，大规格的单股等径铜芯导线一般采用____________________连接。

（2）多股铝芯线和截面大于__________的多股铜芯线，除设备自带插接式端子外，应焊接或______端子后，再与设备、器件的端子连接。

（3）两根单股铜芯线的连接有哪几种方法？

____

（4）铜铝导线连接时应做何处理？为什么？

____

（5）简述导线采用压接帽压接时的工作步骤。

____

____

6. 计划

（1）使用工具及仪表。

工具：____

仪表：____

（2）根据铜导线与接线端子连接的操作步骤及要求，填写表 5.1。

表 5.1　操作步骤及要求

序号	操作步骤	要　求
1		
2		
3		
4		
5		

7. 实施

按实训任务及要求逐项完成。

8. 评估

(1) 对接头连接质量进行评估（分 A、B、C 三等），填写表 5.2。

表 5.2　质量评估

序号	项　目	自　评	互　评
1	羊眼圈的制作		
2	导线压接帽连接		
3	单股铜芯导线（BV－1mm^2 或 BV－1.5mm^2）的直接连接和 T 字连接		
4	导线 BLV－10mm^2 采用接线端子压接		
5	多股导线的直接连接		
6	导线接头的绝缘恢复		

(2) 对任务完成情况进行分析，填写表 5.3。

表 5.3　任务完成情况分析

完成情况	未完成内容	未完成的原因
完成 □ 未完成 □		

(3) 根据实训的心得、不足与问题，填写表 5.4。

表 5.4　心得、不足与问题

心得	
不足	
问题	1.
	2.

（4）由老师对实训进行综合评定，填写表5.5。

表5.5　综合评定

序　号	内　容	满　分	得　分
1	训前准备与练习	20	
2	完成情况	20	
3	实训态度	10	
4	总体质量	50	
合　计		100	

学习领域6

封闭式插接母线及电缆桥架安装

教学指导页

<table>
<tr><td rowspan="2">授课时间</td><td rowspan="2"></td><td rowspan="2">授课班级</td><td rowspan="2"></td><td rowspan="2">课时分配</td><td>理论</td><td>2</td></tr>
<tr><td>参观</td><td>2</td></tr>
<tr><td rowspan="6">教学任务</td><td rowspan="5">理论</td><td colspan="5">6.1　封闭式插接母线槽的结构及分类</td></tr>
<tr><td colspan="5">6.2　封闭式插接母线槽施工工艺</td></tr>
<tr><td colspan="5">6.3　封闭式插接母线槽安装要求</td></tr>
<tr><td colspan="5">6.4　电缆桥架的特点与分类</td></tr>
<tr><td colspan="5">6.5　电缆桥架安装施工工艺及安装要求</td></tr>
<tr><td>参观</td><td colspan="5">实习基地参观封闭式插接母线槽及桥架</td></tr>
<tr><td rowspan="2">教学目标</td><td>知识方面</td><td colspan="5">掌握封闭式插接母线槽的施工工艺；
熟知封闭式插接母线槽的安装要求；
掌握电缆桥架的施工工艺；
熟知电缆桥架的安装要求</td></tr>
<tr><td>技能方面</td><td colspan="5">了解封闭式母线槽和桥架的使用场合及特点</td></tr>
<tr><td>重点</td><td colspan="6">封闭式插接母线槽和电缆桥架的安装要求</td></tr>
<tr><td>难点</td><td colspan="6">理解封闭式插接母线槽和电缆桥架的安装要求</td></tr>
<tr><td rowspan="2">问题与改进</td><td>学生方面</td><td colspan="5"></td></tr>
<tr><td>教师方面</td><td colspan="5"></td></tr>
</table>

 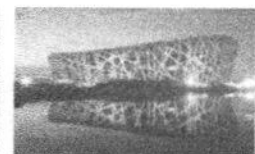 

现代高层建筑和大型的车间用电量较大，电流可以达到成百上千安培，作为输电导线的传统电缆在大电流输送系统中已不能满足要求，多路电缆的并联使用给现场安装施工连接会带来诸多不便。封闭式插接母线槽（简称母线槽）作为一种新型配电导线应运而生。母线槽具有结构紧凑、容量大、体积小、产品成套系列化等特点，目前使用非常广泛。母线槽的安装示意图如图6.1所示。

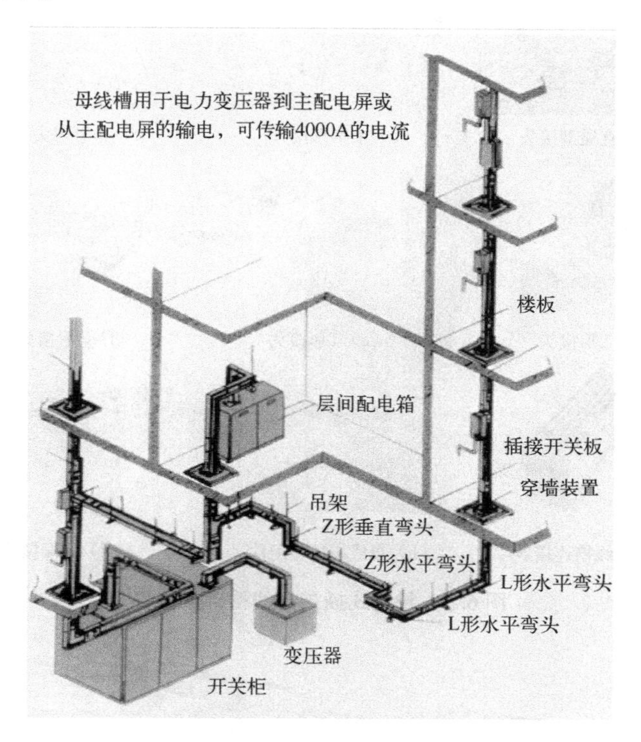

图6.1　封闭式插接母线槽安装示意图

6.1　封闭式插接母线槽的结构及分类

封闭插接式母线是建筑物低压配电的重要形式之一，它适用于高层建筑、干燥和无腐蚀性气体的室内或电气竖井内。封闭式母线具有结构紧凑、容量大、体积小、产品成套系列化等特点。

1. 封闭式插接母线槽的结构

母线槽由金属（钢板或铝板）保护外壳、导电排、绝缘材料及有关附件组成。它可制成每隔一段距离设有插接分线盒的母线槽，也可制成中间不带分线盒的馈电型母线槽。母线槽结构示意图如图6.2所示。

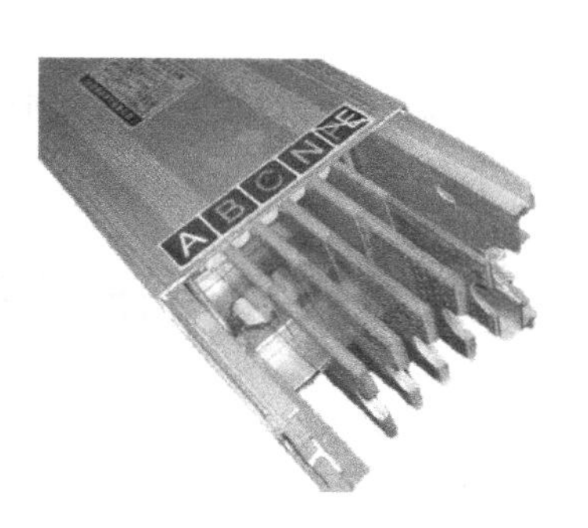

图6.2　母线槽结构示意图

母线槽的附件种类很多，通常有始端母线槽、直通母线槽（分带插孔和不带插孔两种）、L形垂直（水平）弯通母线、Z形垂直（水平）偏置母线、T形垂直（水平）三通母线、X形垂直（水平）四通母线、变容母线

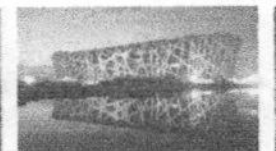

槽、母线槽连接器、终端封头、终端接线箱、插接箱等。封闭式插接母线槽部分附件如图6.3所示。电源引出母线槽一般通过母线专用的接线箱，母线槽和接线箱连接示意图如图6.4所示。

（a）直通型接头　（b）十字形接头　（c）异形弯头
（d）L形接头　（e）T形接头　（f）Z形接头
（g）母线槽连接器　（h）母线槽插座配件　（i）始端接头

图6.3　封闭式插接母线槽部分附件

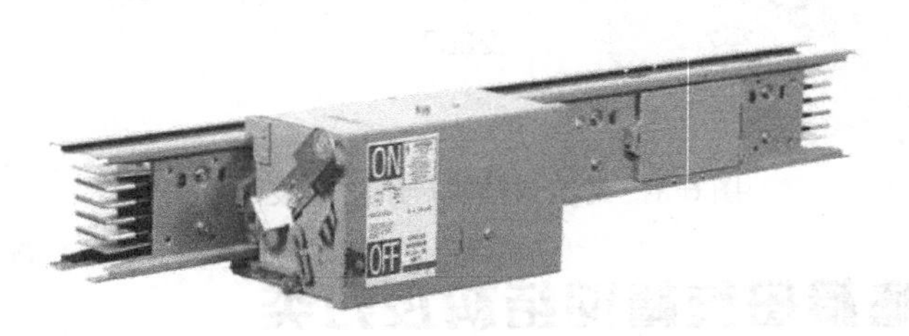

图6.4　母线槽与接线箱的连接

2. 封闭式插接母线槽的种类

母线槽的种类很多，按电压分有高压和低压之分；按线芯分有单相二线制、三相三线制、三相四线制和三相五线制；按导线材料分有铜、铝之分；按绝缘方式分有空气式插接母线槽、密集绝缘插接母线槽和高强度插接母线槽之分；按工作环境分有室内和室外母线槽之分。

6.2　封闭式插接母线槽施工工艺

工艺流程如下：

设备开箱清点检查 → 支(吊)架制作与安装 → 母线槽安装 → 母线槽测试、试运行

施工方法和要点如下：

1. 设备开箱清点检查

(1) 设备开箱清点检查，应有建设单位、监理单位、施工单位和供货商有关专业人员共同参与进线进场验收，并做好设备进场验收记录。

(2) 母线槽分节标识清楚，外观无损伤变形现象，母线螺栓搭接面平整，其镀银层无麻面、起皮及未覆盖部分，绝缘电阻应符合设计要求。

(3) 根据母线排列图和装箱清单，检查母线槽、进线箱、插接开关箱及附件，其规格、数量应符合要求。

2. 支（吊）架制作与安装

1) 支（吊）架制作

(1) 母线槽安装时，一般由生产厂家提供专用吊支架，水平吊支架安装示意图如图6.5所示。若供应商未提供配套支（吊）架，应根据施工现场的结构类型，支（吊）架可采用角钢、槽钢或圆钢制作，有“一”、“L”、“T”、“∪”形等主要形式。

(2) 支（吊）架应用切割机下料，加工尺寸最大误差为5mm，应用台钻、手电钻钻孔，严禁用气割开孔，孔径不得超过螺栓直径2mm。

(3) 吊杆螺纹应用套丝板加工，不得有断丝。

(4) 支架及吊架制作完毕，应除去焊渣，并刷两遍防锈漆和一遍面漆。

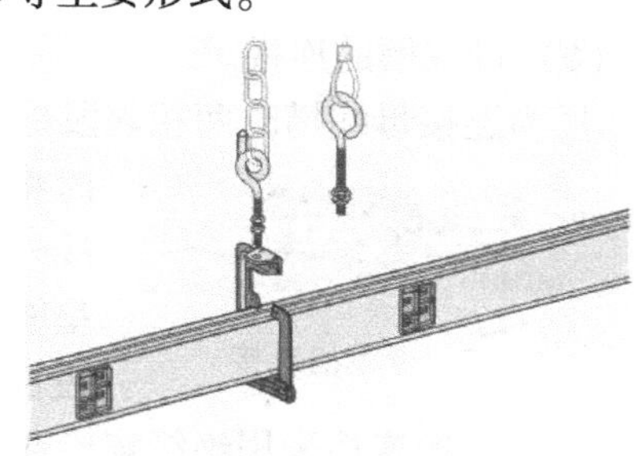

图6.5 母线槽水平吊支架安装示意图

2) 支（吊）架安装

(1) 安装支架前，必须拉线或吊线坠，以保证成排支（吊）架横平竖直，并按规定间距设置支架和吊架。

(2) 母线水平敷设时，直线段支架间距不应大于2m，母线在管弯处及与配电箱、柜连接处必须安装支架。由于水平安装的母线主要为吊架式，要注意吊杆能承受母线槽的重量，通常采用直径12mm的镀锌螺杆，以便可以调节吊杆的高低和水平。支架固定螺栓丝扣外露2～4扣。

(3) 母线垂直敷设时，在每层楼板上，每条母线应安装两个槽钢支架，一端埋入墙内，另一端用膨胀螺栓固定于楼板上。当上、下两层槽钢支架超过2m时，在墙上安装“一”形角钢支架，角钢支架用膨胀螺栓固定于墙壁上。

(4) 支架及支架与埋件焊接处刷防腐漆应均匀，无漏刷。

3. 母线槽安装

(1) 按照母线排列图，将各节母线、插接开关箱、进线箱运至各安装地点。一般从供电处朝用电方向安装。

(2) 安装前应逐节摇测母线的绝缘电阻，电阻值不得小于10MΩ。

(3) 母线槽安装形式有水平和垂直布置两种，固定方式有壁装和吊装两种。

(4) 当母线槽水平时，应用水平连接片及螺栓、螺母、平垫片、弹簧垫圈将母线固定于“∪”形角钢支架上。水平安装母线时要保证母线的水平度，在终端加终端盖并用螺栓固定。

(5) 当母线槽穿越楼板预留孔（如电气竖井）时，应先测量好位置，加工好槽钢固定

支架并安装好支架，再用供应商配套的螺栓套上防震弹簧、垫片，拧紧螺母固定在槽钢支架上，母线槽过楼板垂直安装如图 6.6 所示。

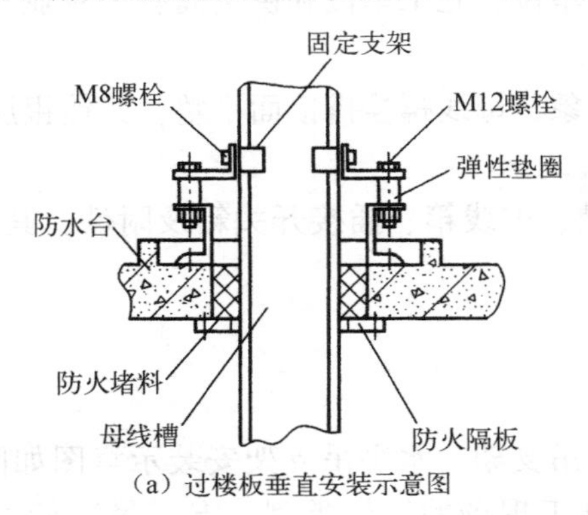

（a）过楼板垂直安装示意图

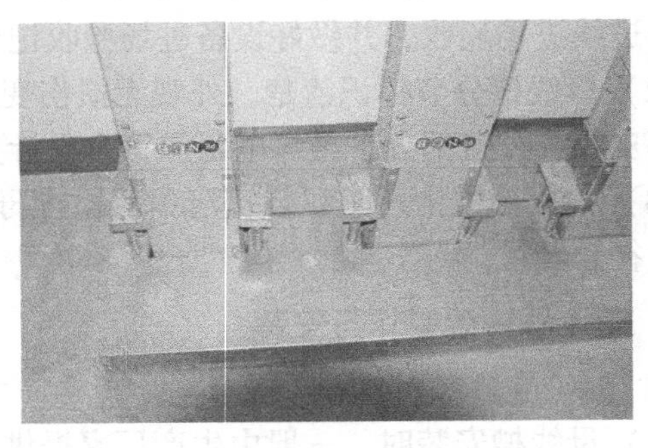

（b）过楼板垂直安装效果图

图 6.6　母线槽过楼板垂直安装图

（6）母线槽的连接。

① 当连接母线槽时两相邻段母线及外壳对准，连接后不使母线及外壳受额外应力。连接时将母线的小头插入另一节母线的大头中去，在母线间及母线外侧垫上配套的绝缘板，再穿上绝缘螺栓加平垫片、弹簧垫圈，然后拧上螺母，用力矩扳手拧紧，最后固定好上、下盖板。母线槽连接如图 6.7 所示。

图 6.7　母线槽连接

② 母线槽连接采用绝缘螺栓连接。

③ 母线槽连接好后，其外壳即已连接成为一个接地干线，将进线母线槽、插接开关箱外壳上的接地螺栓与母线槽外壳之间用 16mm² 软编织铜线连接好。

（7）母线槽与分线箱、配电箱连接方法如图 6.8 所示。

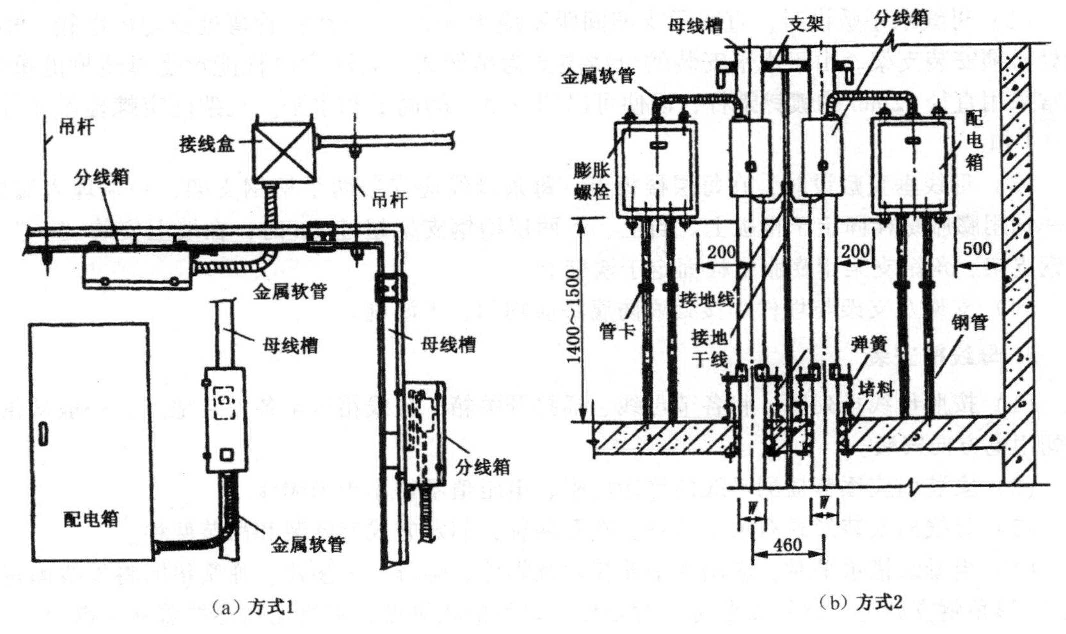

（a）方式1　　（b）方式2

图 6.8　封闭式母线槽与分线箱、配电箱连接

（8）母线槽与设备连接方法如图 6.9 所示。

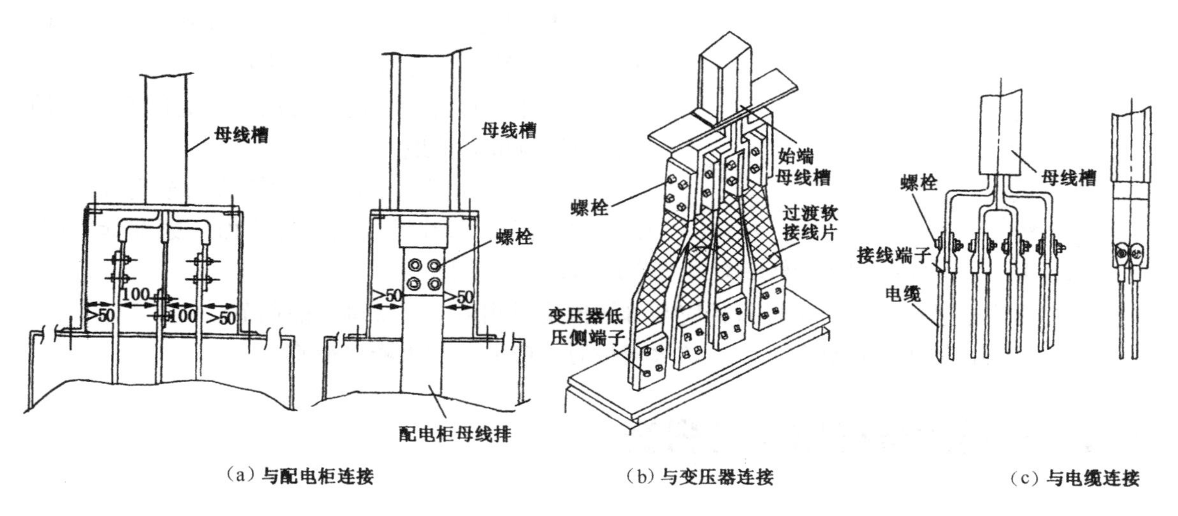

图 6.9　封闭式母线槽与设备连接

（9）母线槽的端头应装封闭罩，引出线孔的盖子应完整。各节母线外壳的连接应是可拆的，外壳之间应有跨接线，并应可靠接地。母线槽接地方法如图 6.10 所示。

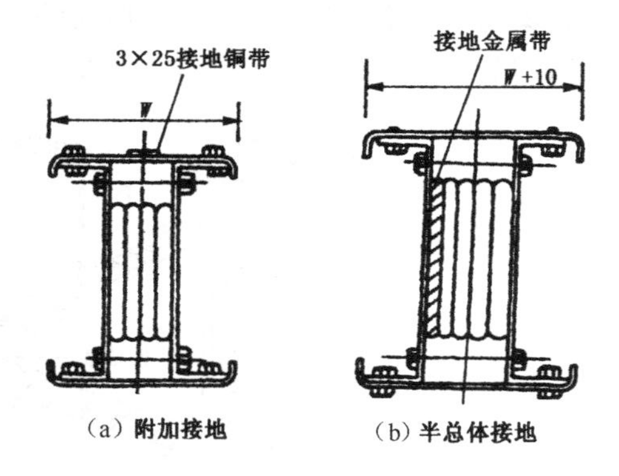

图 6.10　母线槽接地

4. 母线槽测试、试运行

母线槽安装完毕应进行相关的测试、检查，然后进行试运行。检查内容：相序应正确；接头连接应紧密；外壳接地应良好；供电侧、受电侧设备安装可靠、牢固。最后总体测量绝缘电阻并达到规定值。

母线槽空载受电试运行 24h，无异常，整理安装过程的施工记录、测量、试运行记录，并提交验收。

6.3　封闭式插接母线槽安装要求

（1）封闭式插接母线槽固定距离不得大于 2.5m。水平敷设距地高度不应小于 2.2m。垂直敷设时，距地面 1.8m 以下部分应采取防止机械损伤措施，但敷设在电气专业室内（电气专用竖井、配电室、电机室、技术层等）除外。同时应考虑与顶板、墙间的距离。

（2）当母线槽直线敷设长度超过 40m 时，应设置伸缩节（即膨胀节母线槽）。母线槽在水平跨越建筑物的伸缩缝或沉降缝处，也应采取适当措施。

（3）插接分线箱应与带插孔母线槽匹配使用，设置位置应方便安装和检修，并配有接地线。分线箱底边距地面 1.4 ～ 1.6m 为宜。

（4）封闭式插接母线槽不得用裸钢丝绳起吊和绑扎，不得任意堆放和在地面上拖拉，外壳上不得进行其他作业。外壳内和绝缘子必须擦拭干净，外壳内不得有遗留物。

图 6.11　母线槽与变压器的软连接

(5) 现场制作的金属支架、配件等应按要求镀锌或涂漆。母线槽的外壳需做接地连接，但不得做保护接地干线用。母线槽的端头应装封闭罩，各段母线槽的外壳的连接应是可拆的，外壳间有跨接地线，两端应可靠接地。

(6) 母线槽与设备连接宜采用软连接，如图 6.11 所示。母线槽紧固螺栓应由厂家配套供应，应用力矩扳手紧固。

(7) 母线槽悬挂吊装。吊杆直径应与母线槽重量相适应，螺母应能调节。

(8) 封闭式母线槽穿越防火墙、防火楼板时，应采取防火隔离措施。

6.4　电缆桥架的特点与分类

1. 电缆桥架的特点

桥架是一个支撑和放置电缆、电线的支架。电缆桥架在工程上用得很普遍，它具有结构简单、造型美观、配置灵活、维修方便及配件齐全等特点。桥架整体安装示意图如图 6.12 所示。

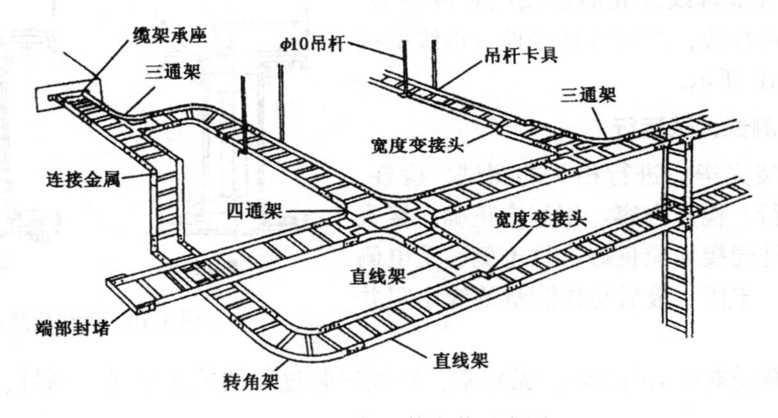

图 6.12　桥架整体安装示意图

2. 电缆桥架的分类

按照桥架的结构特点来分，常用的有梯级式桥架（如图 6.12 所示）、槽式桥架、托盘式桥架、网格式桥架。常用桥架如图 6.13 所示。按材质来分，有钢制、铝合金、玻璃钢、塑料桥架及防火桥架等。按钢制桥架表面处理的类型分，有喷塑、热镀锌、电镀锌、冷镀锌、防火塑等。

(a) 槽式桥架

(b) 托盘式桥架

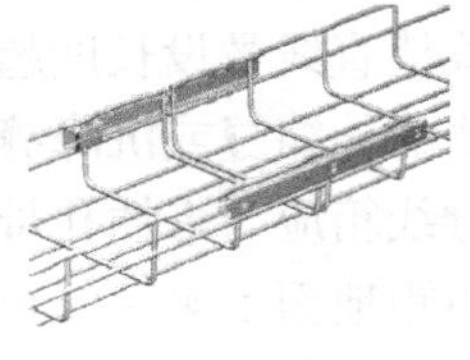

(c) 网格式桥架

图 6.13　常用桥架

6.5 电缆桥架安装施工工艺及安装要求

工艺流程如下：

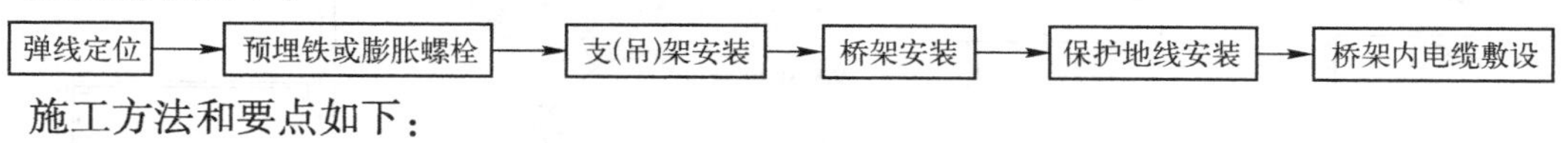

施工方法和要点如下：

1. 弹线定位

桥架安装前，应根据设计图纸确定线路走向和接线盒、配电箱、电气设备的安装位置，用粉袋弹线定位，并标出桥架、支（吊）架的位置。

2. 预埋铁或膨胀螺栓

（1）预埋铁的自制加工尺寸不应小于120mm×60mm×60mm；其锚固圆钢的直径不应小于8mm。

（2）密切配合土建结构的施工，方法一，将预埋铁的平面放在钢筋网片下面，紧贴模板，可以采用绑扎或焊接的方法将锚固圆钢固定在钢筋网上。模板拆除后，预埋铁的平面应明露，再将产品支（吊）架焊在上面固定。方法二，根据支（吊）架承受的荷载，选择相应的金属膨胀螺栓及钻头。可用螺母配上相应的垫圈将支（吊）架直接固定在金属膨胀螺栓上。吊杆安装如图6.14所示。

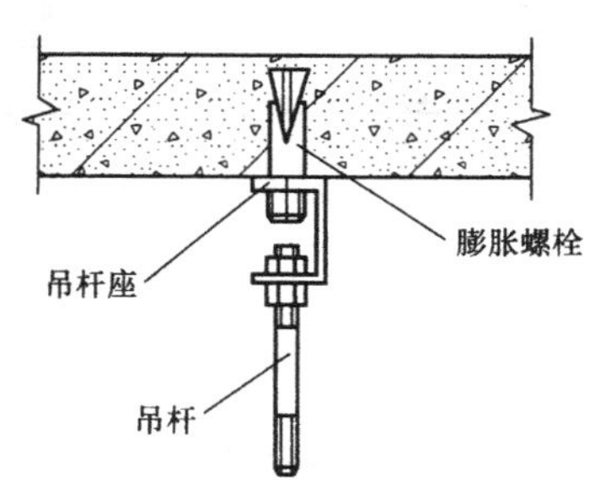

图6.14 吊杆安装

3. 支（吊）架安装

电缆桥架有壁装、吊装和落地安装三种，分别如图6.15～图6.17所示。

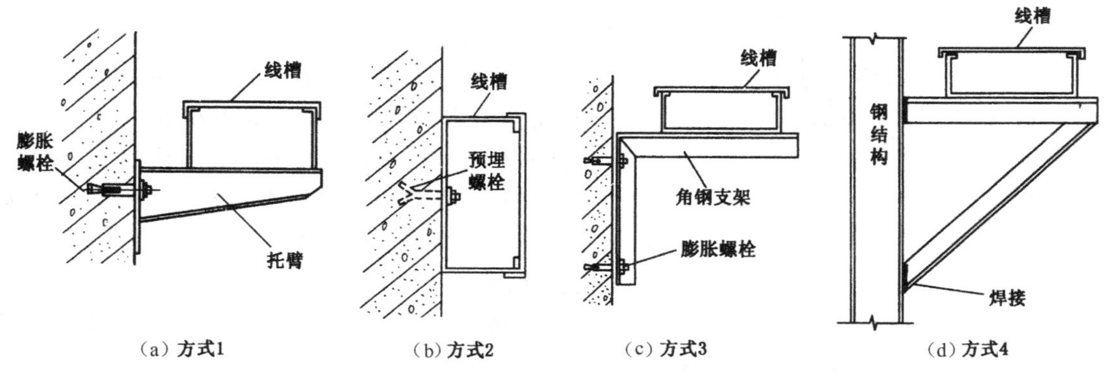

图6.15 电缆桥架壁装

4. 桥架安装

1）桥架安装的方法

（1）在已安装好的支（吊）架上敷设桥架，一般可从起点向终点敷设或从起点和终点两头同时敷设。通常先将分支处的弯头或三通弯头等桥架组件粗调、固定好，以便确定直线

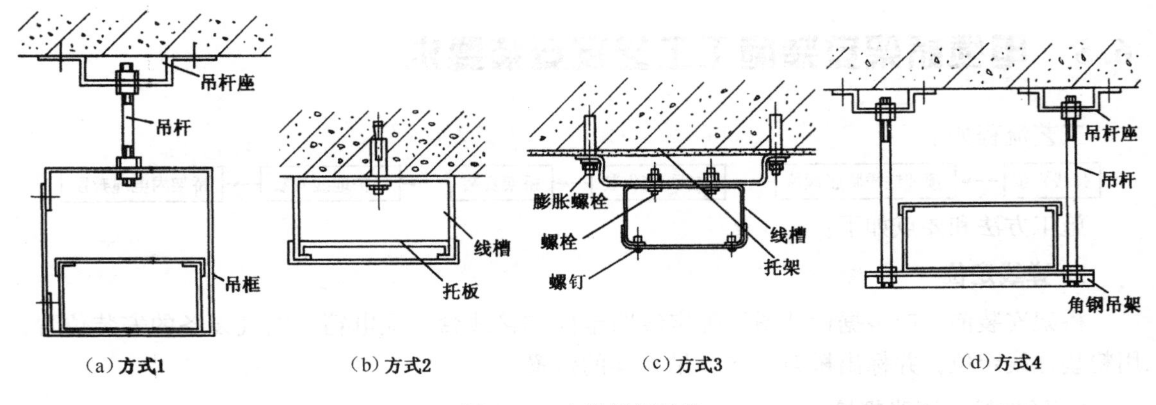

图 6.16　电缆桥架吊装

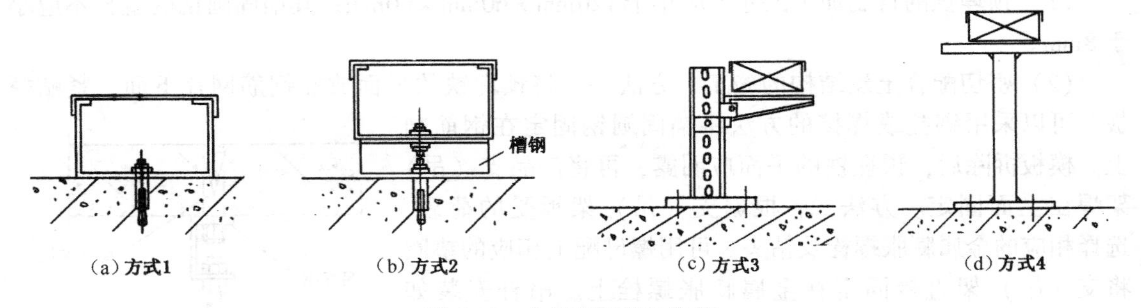

图 6.17　电缆桥架落地安装

段桥架长度。尽可能使用桥架的标准弯头等组件，在条件允许时可自制弯头，但应满足相关的工艺要求。桥架水平安装如图 6.18 所示。

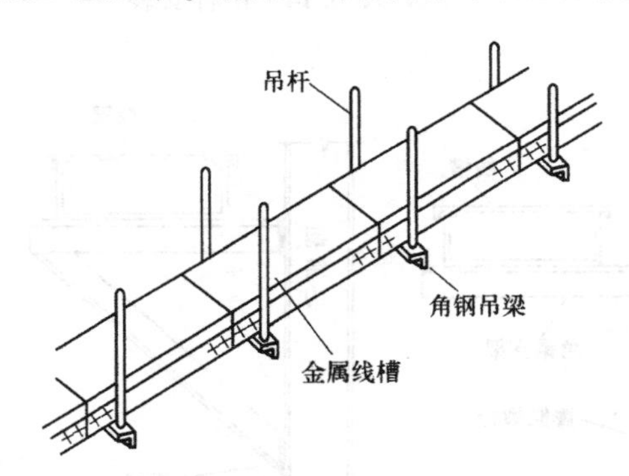

图 6.18　桥架水平安装

(2) 桥架的边缘距支架的边缘通常为 50mm。

(3) 桥架连接紧密、牢固且方法合适。桥架常见连接方法如图 6.19 所示。

(4) 桥架引出线应根据不同材料和对象采用不同的方法。常用引出线的安装如图 6.20 所示。

(5) 桥架与配电盘连接安装如图 6.21 所示。

(6) 桥架在穿楼板及防火墙时，应按设计要求采取防火隔离措施。桥架穿楼板、穿防火墙安装如图 6.22 所示。

(7) 桥架局部或整体敷设结束时，要及时进行调直、调平，然后用螺栓将桥架与支（吊）架牢固固定。

2) *桥架安装的要求*

(1) 桥架水平安装时距地高度一般不宜低于 2.5m，垂直安装时距地面 1.8m 以下部分应加金属盖板保护，但敷设在专用房间（如配电室、电气竖井等）内除外。

(2) 直线段钢制桥架长度超过 30m，铝合金或玻璃钢制桥架长度超过 15m 要设伸缩节，桥架跨越建筑物变形缝处设置补偿装置。

(3) 桥架转弯处弯曲半径不小于桥架内电缆的最小允许弯曲半径。

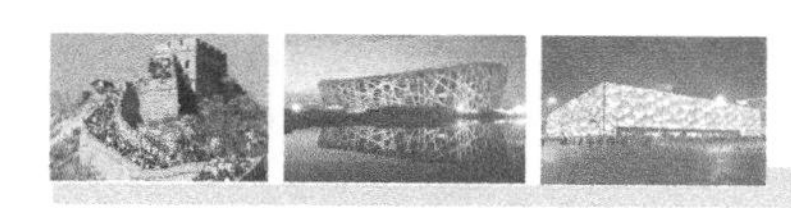

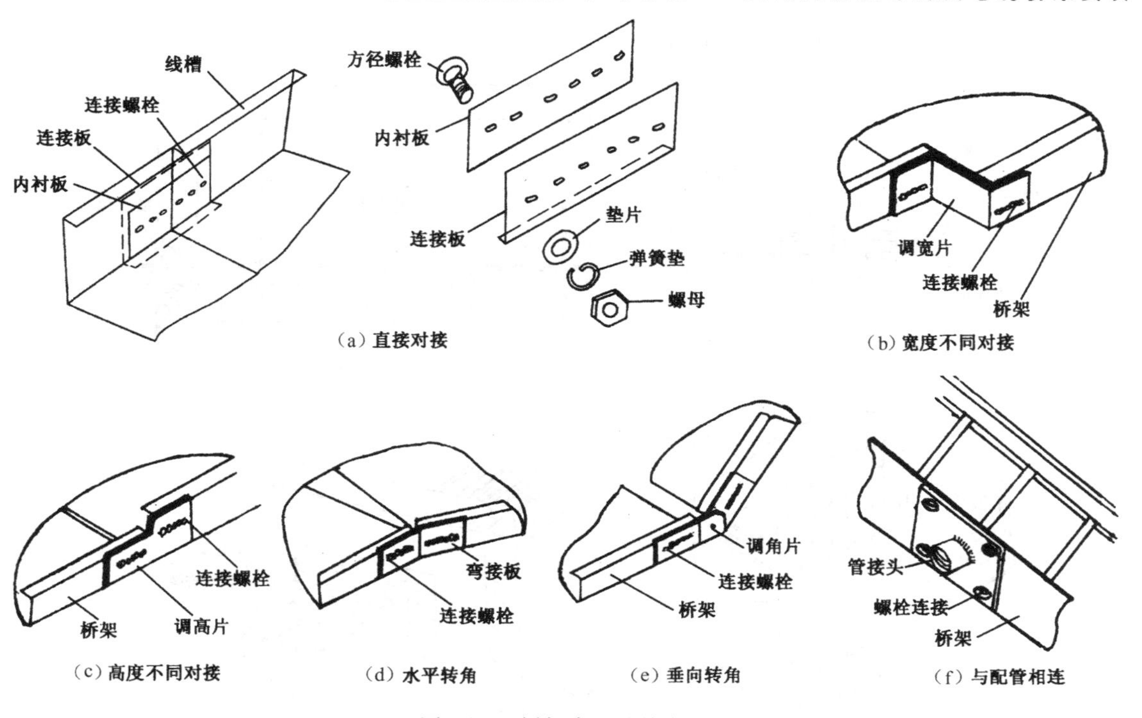

图6.19　桥架常见连接方法

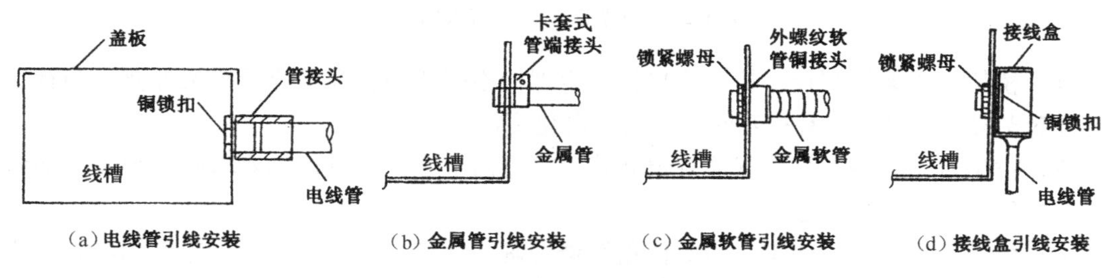

图6.20　桥架引线安装

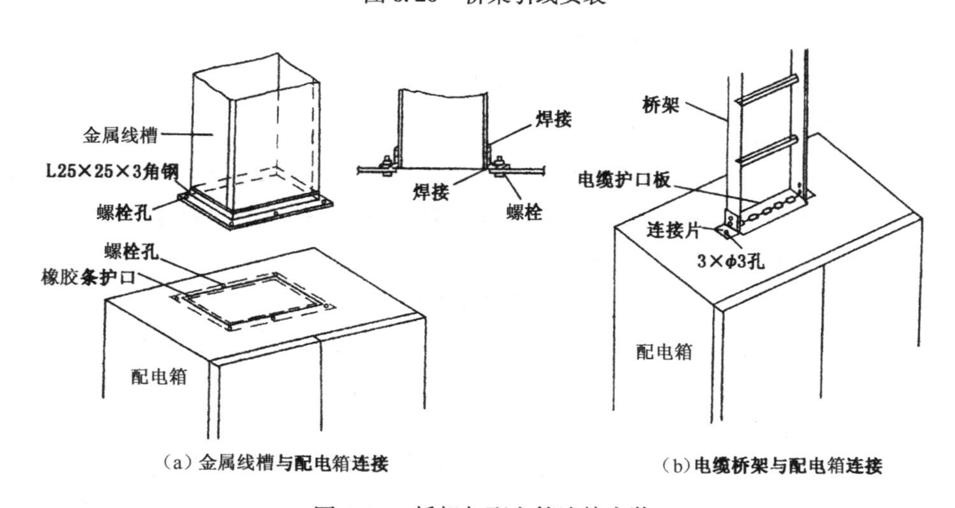

图6.21　桥架与配电箱连接安装

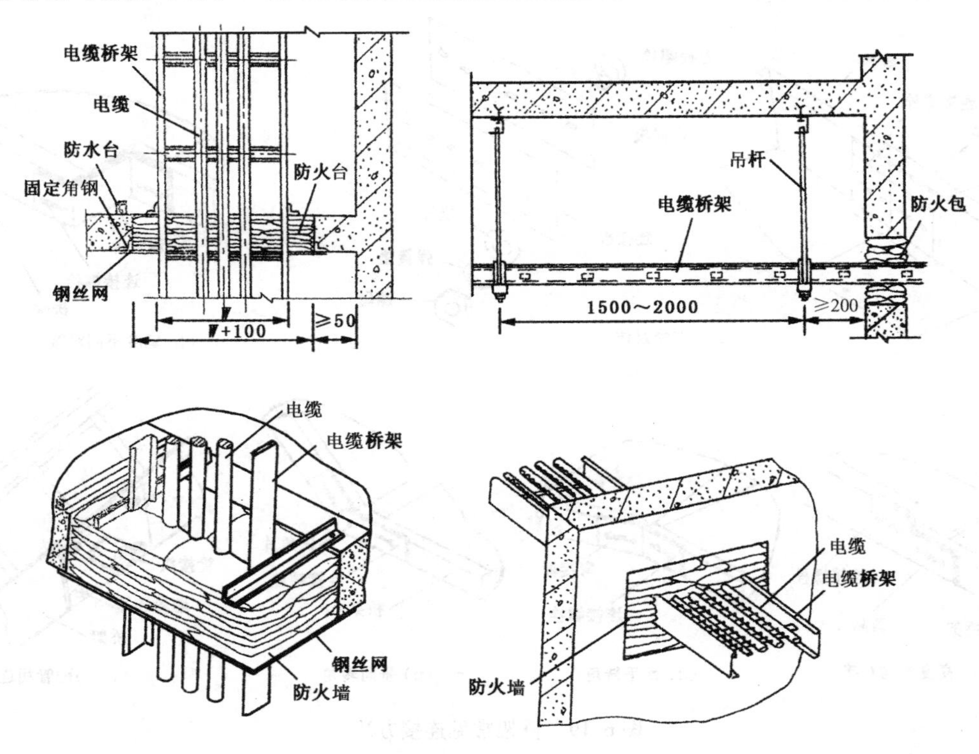

图 6.22　桥架穿楼板、防火墙安装

(4) 桥架与支架间螺栓、桥架连接板固定螺栓不得遗漏，螺母位于桥架外侧，当铝合金桥架与钢支架固定时，应有相互间绝缘的防电化腐蚀措施。

(5) 桥架敷设在易燃易爆气体管道和热力管道的下方，当设计无要求时，与管道的最小近距应符合相关规范的规定。

(6) 桥架不得用气焰切割，最好使用钢锯切割，切割口要平整。开孔应使用电钻，不得使用气、电焊。金属桥架要进行防锈涂漆处理。

(7) 电缆桥架的始端与终端应封堵牢固。

(8) 有盖板的桥架，在电缆敷设结束后要将盖板盖好。

5. 保护地线的安装

(1) 非镀锌桥架连接处应跨接接地线，接地线截面不小于 $4mm^2$，不得熔焊跨接的接地线。镀锌桥架连接处不需跨接接地线，但连接板两端应至少有两个防松螺帽或防松垫圈的固定螺栓。跨接接地线连接如图 6.23 所示。

(2) 在伸缩缝或软连接处需采用软编制铜线连接。

(3) 金属桥架在整体敷设结束后，至少要有两处（起点和终点）与接地干线连接。若桥架全长另敷设接地干线，每段（包括非直线段）托盘、梯架应至少有一点与接地干线进行可靠连接。接地干线安装示意图如图 6.24 所示。

(4) 对于多层电缆桥架，当利用桥架的接地干线时，应将各层桥架的端部用 $16mm^2$ 的软铜线并联连接起来，然后与总接地干线相连。

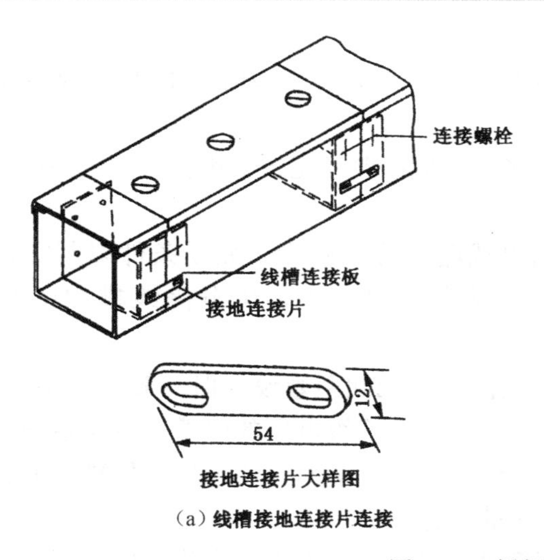

(a) 线槽接地连接片连接

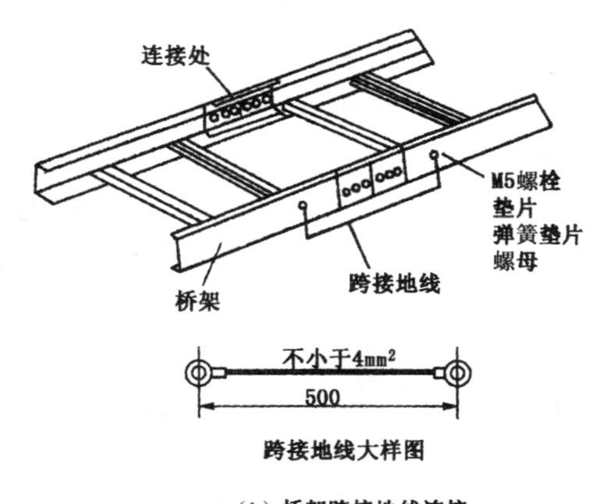

(b) 桥架跨接地线连接

图 6.23　桥架跨接接地线连接

6. 桥架内电缆敷设

室内沿桥架敷设电缆时，宜在管道及空调工程基本施工完毕后进行，防止其他专业施工时污染桥架。电缆敷设前应对电缆进行绝缘测试，绝缘电阻不低于 10MΩ，对于高压电缆还应做 3 倍的耐压和泄漏试验。

1) 电缆敷设的方法

电缆敷设前应安装施放电缆机具。施放可采用机械牵引和人力牵引。机械牵引有电缆支架、牵引机械及钢丝等器件，人力牵引有电缆支架和电缆滚轮等器件。电缆支架的架设地点应选在土质密实的原土层地坪上和便于施工的位置，一般应在电缆起止点附近为宜，电缆从支架上引出端应位于电缆轴的上方。电缆施放滚轮如图 6.25 所示，电缆施放支架如图 6.26 所示。

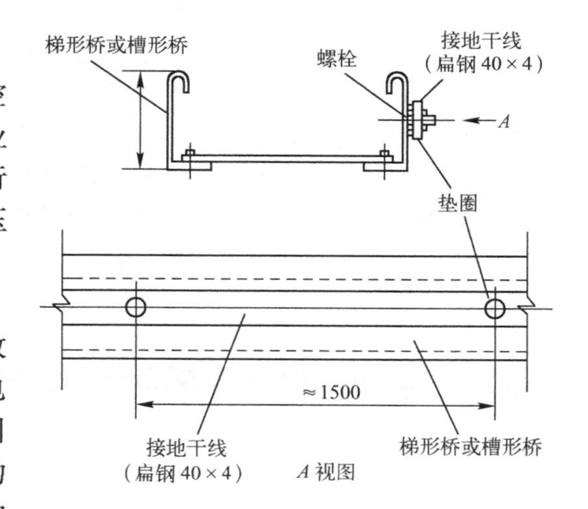

图 6.24　接地干线安装

图 6.25　电缆施放滚轮

图 6.26　电缆施放支架

2）电缆在桥架内敷设的一般规定

（1）电缆在桥架内横断面的填充率：电力电缆一般不应大于40%，控制电缆不应大于50%。

（2）同一回路的所有中性线应敷设在同一线槽内，同一路径无防干扰要求的线路可敷设于同一金属线槽内。

图6.27　强弱电分隔线槽

（3）强电、弱电线路应分槽敷设，如受条件限制需在同一层桥架上时，应用隔板隔开。强弱电分隔线槽如图6.27所示。

（4）电缆在桥架内可以无间距敷设，但一般应单层敷设，排列整齐，不得有交叉。不同等级电压的电缆应分层敷设，高压电缆在上，低压电缆在下。容量不等的电缆分层敷设时，容量大的电缆在上，容量小的电缆在下。

（5）电缆在拐弯处应以最大截面电缆允许弯曲半径为准进行施放。

（6）水平敷设的电缆首尾两端、转弯两侧及每隔5～10m处设固定点。垂直桥架内的电缆固定点间距不大于下列规定：控制电缆和全塑电力电缆为1m，其他电力电缆为1.5m。大于45°角倾斜敷设的电缆，每隔2m处设固定点。

（7）若是铠装电缆，铠装层应做接地处理。

（8）电缆的首端、末端、拐弯处、交叉处和分支处或直线段每隔50m应设标志牌，标志牌的规格应一致，并有防腐功能，挂装应牢固。标志牌上应注明电缆编号、规格、型号、用途及电压等级。

实训7　参观封闭式插接母线槽及桥架

参观班级		姓　名		实训成绩	
参观时间		学　号		参观课时	2
参观任务	1. 参观前完成书面练习				
	2. 实习基地参观封闭式插接母线槽及电缆桥架				
	3. 参观总结与问题				
参观目标	知识方面	了解封闭式插接母线槽的施工工艺； 了解封闭式插接母线槽的安装特点； 了解电缆桥架的施工工艺； 了解电缆桥架的安装特点			
	技能方面	熟知封闭式母线槽和桥架的使用场合及特点			
重点	将书本知识与实际情况紧密结合讲解				
难点	母线槽和桥架接地及跨接线的概念				

1. 任务背景

目前，高层建筑越来越多，用电设备越来越密集，电缆输送电能机会大大增加，采用封闭式母线槽和桥架是比较合适的配线方式。它们结构简单，安装快速灵活，维护方便，配件

均实现标准化、系列化、通用化，故应用非常广泛。

2. 实训任务及要求

（1）参观前完成书面练习。

（2）实习基地参观封闭式插接母线槽及桥架。

① 带封闭式母线槽和电缆桥架安装的学生工作页及笔。

② 参观时随时记录相关内容与数据。

（3）参观总结与问题。

3. 重点提示

（1）参观时必须戴安全帽，不得穿露出脚趾的鞋。

（2）参观时注意安全，不要随意触碰电气设备及危险装置。

（3）参观时注意力集中，不要嬉闹推让，时时关注四周的情况。

（4）参观前应预习工作页，应带着问题进行参观。

4. 知识链接

（1）母线槽由金属（钢板或铝板）保护外壳、导电排、绝缘材料及有关附件组成。它可制成每隔一段距离设有插接分线盒的母线槽，也可制成中间不带分线盒的馈电型母线槽。母线槽的附件种类很多，通常有始端母线槽、直通母线槽（分带插孔和不带插孔两种）、L形垂直（水平）弯通母线、Z形垂直（水平）偏置母线、T形垂直（水平）三通母线、X形垂直（水平）四通母线、变容母线槽、母线槽连接器、终端封头、终端接线箱、插接箱等。电源引出母线槽一般通过母线专用的接线箱。

（2）桥架是一个支撑和放置电缆、电线的支架。按照桥架的结构特点来分，常用的有梯级式桥架、槽式桥架、托盘式桥架、网格式桥架。按材质来分，有钢制、铝合金、玻璃钢、塑料桥架及防火桥架等。按钢制桥架表面处理的类型分，有喷塑、热镀锌、电镀锌、冷镀锌、防火塑等。

（3）母线槽和电缆桥架应可靠接地，连接处应跨接接地线，跨接线可采用铜扁线或黄绿双色线。

5. 相关练习

（1）母线槽连接好后，其外壳即已连接成为一个接地干线，将进线母线槽、插接开关箱外壳上的接地螺栓与母线槽外壳之间用__________连接好。

（2）母线槽安装前应逐节摇测母线的________，该值不得小于________。

（3）电缆在桥架内横断面的填充率：电力电缆一般不应大于____，控制电缆不应大于________。

（4）非镀锌桥架连接处应跨接接地线，接地线截面不小于________，不得熔焊跨接的接地线。镀锌桥架连接处不需跨接接地线，但连接板两端应至少有________防松螺帽或防松垫圈的固定螺栓。

（5）简述母线槽和桥架配线的特点。

____

____

(6) 母线槽和桥架为何应接地？可以采用什么方法接地（各举一例）？

(7) 你所看到的封闭式母线槽是几线制的？有哪些配件？

(8) 你所看到的电缆桥架是什么类型的？有哪些配件？

(9) 你所看到的母线槽或电缆桥架接地是如何处理的？

6. 小结

对参观过程进行小结，将感想与心得和发现的问题填入表6.1。

表6.1 感想与心得和发现的问题

感想与心得	
问题	1.
	2.

7. 评估

由老师对参观实训进行综合评定，填入表6.2。

表6.2 综合评定

序　号	内　容	满　分	得　分
1	参观态度	40	
2	作业完成情况	30	
3	小结质量	30	
合　计		100	

学习领域7

电缆线路施工

教学指导页

<table>
<tr><td rowspan="2">授课时间</td><td rowspan="2"></td><td rowspan="2">授课班级</td><td rowspan="2"></td><td rowspan="2">课时分配</td><td>理论</td><td>2</td></tr>
<tr><td>综合练习</td><td></td></tr>
<tr><td rowspan="6">教学任务</td><td rowspan="5">理论</td><td colspan="5">7.1　电缆配线基本知识</td></tr>
<tr><td colspan="5">7.2　电缆直埋敷设的工艺和要求</td></tr>
<tr><td colspan="5">7.3　电缆在电缆沟内敷设的工艺和要求</td></tr>
<tr><td colspan="5">7.4　电缆在排管内敷设的工艺和要求</td></tr>
<tr><td colspan="5">7.5　电缆敷设的一般规定</td></tr>
<tr><td>实训</td><td colspan="5">通过网络寻找电缆头制作视频</td></tr>
<tr><td rowspan="2">教学目标</td><td>知识方面</td><td colspan="5">掌握电缆的基本知识；
掌握电缆线路常用敷设方式的施工工艺和施工要求</td></tr>
<tr><td>技能方面</td><td colspan="5">根据不同环境和配线要求确定配线方式；
在电气项目设计中，能熟练选择电缆敷设的方式</td></tr>
<tr><td>重点</td><td colspan="6">掌握电缆直埋、电缆沟、排管的施工工艺和施工要求</td></tr>
<tr><td>难点</td><td colspan="6">合理选择电缆敷设的方式</td></tr>
<tr><td rowspan="2">问题与改进</td><td>学生方面</td><td colspan="5"></td></tr>
<tr><td>教师方面</td><td colspan="5"></td></tr>
</table>

7.1 电缆配线基本知识

7.1.1 电缆配线的特点

电缆线路在电力系统中作为传输和分配电能之用。随着时代的发展，电力电缆在民用建筑、工矿企业等领域的应用越来越广泛。电缆线路与架空线路比较，具有敷设方式多样；占地少；不占或少占用空间；对人身比较安全；供电可靠，不受外界影响；运行、维护简单方便，工作量少；电缆的电容量大，有利于提高功率因数等优点。但是电缆线路也有一些不足之处，如投资费用较大，敷设后不宜变动，线路不宜分支，寻测故障较难，电缆头制作工艺复杂等。

7.1.2 电缆的种类

电缆的种类很多，按用途分有电力电缆、控制电缆、电梯电缆、变频器电缆、电焊机电缆、耐高温防腐电缆、仪表信号电缆、计算机电缆等；按电压等级分有高压电缆和低压电缆；按导线芯数分有单芯和多芯电缆；按绝缘材料分常用的有纸绝缘电力电缆、聚氯乙烯绝缘电力电缆、聚乙烯绝缘电力电缆、交联聚乙烯绝缘电力电缆和橡皮绝缘电力电缆。在工程中电力电缆是用得最多的，故主要介绍电力电缆。

7.1.3 电缆的结构

电力电缆由三个主要部分组成，即导电线芯、绝缘层和保护层。其结构如图 7.1 所示。电力电缆的导电线芯是用来传导大功率的，其所用材料通常是高导电率的铜和铝。我国制造的电缆线芯的标称截面有 2.5 ～ 800mm² 多种规格。

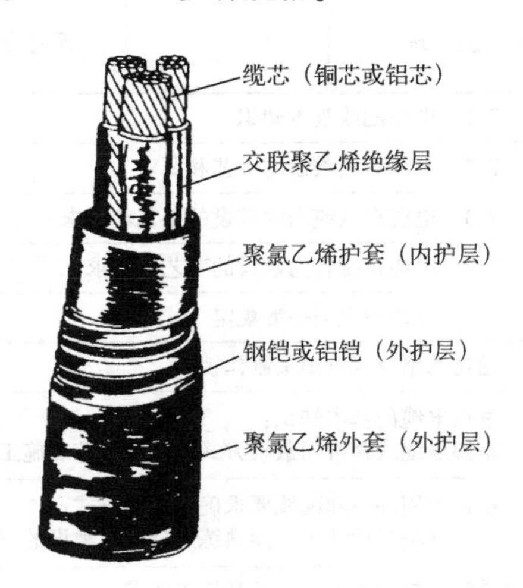

图 7.1 交联聚乙烯绝缘电力电缆结构图

电缆绝缘层用来保证导电线芯之间、导电线芯与外界的绝缘。绝缘层包括分相绝缘和统包绝缘。绝缘层的材料有纸、橡皮、聚氯乙烯、聚乙烯和交联聚乙烯等。

电力电缆的保护层分内护层和外护层两部分。内护层主要用于保护电缆统包绝缘不受潮湿和防止电缆浸渍剂外流及轻度机械损伤。外护层是用来保护内护层的，防止内护层受到机械损伤或化学腐蚀等。护层包括铠装层和外被层两部分。

7.1.4 常用电力电缆的型号及含义

我国的电缆型号很多，工程上常用电力电缆的型号及含义如表7.1所示。

表7.1 常用电力电缆的型号及含义

序号	铜芯电缆型号	含义
1	VV	聚氯乙烯绝缘聚氯乙烯护套电力电缆
2	VY	聚氯乙烯绝缘聚乙烯护套电力电缆
3	VV22	聚氯乙烯绝缘双钢带铠装聚氯乙烯护套电力电缆
4	VV23	聚氯乙烯绝缘双钢带铠装聚乙烯护套电力电缆
5	VV32	聚氯乙烯绝缘细钢丝铠装聚氯乙烯护套电力电缆
6	VY33	聚氯乙烯绝缘细钢丝铠装聚乙烯护套电力电缆
7	YJV	交联聚氯乙烯绝缘聚氯乙烯护套电力电缆
8	YJY	交联聚氯乙烯绝缘聚乙烯护套电力电缆
9	YJV22	交联聚氯乙烯绝缘双钢带铠装聚氯乙烯护套电力电缆
10	YJY23	交联聚氯乙烯绝缘双钢带铠装聚乙烯护套电力电缆
11	YJY33	交联聚氯乙烯绝缘细钢丝铠装聚乙烯护套电力电缆
ZR—阻燃电缆；NH—耐火电缆；FS—防水电缆；WDZR—无卤低烟阻燃电缆；WDNH—无卤低烟耐火电缆		

7.1.5 常用电缆敷设方式与适用场合

室外电缆的敷设方式很多，有电缆直埋式、电缆沟、排管、隧道、穿管、桥架等。采用哪种敷设方式，应根据电缆的根数、电缆线路的长度以及周围环境条件等因素决定。

1. 电缆直埋敷设

适用场合：一般用于数量少、敷设距离长、地面荷载比较小的地方。路径应选择地下管网比较简单、不易经常开挖和没有腐蚀土壤的地段。

优点：电缆敷设后本体与空气不接触，防火性能好，有利于电缆散热。此敷设方式容易实施，投资少。

缺点：此敷设方式抗外力破坏能力差，电缆敷设后如进行电缆更换，则难度较大。

2. 电缆在电缆沟内敷设

适用场合：在发电厂、变配电站及一般工矿企业的生产装置内，均可采用电缆沟敷设的方式。但地下水位太高的地区不宜采用电缆沟敷设。

优点：检修、更换电缆较为方便，灵活多样，转弯方便，可根据地坪高程变化调整电缆敷设高程。

缺点：施工检查及更换电缆时需搬用大量盖板，施工时外物不慎落入沟内时易将电缆碰伤。

3. 电缆在排管内敷设

适用场合：在城市街区主干线敷设多条电缆，在不宜建造电缆沟和电缆隧道的情况下，

可采用排管。

优点：减少了对电缆的外力破坏和机械损伤；消除了土壤中有害物质对电缆的化学腐蚀；检修或更换电缆迅速方便；随时可以敷设新的电缆而不必挖开路面。

缺点：土建配套设施多，造价较高。

4. 电缆在隧道内敷设

适用场合：主要适用于地下水位低、电缆线路较集中的电力主干线，一般敷设30根以上的电力电缆。

优点：容纳电缆数量较多，有供安装和巡视的通道，维护检修方便，可实施多种形式的状态监测，容易发现运行中出现的异常情况。

缺点：一次性投资很大，存在渗漏水现象，比空气重的爆炸性混合物进入隧道会威胁安全。

5. 电缆在桥架内敷设

适用场合：适用于电压在10kV以下的电力电缆，以及控制电缆、照明配线等室内、室外架空敷设。

优点：施工简单，配电灵活，安装标准，维护检修方便。

缺点：占用空间，使用场合有一定局限性。

6. 电缆在管内敷设

电缆一般不采用穿管敷设，但以下情况必须穿管加以保护：

（1）电缆引入、引出建筑物、隧道处、楼板及主要墙壁。

（2）引出地面2m高，地下250mm深。

（3）电缆与地下管道交叉或接近时距离不合规定者。

（4）电缆与道路、电车轨道和铁路交叉时。

（5）厂区可能受到机械损伤及行人易接近的地点。

几种常见电缆敷设方式示意图如图7.2～图7.6所示。

图7.2　电缆直埋敷设

图7.3　电缆沟敷设

图7.4　电缆排管敷设

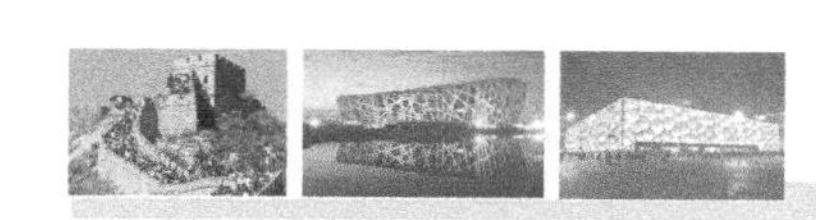

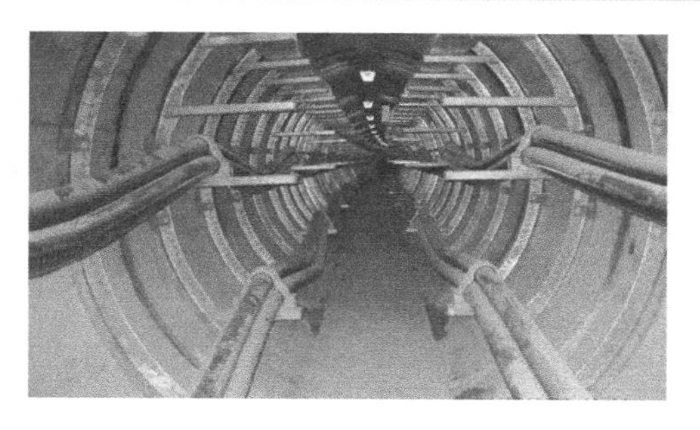

图 7.5 电缆隧道敷设

图 7.6 电缆桥架敷设

7.2 电缆直埋敷设的工艺和要求

7.2.1 电缆直埋敷设的施工工艺

施工工艺如下：

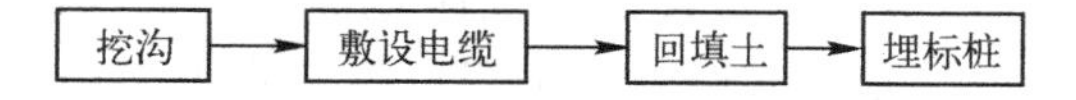

1. 挖沟

电缆直埋敷设时，首先应根据选定的路径挖沟，电缆沟的宽度与电缆沟内埋设电缆的电压和根数有关。电缆沟的深度与敷设场所有关。电缆沟的形状基本上是一个梯形，对于一般土质，沟顶应比沟底宽 200mm。

2. 敷设电缆

敷设前应清除沟内杂物，在铺平夯实的电缆沟底铺一层厚度不小于 100mm 的细沙或软土，然后敷设电缆；敷设完毕后，在电缆上面再铺一层厚度不小于 100mm 的细沙或软土，并盖上混凝土保护板，其覆盖宽度应超过电缆两侧各 50mm。10kV 及以下电缆直埋敷设示意图如图 7.7 所示。

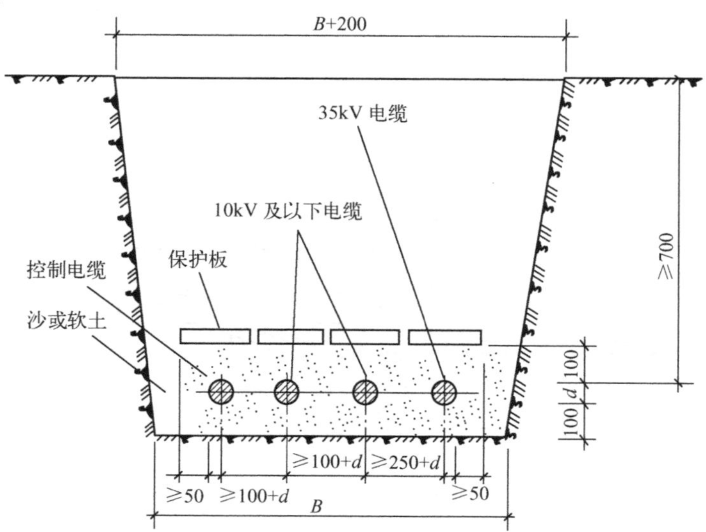

图 7.7 10KV 及以下电缆直埋敷设示意图

3. 回填土

电缆敷设完毕，应请建设单位、监理单位及施工单位的质量检查部门共同进行隐蔽工程验收，验收合格后方可覆盖、填土。填土时应分层夯实，覆土要高出地面 150 ～ 200mm，以备松土沉陷。

4. 埋标桩

直埋电缆在直线段每隔 50 ～ 100m 处、电缆的拐弯、接头、交叉、进出建筑物等地段应设标桩。标桩露出地面以 15cm 为宜。电缆标桩如图 7.8 所示。

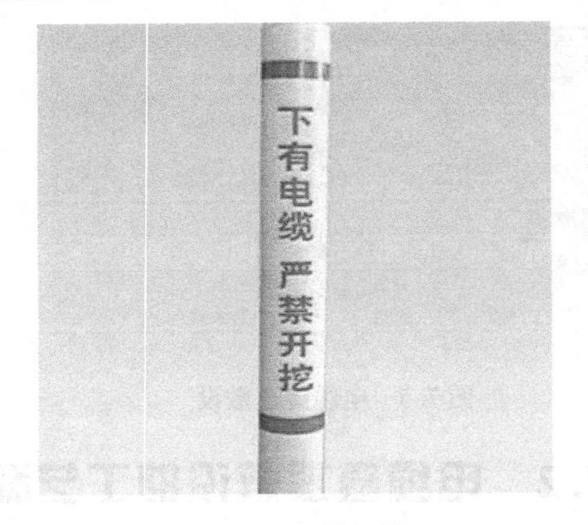

图 7.8　电缆标桩

7.2.2　电缆直埋敷设的一般规定

(1) 电缆的埋设深度。一般要求电缆的表面距地面的距离不应小于 0.7m。穿越农田时不应小于 1m。在寒冷地区，电缆应埋设于冻土层以下。在电缆引入建筑物、与地下建筑物交叉及绕过地下建筑物时，可埋设浅些，但应采取保护措施。

(2) 当电缆与铁路、公路、城市街道、厂区道路交叉时，应敷设于坚固的保护管或隧道内。电缆与铁路、公路交叉敷设的方法如图 7.9 所示。

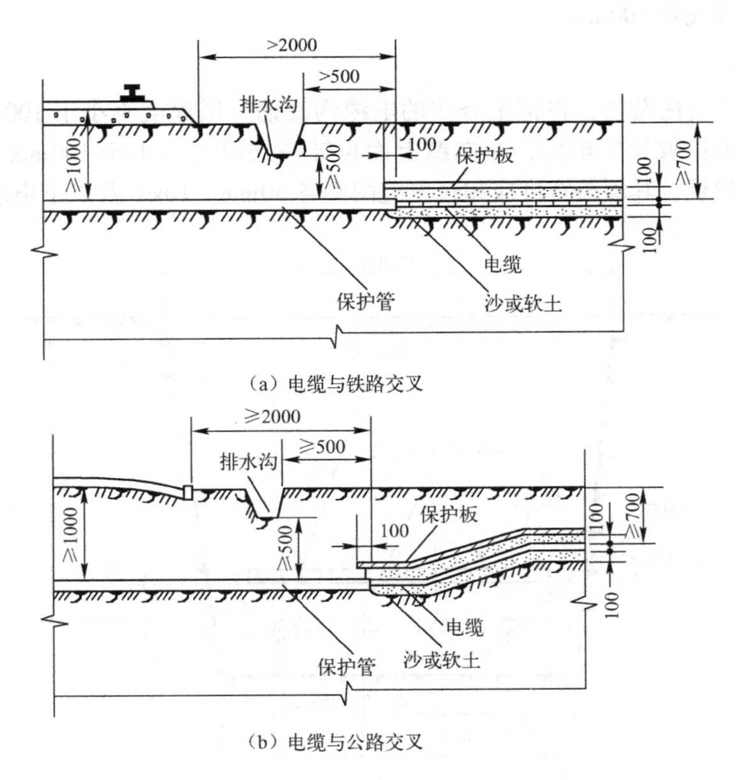

(a) 电缆与铁路交叉

(b) 电缆与公路交叉

图 7.9　电缆与铁路、公路交叉敷设的方法

（3）同沟敷设两条及以上电缆时，电缆之间，电缆与管道、道路、建筑物之间平行或交叉时的最小净距应符合表7.2的规定。电缆之间不得重叠、交叉和扭绞。

表7.2　电缆之间，电缆与管道、道路、建筑物之间平行交叉时的最小净距

项　目		最小净距（m）	
		平行	交叉
电力电缆间及其与控制电缆间	10kV及以下	0.10	0.50
	10kV以上	0.25	0.50
控制电缆间		—	0.50
不同使用部门的电缆间		0.50	0.50
热管道（管沟）及热力设备		2.00	0.50
油管道（管沟）		1.00	0.50
可燃气体及易燃液体管道（沟）		1.00	0.50
其他管道（管沟）		0.50	0.50
铁路路轨		3.00	1.00
电气化铁路路轨	交流	3.00	1.00
	直流	10.0	1.00
公路		1.50	1.00
城市街道路面		1.00	0.70
电杆基础（边线）		1.00	—
建筑物基础（边线）		0.60	—
排水沟		1.00	0.50

注：1. 电缆与公路平行的净距，当情况特殊时可酌减。
2. 当电缆穿管或者其他管道有保温层等保护设施时，表中净距应从管壁或保护设施的外壁算起。

（4）电缆直埋敷设时，严禁在管道上面或下面平行敷设。与管道（特别是热力管道）交叉不能满足距离要求时，应采取隔热措施。

（5）电缆在沟内敷设应有适量的蛇形弯，电缆的两端、中间接头、电缆井内、过管处、垂直位差处均应留有适当的余度。

7.3　电缆在电缆沟内敷设的工艺和要求

7.3.1　电缆在电缆沟内敷设的施工工艺

施工工艺如下：

1. 砌筑沟道

电缆沟和电缆隧道通常由土建专业人员用砖和水泥砌筑而成。其尺寸应按照设计图的规定，沟道砌筑好后，应有5～7天的保养期。电缆沟的断面如图7.10所示。

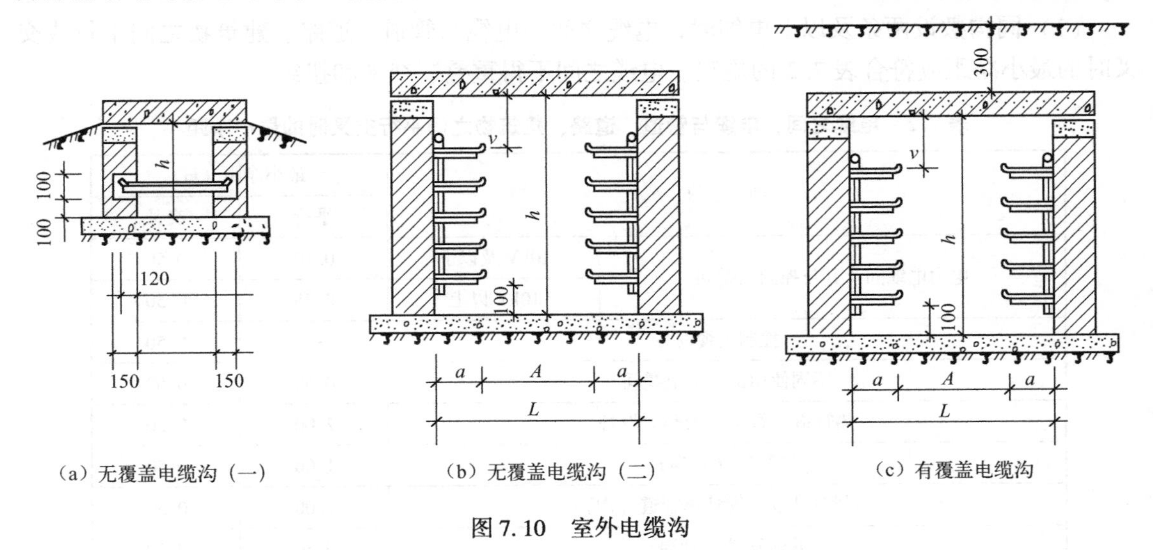

（a）无覆盖电缆沟（一）　（b）无覆盖电缆沟（二）　（c）有覆盖电缆沟

图 7.10　室外电缆沟

电缆沟应采取防水措施，其底部应做成坡度不小于 0.5% 的排水沟，积水可及时直接接入排水管道或经积水坑、积水井用水泵抽出，以保证电缆线路在良好环境下运行。

2. 制作、安装支架

常用的支架有角钢支架、组合式支架和玻璃钢支架，角钢支架需要自行加工制作，组合式支架和玻璃钢支架由工厂加工制作。组合式支架的材料为热固性高分子复合材料，由树脂、玻璃纤维及填料组成，其优点是绝缘、防火，且耐水、耐寒、耐腐蚀、抗老化，故是目前电缆支架的首选。组合式支架式样很多，支架的选择一般由工程设计决定。电缆支架如图 7.11 所示。

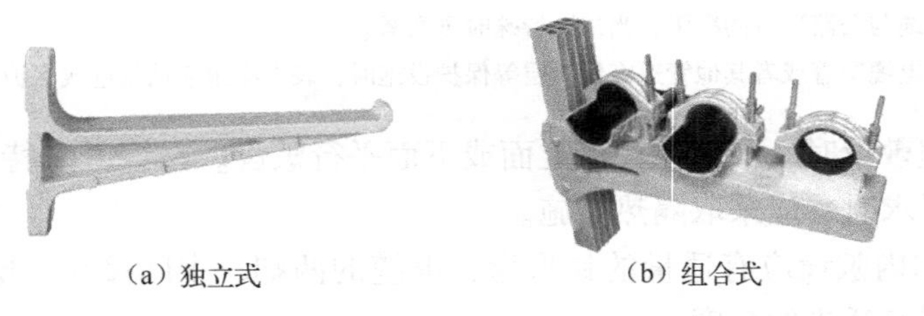

（a）独立式　（b）组合式

图 7.11　电缆支架

1）安装支架的步骤

（1）根据设计或图集要求，画出安装基准线，确定安装点。

（2）根据支架孔距在相应位置钻孔，孔的数量不得少于两个。

（3）安装支架立柱，应垂直安装，不应倾斜。

（4）安装支架臂，支架臂分几层应根据设计要求或电缆数量而定。

（5）进行水平矫正。

2）电缆支架安装要求

（1）安装后托臂严禁下倾，最好上翘 0°～5°。如结构施工有误差，只允许在最下层锚栓处用垫片调节。

（2）安装支架时，宜先找好直线段两端支架的准确位置，先安装固定好，然后拉通线再

安装中间部位的支架，最后安装转角和分岔处的支架。

3. 电缆敷设

按电缆沟的电缆布置图敷设电缆，根据要求，电缆可以直接放在支架上，也可以固定。电缆在支架上的固定采用配套的固定卡子，电缆在支架上的固定如图7.12所示。

电缆敷设要求如下：

（1）电缆敷设时不允许将电缆从高处落下，尽量轻放在支架上。

（2）敷设和维修时，不能在支架上拉电缆，应采取有效措施避免对支架产品产生侧向力。

（3）局部电缆距离需调整时，应尽量把电缆挪到支架根部拖拽，或把支架间需调整的电缆托起后缓慢用力，避免过载施工。

4. 盖盖板

电缆沟盖板的材料有水泥预制块、复合材料板和玻璃钢板，其他还有钢板和木板。采用钢板时，钢板应做防腐处理；采用木板时，木板应做防火、防蛀和防腐处理。电缆敷设完毕后，应清除杂物，盖好盖板，必要时尚应将盖板缝隙密封。电缆沟水泥预制块盖板效果图如图7.13所示。

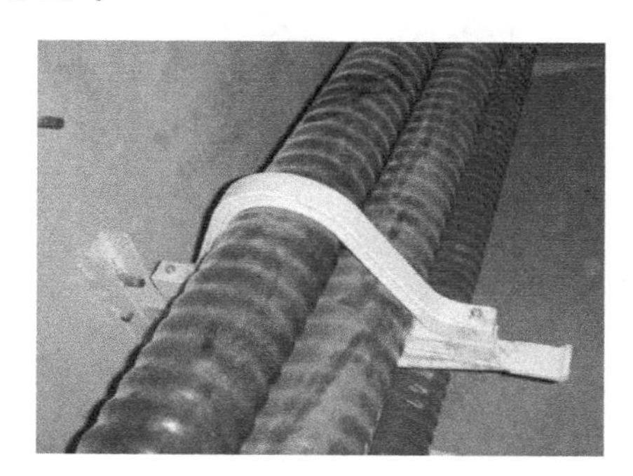

图7.12　电缆在支架上的固定

图7.13　电缆沟水泥预制块盖板效果图

7.3.2　电缆在电缆沟内敷设的一般规定

（1）敷设在不填黄沙的电缆沟（包括户内）内的电缆，为防火需要，应选用裸铠装电缆或防火电缆。

（2）电缆线路上若有接头，为防止接头故障殃及相邻电缆，接头应用防火保护盒保护。

（3）电缆固定于支架上，水平装置时，外径不大于50mm的电力电缆及控制电缆，每隔0.6m一个支撑，外径大于50mm的电力电缆及控制电缆，每隔1.0m一个支撑；垂直装置时，每隔1.0～1.5m应加以固定。

（4）各种电缆在支架上的排列顺序：高压电力电缆应放在低压电力电缆的上层；电力电缆应放在控制电缆的上层；强电控制电缆应放在弱电控制电缆的上层。若电缆沟和电缆隧道两侧均有支架，1kV以下的电力电缆与控制电缆应与1kV以上的电力电缆分别敷设在不同侧的支架上。

（5）敷设在电缆沟的电力电缆与热力管道、热力设备之间的净距，平行时不小于1m，交叉时不应小于0.5m。如果受条件限制，无法满足净距要求，则应采取隔热保护措施。

（6）电缆不宜平行敷设于热力设备和热力管道上部。

(7) 若采用金属支架，所有金属支架和相关金属配件均应可靠接地。

7.4 电缆在排管内敷设的工艺和要求

电缆排管种类很多，按材料分有：有机高分子材料电缆排管，如碳素波纹管、PVC 管等；金属材料类电缆排管，如涂塑钢管、镀锌钢管等；树脂基纤维增强复合材料类电缆排管，如玻璃钢管等；水泥纤维增强复合材料类电缆排管，如低摩擦纤维水泥管、维纶水泥管等，还有水泥预制块排管。树脂基纤维复合材料电缆排管如图 7.14 所示。复合材料电缆排管的特点是绝缘、防火，且耐水、耐寒、耐腐蚀，轻巧，安装施工方便。水泥预制块电缆排管如图 7.15 所示，由于水泥预制块排管笨重且安装较麻烦，现已逐步淘汰。

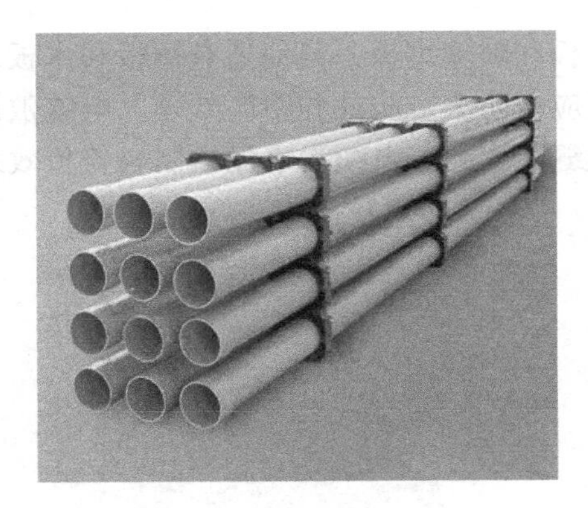

图 7.14　复合材料电缆排管

图 7.15　水泥预制块电缆排管

7.4.1 电缆在排管内敷设的施工工艺

施工工艺如下：

挖沟 → 人孔井设置 → 安装电缆排管 → 覆土 → 埋标桩 → 穿电缆

1. 挖沟

电缆排管敷设时，首先应根据选定的路径挖沟，沟的挖设深度为 0.7m 加排管厚度，宽度略大于排管的宽度。排管沟的底部应垫平夯实，如土质松软则应铺设厚度不小于 80mm 的混凝土垫层。垫层坚固后方可安装电缆排管。

2. 人孔井设置

为便于敷设、拉引电缆，在敷设线路的转角处、分支处和直线段超过一定长度时，均应设置人孔井。一般人孔井间距不宜大于 150m，净空高度不应小于 1.8m，其上部直径不小于 0.7m。人孔井内应设集水坑，以便集中排水。人孔井由土建专业人员用水泥砖块砌筑而成。人孔井的盖板也是水泥预制板，待电缆敷设完毕后，应及时盖好盖板。人孔井示意图如图 7.16 所示。

3. 安装电缆排管

将准备好的排管放入沟内，排管与支架应配套，连接平整，连接处应密封。

4. 覆土

与直埋电缆的方式类似。

5. 埋标桩

与直埋电缆的方式类似。

6. 穿电缆

电缆一般采用无铠装电缆，穿电缆前，首先应清除孔内杂物，然后穿引线，引线可采用毛竹片或钢丝绳。在排管中敷设电缆时，把电缆盘放在井坑口，然后用预先穿入排管孔眼中的钢丝绳，将电缆拉入管孔内，为了防止电缆受损伤，排管口应套以光滑的喇叭口，井坑口应装设滑轮，如图7.17所示。

图7.16 电缆人孔井

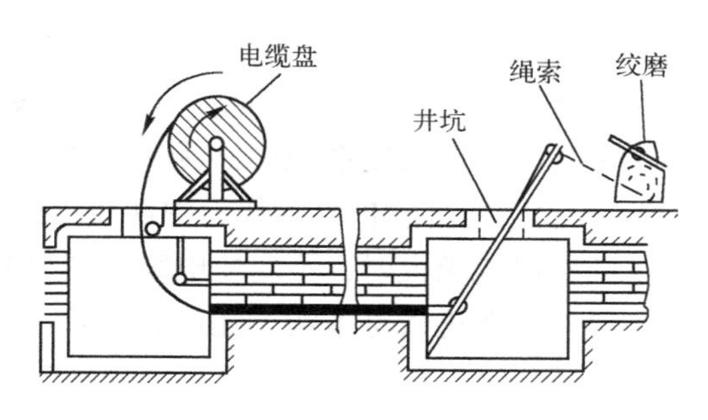

图7.17 在两人孔井间拉引电缆

7.4.2 电缆在排管内敷设的一般规定

（1）排管孔的内径不应小于电缆外径的1.5倍，但电力电缆的管孔内径不应小于90mm，控制电缆的管孔内径不应小于75mm。

（2）排管应倾向人孔井侧有不小于0.5%的排水坡度，以便及时排水。

（3）排管的埋设深度为排管顶部距地面不小于0.7m，在人行道下面可不小于0.5m。

（4）在选用的排管中，排管孔数应充分考虑发展需要预留备用。一般不得少于1～2孔，备用回路配置于中间孔位。

（5）敷设时牵引力不得超过电缆最大允许拉力。

（6）电缆在人孔井内应有适当余量。

7.5 电缆敷设的一般规定

电缆敷设过程中，一般按下列程序：先敷设集中的电缆，再敷设分散的电缆；先敷设电力电缆，再敷设控制电缆；先敷设长电缆，再敷设短电缆；先敷设敷设难度大的电缆，再敷设敷设难度小的电缆。电缆敷设的一般规定如下：

（1）施工前应对电线进行详细检查，规格、型号、截面、电压等级均符合设计要求，外观无扭曲、坏损及漏油、渗油等现象。

（2）每轴电缆上应标明电缆规格、型号、电压等级、长度及出厂日期。电缆盘应完好

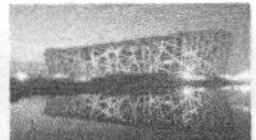

无损。

(3) 电缆外观完好无损，铠装无锈蚀、无机械损伤、无明显皱折和扭曲现象。油浸电缆应密封良好，无漏油及渗油现象。橡套及塑料电缆外皮及绝缘层无老化及裂纹。

(4) 电缆敷设前进行绝缘测定。如工程采用1kV以下电缆，用1kV摇表摇测线间及对地的绝缘电阻不低于10MΩ。摇测完毕，应将芯线对地放电。

(5) 冬季电缆敷设，当温度达不到规范要求时，应将电缆提前加温。

(6) 电缆短距离搬运，一般采用滚动电缆轴的方法。滚动时应按电缆轴上箭头指示方向滚动。如无箭头，可按电缆缠绕方向滚动，切不可反缠绕方向滚动，以免电缆松弛。

(7) 电缆支架的架设地点应选好，以敷设方便为准，一般应在电缆起止点附近为宜。架设时，应注意电缆轴的转动方向，电缆引出端应在电缆轴的上方，敷设方法可用人力或机械牵引。

(8) 有麻皮保护层的电缆，进入室内部分，应将麻皮剥掉，并涂防腐漆。

(9) 电缆穿过楼板时，应装套管，敷设完后应将套管用防火材料封堵严密。

(10) 三相四线制系统中必须采用四芯电力电缆，不可采用三芯电缆加一根单芯电缆，或以导线、电缆金属护套等作为中性线，以免损坏电缆。

(11) 电缆敷设时，不应使电缆过度弯曲，电缆的最小弯曲半径应符合规范的规定。

(12) 电缆进入电缆沟、隧道、竖井、建筑物、盘（柜）以及穿入管子时，出入口应封闭，管口应密封。

实训8　寻找电缆头制作视频

<table>
<tr><td>实训班级</td><td colspan="2"></td><td>姓 名</td><td></td><td>实训成绩</td><td></td></tr>
<tr><td>实训时间</td><td colspan="2"></td><td>学 号</td><td></td><td>综合练习</td><td>2</td></tr>
<tr><td rowspan="3">实训任务</td><td colspan="6">1. 完成书面练习</td></tr>
<tr><td colspan="6">2. 通过网络寻找电缆头制作视频</td></tr>
<tr><td colspan="6">3. 练习总结与问题</td></tr>
<tr><td rowspan="2">实训目标</td><td>知识方面</td><td colspan="5">掌握电缆的基本知识；
掌握电缆线路常用敷设方式的施工工艺和施工要求</td></tr>
<tr><td>技能方面</td><td colspan="5">通过搜索电缆头制作的视频，了解电缆头的制作工艺，提高自学能力</td></tr>
<tr><td>重点</td><td colspan="6">了解电缆头的制作工艺</td></tr>
<tr><td>难点</td><td colspan="6">寻找完整的电缆头制作视频</td></tr>
</table>

1. 任务背景

电缆配线与架空线配线比较，不占空间位置、不受环境影响、供电可靠、输送大功率安全，故在建筑工程中应用非常广泛。

2. 实训任务及要求

(1) 完成书面练习。

通过课本知识、上课内容以及网络信息等方式完成。

（2）网络寻找电缆头制作视频。

电缆头包括终端头和中间接头，终端头包括户内终端头和户外终端头，制作工艺是有区别的。同时应按照最新规范的要求，图像清晰，施工工艺完整。

（3）训练总结与问题。

通过自学，进行总结提炼并摘录视频中不解的问题。

3. 知识链接

（1）电力电缆由三个主要部分组成，即导电线芯、绝缘层和保护层。电缆绝缘层用来保证导电线芯之间、导电线芯与外界的绝缘。绝缘层包括分相绝缘和统包绝缘。

（2）电缆直埋式一般用于数量少、敷设距离短、地面荷载比较小的地方。路径应选择地下管网比较简单、不易经常开挖和没有腐蚀土壤的地段。

其优点是电缆敷设后本体与空气不接触，防火性能好，有利于电缆散热。此敷设方式容易实施，投资少。

其缺点是此敷设方式抗外力破坏能力差，电缆敷设后如进行电缆更换，则难度较大。

（3）在发电厂、变配电站及一般工矿企业的生产装置内，均可采用电缆沟敷设的方式。但地下水位太高的地区不宜采用电缆沟敷设。

其优点是检修、更换电缆较为方便，灵活多样，转弯方便，可根据地坪高程变化调整电缆敷设高程。

其缺点是施工检查及更换电缆时需搬用大量盖板，施工时外物不慎落入沟内时易将电缆碰伤。

（4）电缆在排管内敷设适用于城市街区主干线敷设多条电缆，在不宜建造电缆沟和电缆隧道的情况下，可采用排管。

其优点是减少了对电缆的外力破坏和机械损伤；消除了土壤中有害物质对电缆的化学腐蚀；检修或更换电缆迅速方便；随时可以敷设新的电缆而不必挖开路面。

其缺点是土建配套设施多，造价较高。

4. 相关练习

（1）直埋电缆在直线段每隔________处、电缆的拐弯、接头、交叉、进出建筑物等地段应设标桩。标桩露出地面以________为宜。

（2）电缆固定于支架上，水平装置时，外径__________的电力电缆及控制电缆，每隔0.6m一个支撑，外径大于50mm的电力电缆及控制电缆，每隔______一个支撑；垂直装置时，每隔1.0～1.5m应加以固定。

（3）为什么电缆直埋与热力管道的水平距离不小于2m，而电缆沟与人力管道的水平距离不小于1m？

____

（4）电缆线路施工中对电缆人孔井设置有什么要求？

____

5. 实施

简述常用电缆敷设方式的施工程序，填入表7.3中。

表 7.3　常用电缆敷设方式的施工程序

步骤	电缆直埋式	电缆沟敷设	电缆排管敷设
1			
2			
3			
4			
5			

6. 评估

（1）对练习进行小结，将自学心得和发现的问题填入表 7.4 中。

表 7.4　自学心得和发现的问题

自学心得	
问题	1.
	2.

（2）由老师对实训进行综合评定，填入表 7.5 中。

表 7.5　综合评定

序　　号	内　　容	满　　分	得　　分
1	练习态度	20	
2	作业完成情况	60	
3	小结质量	20	
合　　计		100	

学习领域8

电动机安装

教学指导页

<table>
<tr><td rowspan="2">授课时间</td><td rowspan="2"></td><td rowspan="2">授课班级</td><td rowspan="2"></td><td rowspan="2">课时分配</td><td>理论</td><td>2</td></tr>
<tr><td>实训</td><td>2</td></tr>
<tr><td rowspan="6">教学任务</td><td rowspan="5">理论</td><td colspan="5">8.1　电动机的铭牌</td></tr>
<tr><td colspan="5">8.2　电动机的安装</td></tr>
<tr><td colspan="5">8.3　电动机的接线</td></tr>
<tr><td colspan="5">8.4　电动机的测试</td></tr>
<tr><td colspan="5">8.5　电动机的运行检查</td></tr>
<tr><td>实训</td><td colspan="5">电动机的接线与测试</td></tr>
<tr><td rowspan="2">教学目标</td><td>知识方面</td><td colspan="5">掌握电动机接线的基本原理；
掌握电动机安装的施工工艺</td></tr>
<tr><td>技能方面</td><td colspan="5">电动机安装、调试与故障排除</td></tr>
<tr><td>重点</td><td colspan="6">电动机的接线</td></tr>
<tr><td>难点</td><td colspan="6">电动机的静态检测和动态检查</td></tr>
<tr><td rowspan="2">问题与改进</td><td>学生方面</td><td colspan="5"></td></tr>
<tr><td>教师方面</td><td colspan="5"></td></tr>
</table>

电动机是工业与民用生产中最常用的传动设备。建筑工程中大多数的机械设备都由电动机拖动，电动机的安装与维护是电气施工人员重要的工作之一。电动机的种类很多，按电压分，有高压电动机和低压电动机；按电源分，有交流电动机和直流电动机；按安装形式分，有卧式和立式，如图 8.1、图 8.2 所示。本单元主要介绍低压交流电动机的基本知识。

图 8.1　卧式电动机

图 8.2　立式电动机

8.1 电动机的铭牌

三相异步电动机		
型号 Y132S_2 -4	编号×××	
功率 15kW	电流 30.3A	接法△（Y/△）
频率 50Hz	电压 380V（380/220V）	绝缘等级 E
转速 1460r/min	防护等级 IP44	质量 150kg
×××电机厂		

1. 型号

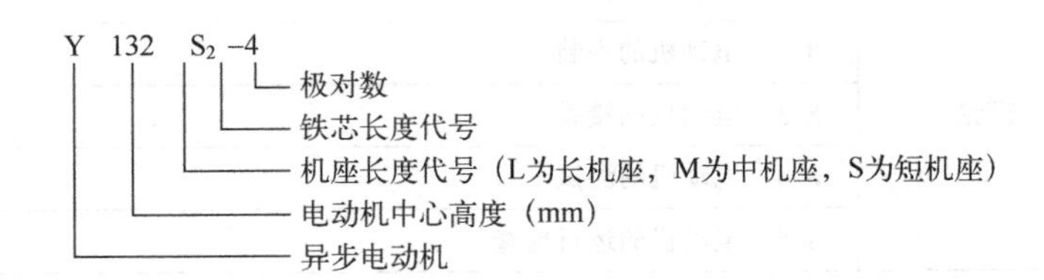

2. 额定功率

指电动机在额定运行情况下转轴上输出的机械功率，单位为 kW。

3. 频率

指电动机所连接的交流电源的频率，我国电力网统一标准频率为 50Hz。

4. 转速

指电动机在额定运行电压、频率、输出额定功率时的旋转速度，单位为 r/min。

5. 电压

指正常运行状态下加在定子绕组上的线电压，单位为 V。

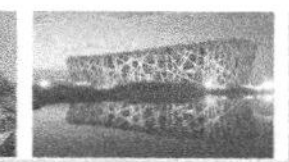

6. 电流

指电动机在额定电压和频率情况下输出额定功率时，定子绕组允许长期通过的线电流，单位为A。

7. 接法

电动机在额定电压下定子三相绕组采用的连接方法，一般有三角形和星形两种。

8. 绝缘等级与温升

指电动机所用绝缘材料的绝缘等级，各种绝缘材料均有一定的使用极限温度。由绝缘等级可以确定电动机的允许温升。电动机允许温升与绝缘等级的关系见表8.1。

表8.1　电动机允许温升与绝缘等级的关系（℃）

绝缘等级	A	E	B	F	H	C
绝缘材料允许温度	105	120	130	155	180	180以上
电动机允许温升	60	75	80	100	125	145

9. 工作制

生产机械分为长期工作制、短期和重复短时工作制。对应于生产机械的各类工作制，通常将电动机分为S1～S10共10类工作制。其中，最常用的是S1连续工作制、S2短时工作制、S3断续周期工作制。短时定额的时限一般为10min、30min、60min或90min，视电动机而定。

8.2　电动机的安装

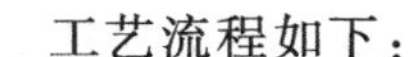

工艺流程如下：

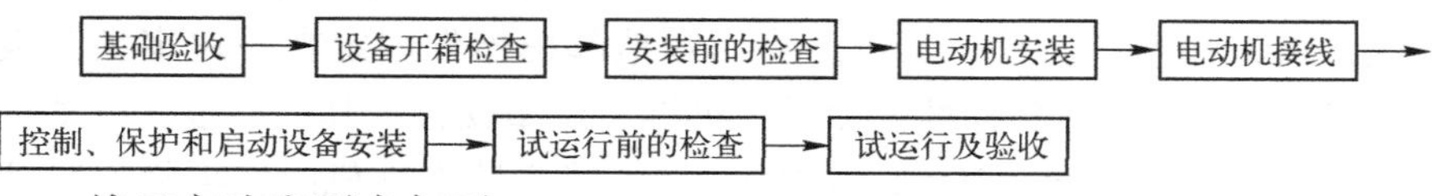

施工方法和要点如下：

1. 基础验收

对基础轴线、标高、地脚螺栓位置、外形几何尺寸进行测量验收，沟槽、孔洞及电缆管位置应符合设计及土建防水的质量要求；混凝土标号应符合设计要求，一般基础承重量不小于电动机重量的3倍；基础各边应超出电动机底座边缘100～150mm。

2. 设备开箱检查

设备和器材到达现场后，应在规定期限内进行验收检查，并应符合下列要求：

（1）包装及密封应良好。

（2）开箱检查清点，规格应符合设计要求，附件、备件应齐全。

（3）产品的技术文件应齐全。

（4）外观检查合格。

3. 安装前的检查

（1）盘动转子要灵活，不得有碰卡声。

(2) 润滑脂的情况正常，无变色、变质及变硬等现象。其性能应符合电动机的工作条件。

(3) 可测量空气间隙的电动机，其间隙的不均匀度应符合产品技术的规定。当无规定时，各点空气间隙与平均空气间隙之差与平均空气间隙之比宜为 ±5%。

(4) 电动机的引出线鼻子焊接或压接应良好，编号齐全，裸露带电部分间隙应符合产品标准的规定。

(5) 绕线式电动机应检查电刷的提升装置，提升装置应有“启动”、“运行”的标志，动作顺序应是先短路集电环，后提起电刷。

当电动机有下列情况之一时，应进行抽芯检查：

① 出厂日期超过制造厂保证期限。

② 当制造厂无保证期限时，出厂日期不超过一年。

③ 经外观检查或电气试验，质量可疑时。

④ 开启式电动机经端部检查可疑时。

⑤ 试运转时有异常情况。

(6) 用兆欧表测量电动机的绝缘电阻，如果电动机的额定电压在 500V 以下，则采用 500V 兆欧表测量，其绝缘电阻不应低于 0.5MΩ。

4. 电动机安装

电动机安装工作主要包括电动机基础制作、安装和校正。

1) 电动机基础制作

电动机通常安装在机座上，机座固定在基础上，电动机的基础通常有混凝土、砖砌和金属支架三种，采用混凝土浇注的较多。混凝土基础的保养期一般为 15 天，整个基础表面应平整。浇灌基础时，应根据电动机地脚螺栓的间距，将地脚螺栓预埋入基础内。为保证地脚螺栓预埋位置正确无误，可采用两种方法。其一，将四颗地脚螺栓先固定在一块定型铁板上，然后整体再埋入基础，待混凝土达到标准强度后，再拆去定型铁板。其二，根据电动机安装孔尺寸，在混凝土基础上预留孔洞（100mm×100mm），待安装电动机时，再将地脚螺栓穿过机座，放在预留孔内，进行二次浇注。地脚螺栓埋设不可倾斜，等电动机紧固后应高出螺帽 3 ～ 5 扣。

2) 电动机安装

电动机安装时，应审核电动机安装的位置是否满足检修操作运输的方便。固定在基础上的电动机，一般应有不小于 1.2m 的维护通道。采用水泥基础时，如无设计要求，基础重量一般不小于电动机重量的 3 倍。基础各边应超出电动机底座边缘 100 ～ 150mm。稳装电动机垫片一般不超过三块，垫片与基础面接触应严密。电动机安装后，应做数圈人力转动试验。电动机外壳保护接地（或接零）必须良好。电动机外壳接地如图 8.3 所示。

3) 电动机校正

电动机就位后，即可进行纵向和横向的水平校正。如果不平，可用 0.5 ～ 5mm 厚的垫铁垫在电动机机座下，找平、找正直到符合要求为止。在电动机与被驱动的机械通过传动装置相互连接之前，必须对传动装置进行校正。由于传动装置的种类不同，校正的方法也各不相同。

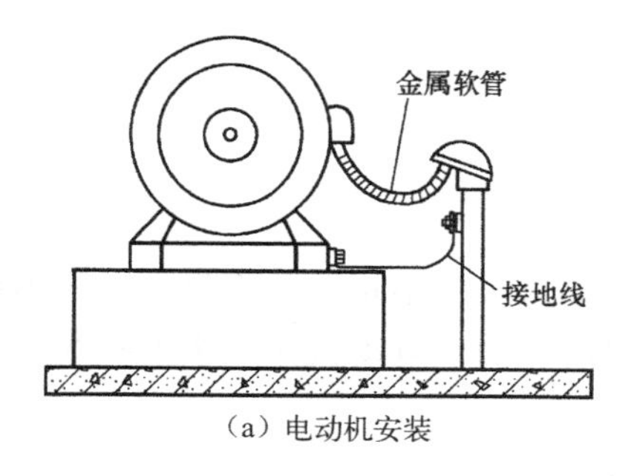

（a）电动机安装

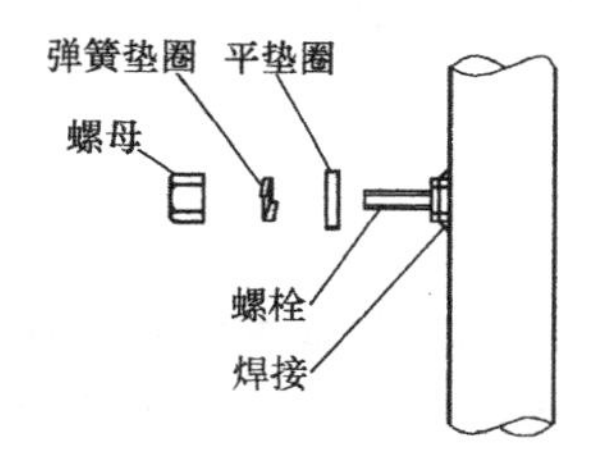

（b）钢管接地螺栓做法

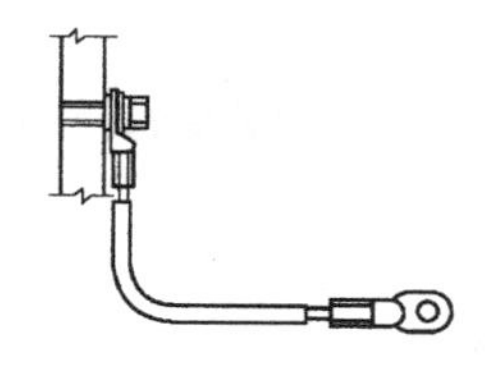
（c）电动机外壳接地做法

图 8.3　电动机外壳接地

（1）皮带传动的校正。皮带传动时，为了使电动机与其所驱动的机械得到正常运行，就必须使电动机皮带轮的轴和被驱动机械皮带轮的轴保持平行，同时还要使两个皮带轮宽度的中心线在同一直线上。皮带轮传动由于精度高、故障率高，目前逐步被淘汰。

（2）联轴器的校正。联轴器也称靠背轮。联轴器在传动装置中是用得比较多的一种，常见的有刚性联轴器（如图 8.4 所示）、弹性套柱销联轴器（如图 8.5 所示）和万向节联轴器（如图 8.6 所示）。刚性联轴器主要用于传递刚性扭矩，主要特点是维护简单，具有超强耐腐蚀和抗油性。弹性套柱联轴器具有较好的阻尼减振特性，可以吸收部分振动能量，减小通过振点时的振动振幅，降低轴段扭振应力，且在过负载时不至于损坏电动机。万向节联轴器最大的特点是具有较大的角向补充能力，结构紧凑，传动效率高。校正方法：当电动机与被驱动的机械采用联轴器连接时，必须使两轴的中心线保持在一条直线上，否则，电动机转动时将产生很大的振动，严重时会损坏联轴器，甚至扭弯、扭断电动机轴或被驱动机械的轴。联轴器的校正主要通过千分表和电子仪器进行。

图 8.4　刚性联轴器

图 8.5　弹性套柱销联轴器

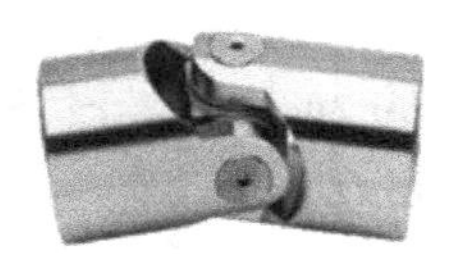
图 8.6　万向节联轴器

（3）齿轮传动校正。齿轮联轴器是起重机各运动机构应用最多的补偿式联轴器。齿轮联轴器的优点是外形尺寸小，传递扭矩大，允许被连接的轴之间有较大的偏移量，对安装精度要求较低，工作可靠；缺点是制造工艺复杂，成本较高。齿轮联轴器的种类很多，图 8.7 所示是齿轮联轴器的内部结构示意图。校正要求：齿轮传动必须使电动机的轴与被驱动机械的轴保持平行，大、小齿轮啮合适当。如果两齿轮的齿间间隙均匀，则表明两轴达到了平行，间隙大小可用塞尺进行检查。也可通

图 8.7　齿轮联轴器的内部结构示意图

过运行，听齿轮转动的声音来判别啮合情况。

8.3 电动机的接线

电动机接线在电动机安装中是一项非常重要的工作，如果接线不正确，不仅电动机不能正常运行，还可能造成事故。接线前应查对电动机铭牌上的说明或电动机接线板上接线端子的数量与符号，然后根据接线图接线。

三相感应电动机共有 3 个绕组，计有 6 个端子，各相的始端用 U_1、V_1、W_1 表示，终端用 U_2、V_2、W_2 表示。标号 $U_1 \sim U_2$ 为第一相，$V_1 \sim V_2$ 为第二相，$W_1 \sim W_2$ 为第三相。

8.3.1 电动机的星形接法

电动机若需星形接法，就将电动机 U_2、V_2、W_2 三个端子连在一起，另三个端子 U_1、V_1、W_1 接电源线，如图 8.8（b）所示。

星形接法的电动机的线电流等于相电流，线电压等于$\sqrt{3}$倍的相电压。星形接法一般适合小容量电动机。

8.3.2 电动机的三角形接法

电动机若需三角形接法，就将电动机 U_1 和 W_2、V_1 和 U_2、W_1 和 V_2 相连，U_1、V_1、W_1 接电源线。电动机的接线示意图如图 8.8（a）所示。

三角形接法的电动机的线电压等于相电压，线电流等于$\sqrt{3}$倍的相电流。三角形接法一般适合大容量电动机。

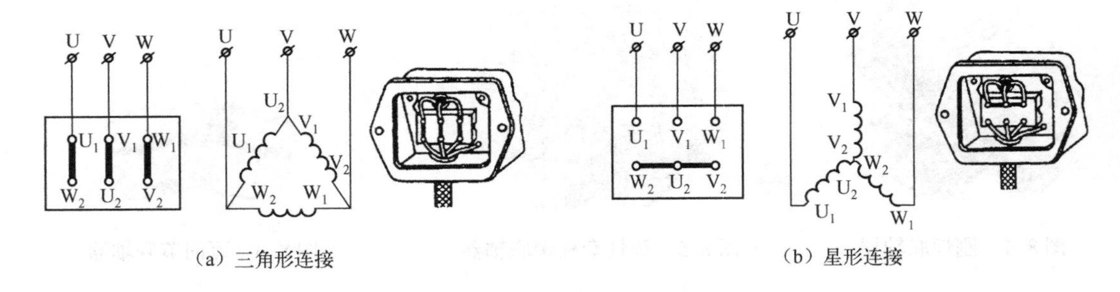

图 8.8 电动机的接线示意图

工业生产中，如果电动机安装和接线不正当，最直接的影响除了造成电动机损坏外，还会产生一些不良后果：

（1）如果电动机错误安装，在安装联轴器或皮带轮的时候，会造成轴承滚动体和导轨受力超过承受范围而损坏。

（2）与电动机底脚接触的平面不平或不稳固，会使电动机工作时振动大，产生噪声。

（3）错误的接线，比如星形接成三角形、三角形接成星形，会造成电动机发热以致损坏电动机。

8.4　电动机的测试

要检查电动机的好坏，一般步骤如下：

（1）用绝缘电阻摇表检查电动机线圈的绝缘电阻是否大于0.5MΩ，如果大于0.5MΩ，则说明电动机的绝缘性能良好。

（2）用万用表电阻挡测试电动机的3个绕组的直流电阻是否一样，如果一样或者3个绕组的直流电阻的大小偏差很小，则说明3个绕组的线圈之间没有匝间短路的问题。

（3）手动盘动电动机的转轴，检查有否盘不动、异响等。

（4）空载通电，检查电动机的3相电流是否平衡，电动机运转是否平稳，以及是否有温升、异响等情况。

经过上面4步的检查如果都正常，说明该电动机基本没有问题。

8.5　电动机的运行检查

电动机试运行一般应在空载的情况下进行，空载运行时间为2h，一切正常后方可带负荷运行。

电动机试运行或带负荷运行时应进行下列检查或观察：

（1）电动机的旋转方向是否符合要求。

（2）电动机的声音是否正常。

（3）电动机的三相电流和电压是否正常。

（4）检查电动机各部分温度是否超过产品技术条件的规定。

（5）电动机的振动是否符合规范要求。

实训9　电动机的接线与测试

<table>
<tr><td>实训班级</td><td></td><td>姓 名</td><td></td><td>实训成绩</td><td></td></tr>
<tr><td>实训时间</td><td></td><td>学 号</td><td></td><td>实训课时</td><td>2</td></tr>
<tr><td>实训项目</td><td colspan="5">电动机的接线与测试</td></tr>
<tr><td rowspan="5">实训任务</td><td colspan="5">1. 训前完成书面练习</td></tr>
<tr><td colspan="5">2. 电动机的绝缘测试</td></tr>
<tr><td colspan="5">3. 电动机的接线</td></tr>
<tr><td colspan="5">4. 电动机的试运行</td></tr>
<tr><td colspan="5">5. 实训评估、总结与问题</td></tr>
<tr><td rowspan="2">实训目标</td><td>知识方面</td><td colspan="4">了解电动机的种类及适用场合；
了解电动机安装内容及步骤；
掌握电动机的接线方法；
掌握电动机的测试方法和内容</td></tr>
<tr><td>技能方面</td><td colspan="4">三相交流鼠笼式异步电动机的接线方法；
检测、调试与故障排除</td></tr>
<tr><td>重点</td><td colspan="5">电动机的接线与测试</td></tr>
<tr><td>难点</td><td colspan="5">合理确定实施步骤</td></tr>
</table>

1. 任务背景

电动机是工业与民用生产中最常用的传动设备。建筑工程中大多数的机械设备都由电动机拖动，电动机的安装与维护是电气施工人员重要的工作之一。安装工作主要包括基础安装、电动机就位、电动机校正、电动机测试、电动机接线、电动机干燥及试运行等内容。

2. 实训任务及要求

(1) 完成训前书面练习。

通过课本知识、上课内容以及网络信息等方式完成。

(2) 电动机的绝缘测试。

绕组之间、绕组对地之间进行绝缘测试。

(3) 电动机的接线。

对电动机进行星形和三角形接线。

(4) 电动机的试运行。

先空载运行，然后带负载运行。

(5) 实训评估、总结与问题。

完成实训后，应对实训工作进行评估、总结和分析，分享收获与提高，分析不足与问题。

3. 重点提示

(1) 根据规范要求，对于新安装的额定电压为1000V以下的电动机，电动机的绝缘电阻在常温下应不低于0.5MΩ。绝缘电阻测试时，应断开电动机接线盒中的连接片，以免测量有误。测量的项目分别有绕组与绕组之间、绕组与接地端子（机壳）之间的绝缘电阻。

(2) 在实际工作中，电动机的接法要根据铭牌要求，不得随意接，故在实训室练习接线时电动机的通电时间要短，以免损坏电动机。

(3) 电动机运行前应对电动机的接线、电源情况以及保护措施仔细检查，以免发生事故。

(4) 电动机通电试验必须在指导老师在场的情况下进行。

4. 知识链接

三相感应电动机共有3个绕组，计有6个端子，各相的始端用U_1、V_1、W_1表示，终端用U_2、V_2、W_2表示。标号$U_1 \sim U_2$为第一相，$V_1 \sim V_2$为第二相，$W_1 \sim W_2$为第三相。

将U_2、V_2、W_2连在一起，U_1、V_1、W_1接电源线，即为电动机的星形连接。将U_1和W_2、V_1和U_2、W_1和V_2相连，即为电动机的三角形连接。电动机的接线示意图如图8.8所示。

5. 相关练习

(1) 电动机与被驱动的机械连接有三种形式，分别是____________________。

(2) 电动机安装前应做哪些检查？

____

____

____

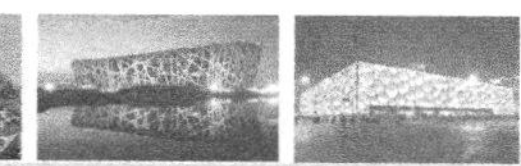

(3) 电动机出现下列现象，可能是什么原因引起的？

① 接通电源后，电动机仍无动静。

____

② 电动机启动后，有焦糊味出现。

____

③ 电动机运行时，速度不是正常速度，且伴有“嗡嗡”的声音。

____

④ 电动机运行一段时间后，温度比较高，超出规定温升。

____

⑤ 电动机运行时，发现三相电压不平衡。

____

6. 计划

(1) 使用工具及仪表。

工具：______________________________

____

仪表：______________________________

____

(2) 根据电动机绝缘测试步骤，填写表8.2。

表8.2　电动机绝缘测试步骤

序　　号	电动机绝缘测试步骤	兆欧表使用前校表步骤
1		
2		
3		
4		
5		

(3) 根据电动机接线步骤，填写表8.3。

表8.3　电动机接线步骤

序　　号	电动机星形接法步骤	电动机三角形接法步骤
1		
2		
3		
4		
5		

7. 实施

(1) 用兆欧表测量电动机的绝缘电阻，填写表8.4。

表 8.4　测量电动机的绝缘电阻

项　　目	测试内容	绝缘电阻值（MΩ）	结论（合格与否）
电动机绝缘电阻测试	L_1-N 之间		
	L_2-N 之间		
	L_3-N 之间		
	L_1-L_2 之间		
	L_1-L_3 之间		
	L_2-L_3 之间		

（2）在图 8.9 中绘出电动机星形和三角形连接的实际接线示意图并进行实际接线。

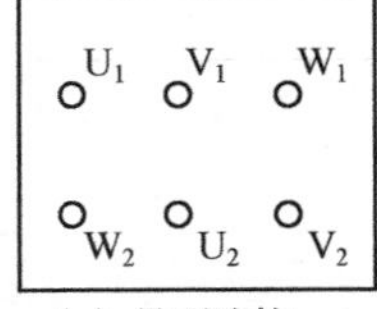

（a）星形连接

U_1 V_1 W_1
W_2 U_2 V_2

（b）三角形连接

图 8.9　电动机实际接线示意图

（3）根据电动机的试运行情况，填写表 8.5。

表 8.5　电动机的试运行情况

项　　目	容量（kW）	线电压（V）	线电流（A）	声音	气味	温度
电动机试运行						
结论（正常与否）						

（4）对发现的故障进行分析及排除，填写表 8.6。

表 8.6　故障分析及排除

序　　号	故 障 现 象	原　　因	解 决 方 法
1			
2			
3			

8. 评估

（1）对任务完成情况进行分析，填写表 8.7。

表 8.7　任务完成情况分析

完 成 情 况	未完成内容	未完成的原因
完成 □ 未完成 □		

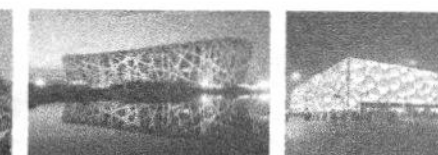

（2）根据实训的心得、不足与问题，填写表8.8。

表8.8　心得、不足与问题

心得	
不足	
问题	1.
	2.

（3）由老师对实训进行综合评定，填写表8.9。

表8.9　综合评定

序号	内　　容	满　　分	得　分
1	训前准备与练习	10	
2	完成情况	20	
3	合作精神	10	
4	计划合理性	10	
5	试车情况	40	
6	故障排除	10	
合　　计		100	

学习领域9

电气照明装置安装

教学指导页

<table>
<tr><td rowspan="2">授课时间</td><td rowspan="2"></td><td rowspan="2">授课班级</td><td rowspan="2"></td><td rowspan="2">课时分配</td><td>理论</td><td>4</td></tr>
<tr><td>实训</td><td>2</td></tr>
<tr><td rowspan="5">教学任务</td><td rowspan="4">理论</td><td colspan="5">9.1 电气照明基本知识</td></tr>
<tr><td colspan="5">9.2 照明装置的安装</td></tr>
<tr><td colspan="5">9.3 照明基本接线原理图</td></tr>
<tr><td colspan="5">9.4 灯具安装的一般规定</td></tr>
<tr><td>实训</td><td colspan="5">常用照明器的安装接线</td></tr>
<tr><td rowspan="2">教学目标</td><td>知识方面</td><td colspan="5">了解照明的方式与种类；
掌握常用照明装置的安装工艺和要求；
熟记灯具安装的一般规定</td></tr>
<tr><td>技能方面</td><td colspan="5">常用照明器的安装接线</td></tr>
<tr><td>重点</td><td colspan="6">常用照明装置的安装工艺和要求</td></tr>
<tr><td>难点</td><td colspan="6">理解灯具安装的一般规定</td></tr>
<tr><td rowspan="2">问题与改进</td><td>学生方面</td><td colspan="5"></td></tr>
<tr><td>教师方面</td><td colspan="5"></td></tr>
</table>

9.1　电气照明基本知识

9.1.1　照明方式

照明在建筑物中的作用不仅要满足使用功能，还要创造环境气氛。照明方式有：

(1) 一般照明：为照亮整个场所而设置的均匀照明。

(2) 分区一般照明：为提高某些特定区域照度而设置的一般照明。

(3) 局部照明：为满足某些部位的特殊需要而设置的照明。

(4) 混合照明：一般照明与局部照明共同组成的照明。

9.1.2　照明器的种类

照明器种类很多，按用途分，有正常照明、应急照明、值班照明、警卫照明、景观照明和障碍标志灯；按结构分，有开启式、闭合式、密闭型、防爆型和防震型；按安装方式分，有吊线式、链吊式、管吊式、吸顶式、嵌入式、地脚灯、台灯、落地灯、草坪灯、庭院灯、道路灯及移动式灯等。常用照明器如图9.1所示。

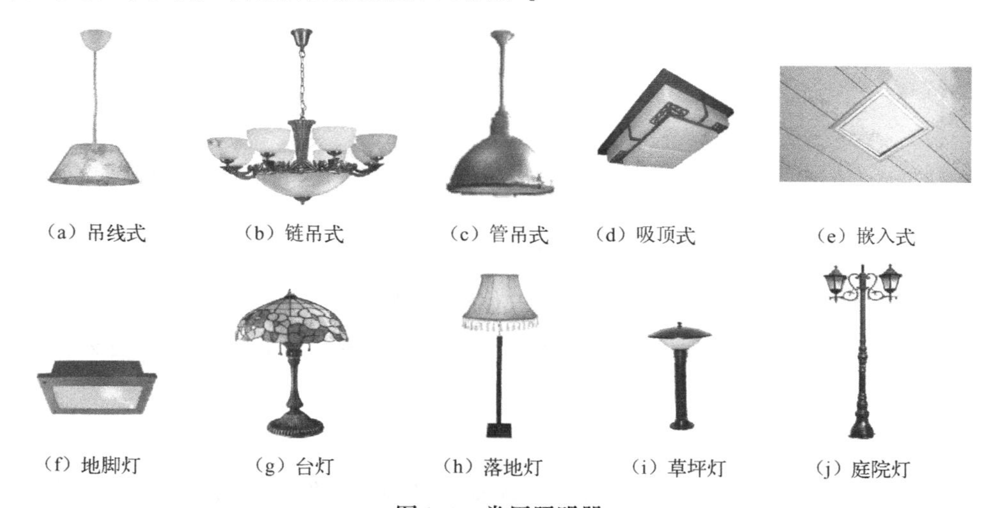

图9.1　常用照明器

9.1.3　常用电光源

电光源的种类很多，各种形式的电光源的外观形状以及光电性能指标都有很大的差异，但从发光原理来看，电光源可分为三大类：热辐射光源、气体放电光源和固体发光光源。

1. 热辐射光源

热辐射光源是利用电流通过电阻丝发热形成的热辐射发光，是将热能转变为光能的光源。

常用的热辐射光源：白炽灯和卤钨灯。热辐射光源如图9.2所示。

热辐射光源的特点：使用方便、显色指数高、无频闪，但光效低、能耗大、热量高、使用寿命短。目前已趋于淘汰。

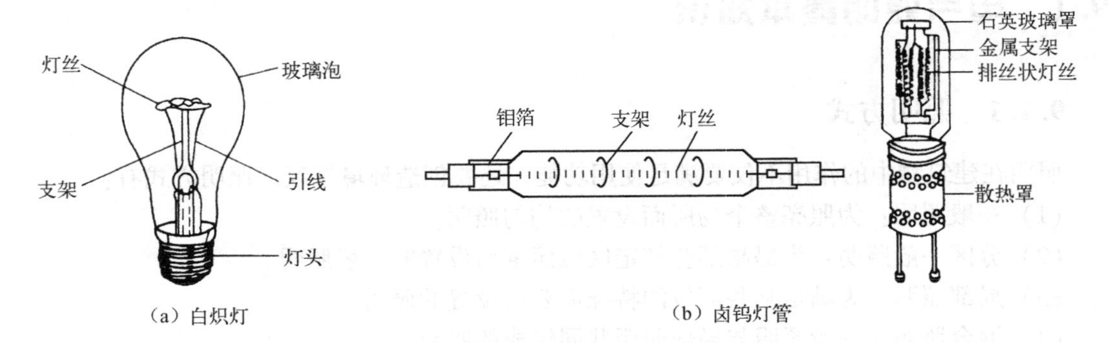

（a）白炽灯　（b）卤钨灯管

图 9.2　热辐射光源

2. 气体放电光源

气体放电光源是通过几种气体与金属蒸气的混合放电而发光的灯，是将电能转换为光的一种电光源。

常用气体放电光源：荧光灯、汞灯、钠灯和金属卤化物灯。气体放电光源如图 9.3 所示。

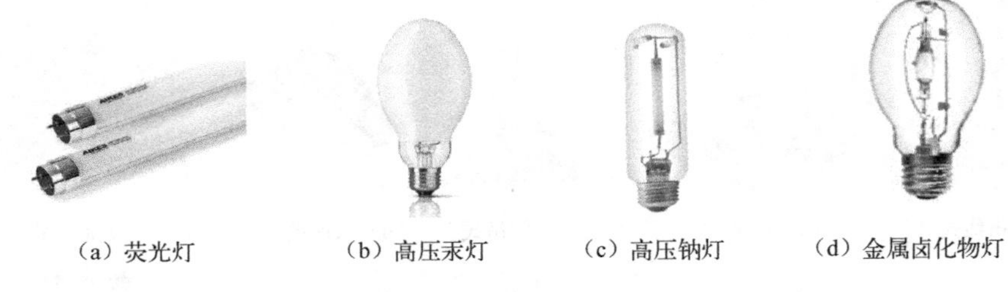

（a）荧光灯　（b）高压汞灯　（c）高压钠灯　（d）金属卤化物灯

图 9.3　气体放电光源

气体放电光源的特点：种类多、光效高、节能，但有频闪，显色指数普遍不高，不能瞬时点燃。

3. 固体发光光源

固体发光光源的种类很多，其中结型场致发光光源——发光二极管（LED）用得最多。LED 灯是利用固体半导体芯片作为发光材料，当两端加上正向电压时，半导体中的载流子发生复合放出过剩的能量，从而引起光子发射产生可见光。它是一种绿色光源。

LED 灯的种类：常用的有点源灯、投光灯、景观灯、水底灯、路灯、隧道灯、草坪灯和喷泉灯等。常用的 LED 灯如图 9.4 所示。

（a）LED球泡灯　（b）LED射灯　（c）LED投光灯　（d）LED路灯　（e）LED草坪灯

图 9.4　常用的 LED 灯

 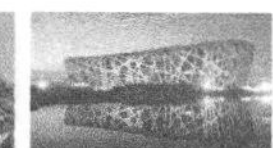 

LED灯的特点：工作电源低（6～24V）、耗能低、体积小、稳定性好、颜色多，但价格比较贵。

9.2 照明装置的安装

照明装置主要包括灯具、插座、开关、吊扇及照明配电箱的安装。

灯具安装前，建筑工程应满足：

（1）对灯具安装有妨碍的模板、脚手架应拆除。

（2）顶棚、地面等抹灰工作必须完成。

（3）有关预埋件及预留孔符合设计要求。

（4）有可能损坏已安装灯具或灯具安装后不能再进行施工的装饰工作应全部结束。

（5）相关回路管线敷设到位，穿线检查完毕。

9.2.1 吊线式灯具的安装

1. 施工工艺

安装吊线式灯具应在土建楼板施工时先将灯头盒埋入，在粉刷层完工后即可穿线及安装灯具，将电源线留出维修长度后剪除余线并拔出线头，将导线穿过灯头底座，用连接螺钉将底座固定在接线盒上，根据需要长度剪取一段导线，将灯线一端穿入底座盖碗与底座上的电源线用压线帽连接，并盖好碗罩，另一端接上灯头。

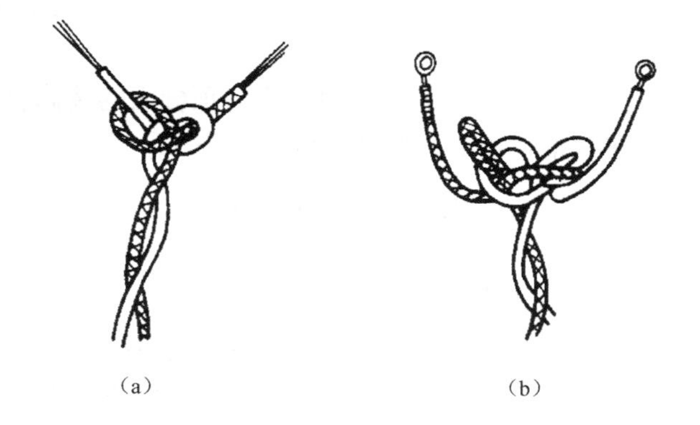

图9.5 灯具内保险扣做法

2. 安装要求

（1）吊线式安装只限于0.5kg以下的灯具。

（2）在灯头内和碗罩内导线均要系好保险扣（如图9.5所示）或固定卡子卡紧。

（3）吊线的长度一般控制在0.3～0.7m。

9.2.2 吸顶式灯具的安装

1. 施工工艺

安装时，打开灯具底座盖板，根据盖板固定孔位在顶棚上打出尼龙栓塞孔，装入栓塞，将电源线穿过灯具底板，固定底板，将灯内导线与电源线用压线帽可靠连接，用线卡或尼龙扎带固定导线以避开灯泡发热区，上好灯泡，装上灯罩并紧固螺钉。若在装饰顶板上安装，首先在装饰板上灯头盒处打孔，穿出电源线，将灯具底板用自攻螺钉固定在装饰板的龙骨上，若龙骨位置不合适，可增设专用龙骨。

2. 安装要求

(1) 灯具底座贴紧建筑物表面并应完全遮盖住接线盒。

(2) 电源线穿出顶棚装饰板处应加管保护。

9.2.3 嵌入式灯具的安装

1. 施工工艺

安装嵌入式灯具时，须预先将灯具的相关尺寸交与有关人员吊顶开孔；将吊顶内引出的电源线与灯具电源的接线端子可靠连接后把灯具推入安装孔并固定，调整灯具框架使之平整。

2. 安装要求

(1) 灯具应固定在专设的框架上，导线不应贴近灯具外壳，且在灯盒内应留有余量，灯具的边框应紧贴在顶棚面上。

(2) 灯具不可直接安装在可燃的物件上，并注意灯具的散热环境，使其在热限度内工作。

(3) 灯具的灯头引线应选用与配管材料相同的金属软管和阻燃波纹管保护，保护软管长度不超过0.8m；保护软管两端采用专用接头或卡子与线管和灯具紧密连接，采用金属软管时还应跨接接地线。

(4) 矩形灯具的边框边缘应与顶棚面的装修直线平行。如灯具对称安装，其纵横中心轴线应在一条直线上，偏移不应大于5mm。

9.2.4 链吊式灯具的安装

1. 施工工艺

当灯具超过0.5kg时应采用吊链或吊杆安装，应根据灯具吊点距离，在顶棚确定吊链吊点，打出尼龙栓塞孔，装入栓塞，用螺钉将吊链挂钩固定牢靠；将组装好的灯具挂上，在预埋灯头盒上安装好配套灯头盒，根据灯具的安装高度确定吊链及导线的长度，将电源线与灯内导线可靠连接。

2. 安装要求

(1) 吊链灯具的灯线不应受拉力，灯线应与吊链编叉在一起。

(2) 若有两根及以上吊链，其长度应一致，固定牢固，编排整齐。

9.2.5 管吊式灯具的安装

1. 施工工艺

安装时，应先将法兰式吊线盒固定在顶棚，将吊管固定在法兰盘上，再将灯具与吊杆固定。电源线从吊管内穿出与灯线用压线帽连接，并应将多余导线放入预埋灯头盒内。

2. 安装要求

(1) 钢管做灯具吊管时，钢管内径不小于10mm，钢管壁厚不小于1.5mm。

（2）吊杆应有一定长度的螺纹，以供高低调节。

（3）吊杆内不应有接头。

9.2.6　大型灯具的安装

1. 施工工艺

一般超过3kg及以上的灯具可称为大型灯具。大型灯具除了采用吊链式或吊管式外，还应增设吊钩。在土建施工时，灯头盒和吊钩应一起预埋好，将预先组装好的灯具托起，将大型灯具的吊环挂在事先埋好的吊钩上，将灯内导线与电源线用压线帽可靠连接，把灯具上部的装饰扣碗向上推起并紧贴顶棚固定好。

2. 安装要求

（1）固定大型灯具的吊钩一般采用圆钢制作，其直径不小于灯具吊挂销钩，且不得小于6mm。

（2）对大型灯具，应做2倍灯具重量的荷载试验，试验时间不少于2h；质量大于10kg的灯具，其固定装置应按5倍灯具重量的恒定均布载荷全数做强度试验，历时15min，固定装置的部件应无明显变形。

（3）安装在重要场所的大型灯具的玻璃罩，要求采取防止碎裂后向下溅落的措施。

9.2.7　开关的安装

1. 施工工艺

1）开关盒检查清理

用錾子轻轻地将盒子内残留的水泥、灰块等杂物剔除，用小号油漆刷将接线盒内的杂物清理干净。清理时注意检查有无接线盒预埋安装位置错位（即螺钉安装孔错位90°）、螺钉安装孔缺失、相邻接线盒高差超标等现象，应及时修整。如接线盒埋入较深，超过1.5mm时，应加装套盒。

2）开关板接线

（1）先将盒内导线留出维修长度后剪除余线，用剥线钳剥出适宜长度，以刚好能完全插入接线孔的长度为宜。

（2）对于多联开关需分支连接的应采用安全型压线帽压接分支。

（3）开关的相线应经开关关断。

3）开关板安装

（1）将盒内导线与开关的面板连接好后，将面板推入，对正安装孔，用镀锌机用螺钉固定牢固。固定时使面板端正，与墙面平齐。

（2）安装在室外的开关应有防水措施。安装在装饰材料上的插座与装饰材料间设置隔热阻燃制品，如石棉布等。

（3）扳把开关不允许横装。扳把开关接线时，把电源相线接到静触点接线柱上，动触点接线柱接灯具导线。扳把向上时表示开灯，向下时表示关灯。开关芯连同支持架固定到盒上，扳把上的白点应朝下面安装，盖好开关盖板，用机用螺栓将盖板与支持架固定牢固，盖

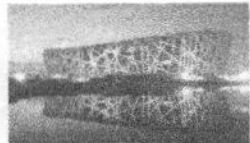

板应紧贴建筑物表面，如图9.6所示。

双联开关有三个接线柱，其中两个分别与两个静触点连通，另一个与动触点连通（称为共用桩）。双控开关的共用极（动触点）与电源的L线连接，另一个开关的共用桩与灯座的一个接线柱连接。灯座另一个接线柱应与电源的N线相连接。两个开关的静触点接线柱用两根导线分别进行连接。

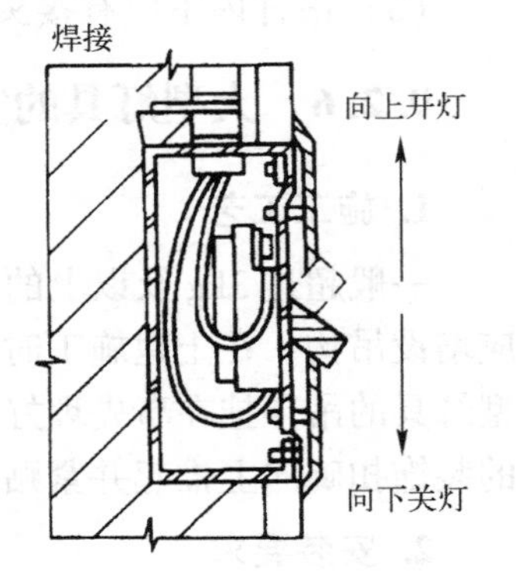

图9.6　扳把开关安装

4）开关通电试验

开关安装完毕，且各条支路的绝缘电阻摇测合格后，方允许通电试运行。通电后应仔细检查和巡视，检查灯具的控制是否灵活、准确；开关与灯具控制顺序相对应，如发现问题必须先断电，然后查找原因进行修复。

2. 安装要求

（1）同一建筑物、构筑物的开关采用同一系列的产品，开关的通断位置一致，操作灵活、接触可靠。

（2）相线经开关控制，民用住宅不能用软线引至床边的床头开关。

（3）开关安装位置便于操作，开关边缘距门框边缘的距离为0.15～0.2m，开关距地面高度1.3m；拉线开关距地面高度2～3m，层高小于3m时，拉线开关距顶板不小于100mm，拉线出口垂直向下。

（4）相同型号并列安装及同一室内开关安装高度一致，且控制有序不错位。并列安装的拉线开关的相邻间距不小于20mm。

（5）暗装的开关面板应紧贴墙面，四周无缝隙，安装牢固，表面光滑整洁，无碎裂、划伤，装饰帽齐全。

（6）在同一室内预埋的开关（插座）盒，相互间高低差不应大于5mm；成排埋设时不应大于2mm；并列安装高低差不大于1mm。并列埋设时开关盒应以下沿对齐。

（7）厨房、厕所（卫生间）、洗漱室等潮湿场所的开关应设在房间的外墙处。

（8）走廊灯的开关应在距灯位较近处设置。

（9）壁灯或起夜灯的开关应设在灯位的正下方，并在同一条垂直线上。

（10）室外门灯、雨棚灯的开关应设在建筑物的内墙上。

9.2.8　插座的安装

1. 施工工艺

1）插座盒检查清理

与开关盒清理方法一样。

2）插座接线

插座接线时应面对插座操作。单相双孔插座在垂直排列时，上孔接相线，下孔接零线；水平排列时，右孔接相线，左孔接零线。插座接线时，单相三孔插座上孔接保护接地（零）线，右孔接相线，左孔接工作零线；三相四孔插座保护接地（零）线应在正上方，下孔从左侧起分别接在L_1、L_2、L_3相线上。同样用途的三相插座，相序应排列一致。同一场所的三相

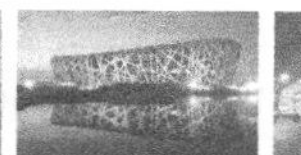

插座，其接线的相位必须一致。接地（PE）或接零（PEN）线在插座间不串联连接。插座插孔排列顺序图如图9.7所示。

带开关插座接线时，电源相线应与开关的接线柱连接，电源工作零线应与插座的接线柱连接。带指示灯带开关插座接线图如图9.8所示。带熔丝管二孔三孔插座接线图如图9.9所示。

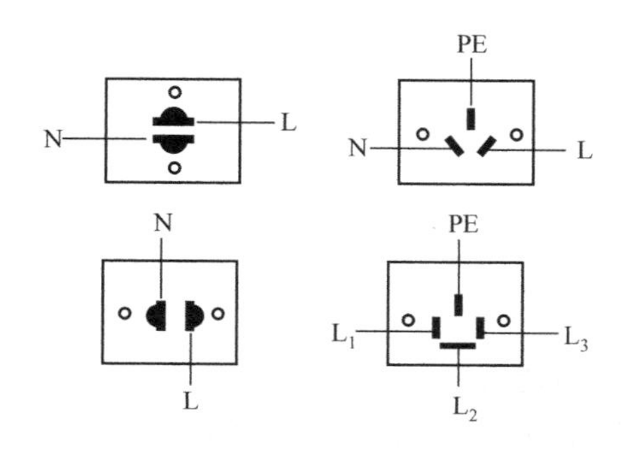

图9.7　插座插孔排列顺序图

图9.8　带指示灯带开关插座接线图

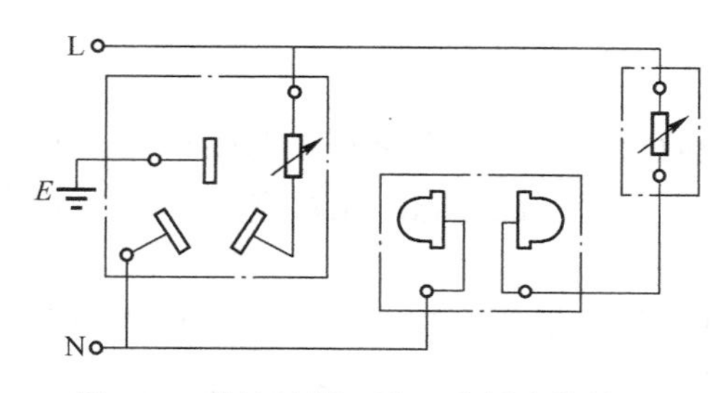

图9.9　带熔丝管二孔三孔插座接线图

双联及以上的插座接线时，相线、工作零线应分别与插孔接线柱并接或进行不断线整体套接，不应进行串接。插座进行不断线整体套接时，插孔之间的套接线长度不应小于150mm。插座的接地（零）线应采用铜芯导线，其截面积不应小于相线的截面积。

3）插座盒安装

安装方法与开关盒一样。

4）插座通电试验

插座安装完毕，且各条支路的绝缘电阻摇测合格后，方允许通电试运行。通电后应仔细检查和巡视，如发现问题必须先断电，然后查找原因进行修复。

2. 安装要求

（1）当交流、直流或不同电压等级的插座安装在同一场所时，应有明显的区别，且必须选择不同结构、不同规格和不能互换的插座；配套的插头应按交流、直流或不同电压等级区别使用。

（2）暗装的插座面板紧贴墙面，四周无缝隙，安装牢固，表面光滑整洁，无碎裂、划伤，装饰帽齐全。

（3）当接插有触电危险的家用电器的电源时，采用能断开电源的带开关插座，开关断开相线。

(4) 插座的安装高度一般为1.3m。当托儿所、幼儿园及小学等儿童活动场所不采用安全型插座时，插座的安装高度不小于1.8m；车间及试（实）验室的插座安装高度距地面不小于0.3m；潮湿场所采用密封型并带保护地线触头的保护型插座，安装高度不低于1.5m；特殊场所暗装的插座不小于0.15m；同一室内插座安装高度一致。

(5) 地插座面板与地面齐平或紧贴地面，盖板固定牢固，密封良好。

9.2.9 吊扇的安装

1. 施工工艺

1) 吊扇盒检查清理

与开关盒检查一样。

2) 吊扇接线

(1) 根据产品说明书将吊扇组装好（扇叶暂时不装）。

(2) 根据产品说明书剪取适当长度的导线穿过吊杆与扇头内接线端子连接。

(3) 配线应注意区分导线的颜色，应与系统整体穿线颜色一致，以区分相线、零线及保护地线。

3) 吊扇安装

对电扇及其附件进场验收时，应查验合格证。防爆产品应有防爆标志和防爆合格证号，实行安全认证制度的产品应有安全认证标志。风扇应无损坏，涂层应完整，调速器等附件应适配。

安装吊扇前，应先预埋吊钩。吊钩在现浇梁或现浇楼板内预埋如图9.10所示，然后挂上吊扇，按接线图接好电源，并包扎紧密。向上托起吊杆上的护罩，将接头扣于其中，护罩应紧贴建筑物或绝缘台表面，拧紧固定螺钉。

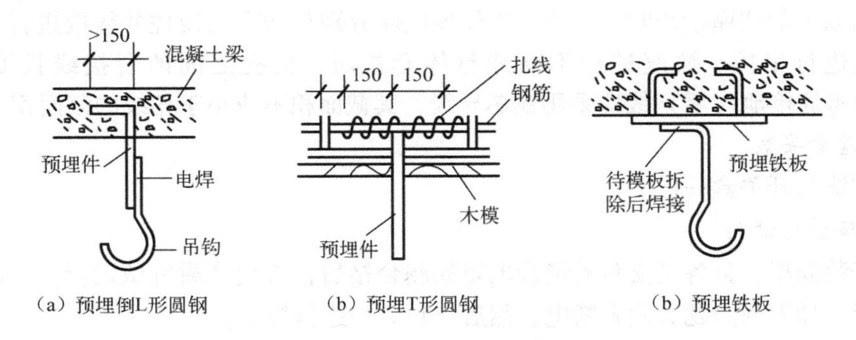

图9.10 吊钩在现浇梁或现浇楼板内预埋

2. 安装要求

(1) 挂上吊扇后，应使吊扇的重心和吊钩的直线部分处于同一条直线上。

(2) 吊扇挂钩安装牢固，吊扇挂钩的直径不小于吊扇挂销直径，且不小于8mm；有防振橡胶垫；挂销的防松零件齐全、可靠。

(3) 吊扇扇叶距地高度不小于2.5m。

(4) 吊扇组装不改变扇叶角度，扇叶固定螺栓防松零件齐全。

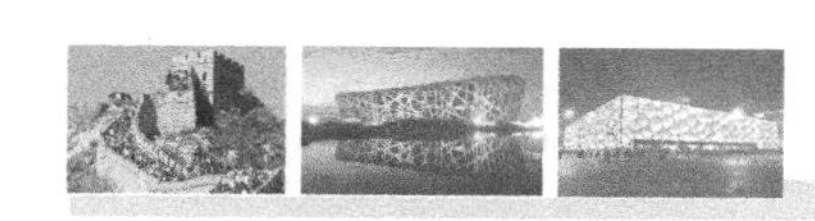

（5）吊杆间、吊杆与电动机间螺纹连接，啮合长度不小于20mm，且防松零件齐全紧固。

（6）吊扇接线正确，当运转时扇叶无明显颤动和异常声响。

（7）涂层完整，表面无划痕、无污染，吊杆上下扣碗安装牢固到位。

（8）同一室内并列安装的吊扇开关高度一致，一般为1.3m，且控制有序不错位。

9.2.10 照明配电箱的安装

1. 施工工艺

1）箱体安装

混凝土内暗装配电箱箱体可采用箱体预埋到位的做法，减少二次墙体内安装配电箱时接管、补洞的烦琐工序。所以本标准推广箱体一次到位的做法。具体如下：

（1）将配电箱内元件、门框拆掉，对应编号妥善保存。

（2）按照设计标高位置在现场将箱体就位加固，并加装定位筋，以保证出墙深度和模板内平。为保证箱体水平，在配电箱上、下加钢筋固定。

（3）线管进配电箱采用锁母连接，采用开孔器开孔做到一管一孔，排列整齐，并封堵管口。

（4）箱体内做好支撑，采用“井”或“工”字支撑，支撑件建议采用钢制，螺栓调节，支撑件可循环使用，此为关键工序。

（5）箱体面用胶带缠裹严密。

（6）拆模后拆除胶带和支撑件等物，整理支撑件以备下次使用，箱内清理干净，检查管口封堵是否完好。

（7）待穿线后，再对号安装箱内元件及箱门。

2）穿线及箱芯安装

穿线：进入配电箱的导线或电缆应预留箱体半周长的长度，线色应严格按接地保护线为黄绿相间色，零线为淡蓝色，相线A相为黄色，B相为绿色，C相为红色。

箱芯安装（仅适用于照明配电箱箱体与箱芯分开安装的配电箱，动力配电箱和部分照明配电箱箱芯与箱体为整体安装）：先将箱壳内杂物清理干净，并将线理顺，分清支路和相序，箱芯对准固定螺栓位置推进，然后调平、调直、拧紧固定螺栓。

3）配电箱配线

配电箱上配线需排列整齐、清晰、美观，导线应绝缘良好，无损伤，并绑扎成束。盘面引出或引进的导线应留有适当的余量长度，以便检修。配电箱内导线与电气元件采用螺栓连接、插接、焊接或压接等，均应牢固可靠。配电箱内的导线不应用接头，导线芯线应无损伤。导线剥削处不应过长，导线压头应牢固可靠，多股导线必须搪锡且不得减少导线股数。导线连接采用直接或加装压线端子。配电箱的箱体、箱门及箱底盘均应采用铜编织带或黄绿相间色铜芯软线可靠接于PE端子排，零线和PE端子排应保证一孔一线。

4）配电箱绝缘摇测

配电箱全部电器安装完毕后，用500V兆欧表对线路进行绝缘摇测，绝缘电阻值不小于0.5MΩ。摇测项目包括相线与相线之间、相线与中性线之间、相线与保护地线之间、中性线与保护地线之间的绝缘电阻值。绝缘摇测至少两人进行摇测，同时做好记录，作为技术资料

存档。

5）配电箱通电运行

线路绝缘摇测符合要求后，检查线路是否接线完毕，接线是否牢固，确保绝缘电阻符合要求，再进行送电。送电前应将楼内所有配电箱内的开关关闭，送电顺序为首先为总配电箱，其次为分配电箱，最后为末端箱，送电逐级进行，并逐级检查元器件及仪表指示是否正常，出现不正常现象时，必须排除故障后再继续送电。送电完毕，应将配电箱空载2h，合格后再带负荷运行2h，无故障后再进行配电箱内漏电保护装置试验，动作电流和动作时间应符合要求。最后再进行疏散照明、备用照明电源转换时间测试，转换时间应符合设计要求。全部符合要求方为通电运行合格。

2. 安装要求

（1）照明配电箱内的交流、直流或不同电压等级的电源，应具有明显的标志。

（2）照明配电箱不应采用可燃材料制作；在干燥无尘的场所，采用的木制配电箱应经阻燃处理。

（3）导线引出面板时，面板线孔应光滑无毛刺，金属面板应装设绝缘保护套。

（4）照明配电箱应安装牢固，其垂直偏差不应大于3mm；暗装时，照明配电箱四周应无空隙，其面板四周边缘应紧贴墙面，箱体与建筑物、构筑物接触部分应涂防腐漆。

（5）照明配电箱底边距地面高度宜为1.5m；照明配电板底边距地面高度不宜小于1.8m。

（6）照明配电箱内，应分别设置零线和保护地线（PE线）汇流排，零线和保护线应在汇流排上连接，不得绞接，并应有编号。

（7）照明配电箱内装设的螺旋熔断器，其电源线应接在中间触点的端子上，负荷线应接在螺纹的端子上。

（8）照明配电箱上应标明用电回路名称。

9.3 照明基本接线原理图

不同的灯具有不同的接线原理。常用的接线原理有：单管荧光灯接线、双管荧光灯接线、高压汞灯接线、高压钠灯接线、两地（三地）控制一盏灯的接线。

1. 单管荧光灯接线（电感式和电子式）

带镇流器的荧光灯电路由三部分组成：灯管、镇流器和启辉器，接线原理图如图9.11所示。电子镇流器荧光灯由两部分组成：电子镇流器和灯管，接线原理图如图9.12所示。

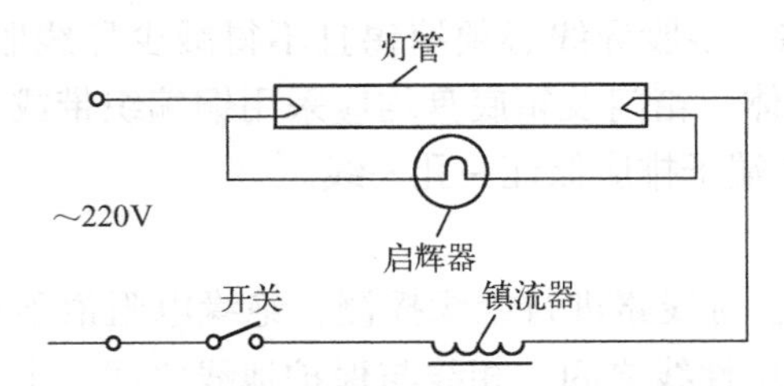

图9.11　带电感镇流器的荧光灯接线原理图

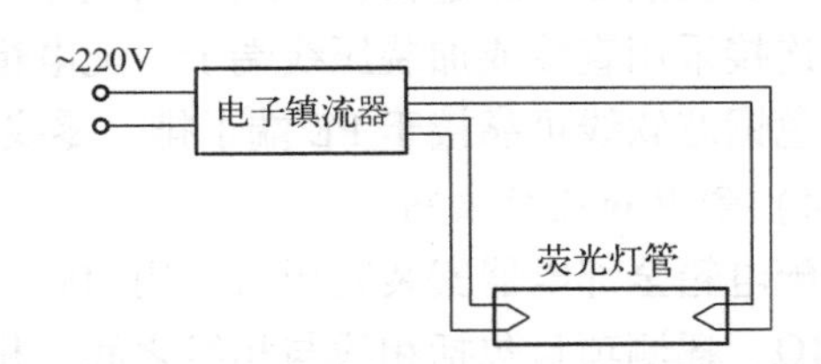

图9.12　带电子镇流器的荧光灯接线原理图

接线注意事项如下：

（1）开关接相线，对于电感镇流器，开关装在镇流器侧。

（2）镇流器与灯管容量应匹配。

（3）对于电子镇流器，应注意接线端子的标识，不可接错，以免损坏灯管。

2. 双管荧光灯接线

双管荧光灯由两套单管荧光灯组成，接线原理图如图9.13所示。

接线注意事项如下：

（1）镇流器与灯管容量应匹配。

（2）两套灯具的镇流器一端应并接，然后接开关，开关接相线。接地端并接，然后接零线。

图9.13　双管荧光灯接线原理图

3. 高压钠灯接线

高压钠灯接线原理图如图9.14所示。

接线注意事项如下：

（1）镇流器和触发器应保持一定的间距，以保证良好散热。

（2）镇流器外壳应接地。

（3）所有引线不得紧贴镇流器，若因安装空间限制有可能触及时，引线必须加套耐温、耐压的玻璃纤维自熄管将引线与镇流器隔离。

4. 高压汞灯接线

高压汞灯有外镇流式和自镇流式两种类型。外镇流式高压汞灯接线原理图如图9.15所示。

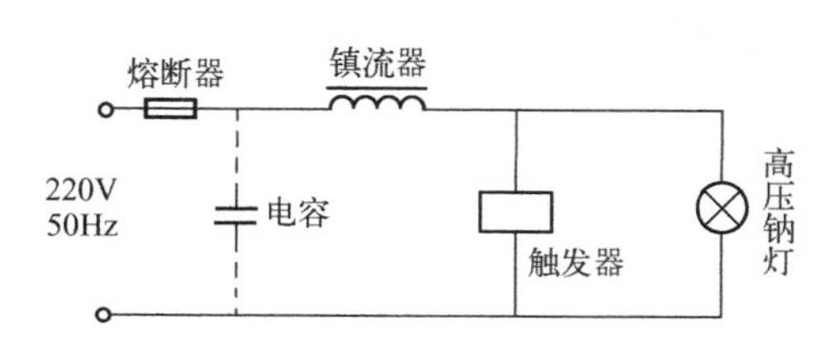

图9.14　高压钠灯接线原理图

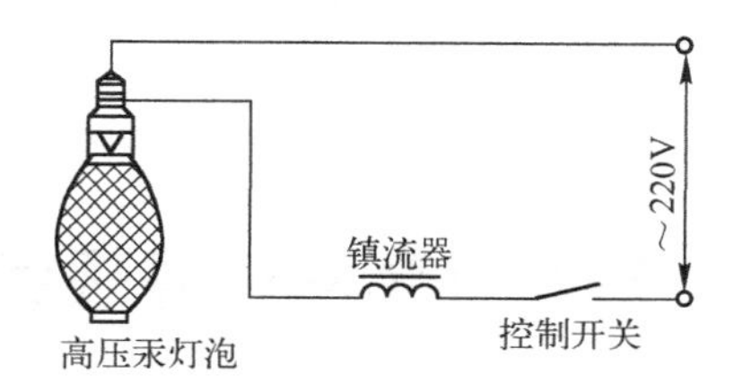

图9.15　高压汞灯接线原理图

接线注意事项如下：

（1）镇流器与开关应串接并且应接相线。

（2）镇流器与灯泡容量应匹配。

（3）自镇流式的高压汞灯接线时，只需将零线接到灯头的一个端子上，再将经过开关的相线接到灯头的另一个端子即可。

5. 两地控制一盏灯的接线

两地控制一盏灯的接线原理图如图9.16所示。该线路应采用两个双控开关，双控开关的实际接线图如图9.17所示。

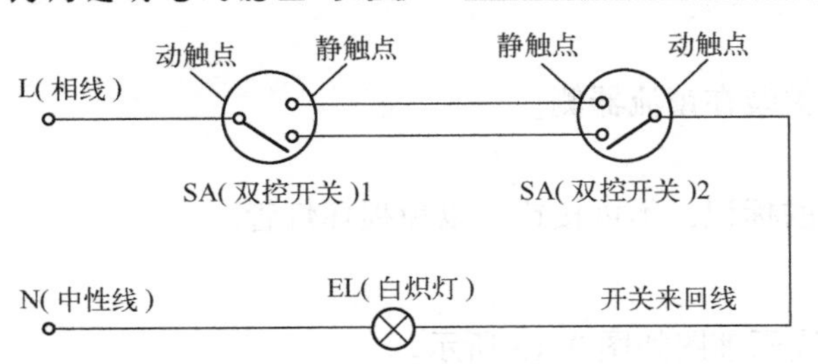

图 9.16　两地控制一盏灯的接线原理图

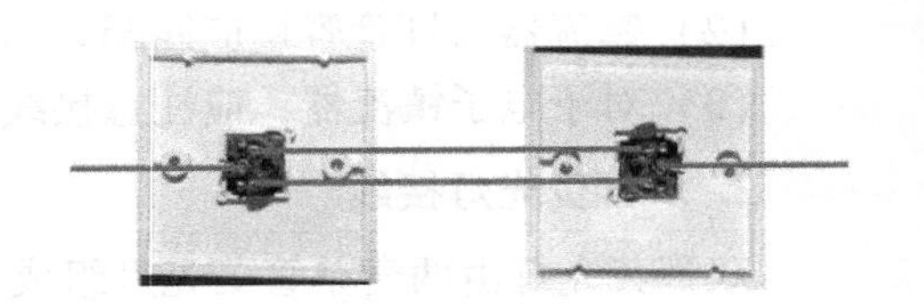

图 9.17　双控开关的实际接线图

接线注意事项如下：

(1) 应选择专用的双控开关两个，不能用其他开关代用。

(2) 相线应接其中一个开关的主桩头，灯线应接另一个开关的主桩头，两个开关的辅助桩头用两根线相连，不得接错，以免引起事故。

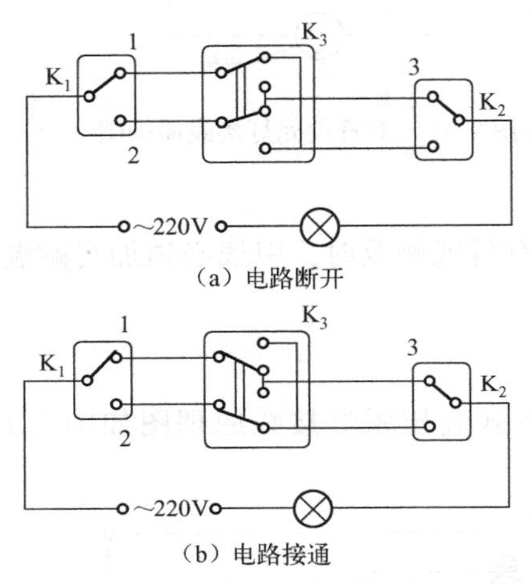

图 9.18　三地控制一盏灯的接线原理图

6. 三地控制一盏灯的接线

三地控制一盏灯的接线原理图如图 9.18 所示。若四地控制，只需再加一个三控开关（K_3）即可，*n* 个开关控制一盏灯，以此类推，就加 *n* 个三控开关（K_3）即可。

接线注意事项如下：

(1) 完成该电路需要两个双控开关（K_1、K_2）和一个三控开关（K_3）。

(2) 相线应接其中一个双控开关的主桩头，灯线应接另一个双控开关的主桩头，两个开关的辅助桩头用两根线分别与三控开关相连，不得接错，以免引起事故。

9.4　灯具安装的一般规定

(1) 在砖石结构中安装灯具时，应采用预埋螺栓，或用膨胀螺栓、尼龙塞或塑料塞固定，不可使用木楔。

(2) 灯具固定应牢固可靠。每个灯具固定用的螺钉或螺栓不应少于两个；固定螺钉或螺栓的承载能力应与灯具的重量相匹配。

(3) 螺口灯头接线必须将相线接在中心端子上，零线接在螺纹的端子上；灯头外壳不能有破损和漏电。

(4) 照明灯具使用的导线最小线芯截面应与灯具功率相匹配，电线线芯最小允许截面积不应小于 $1mm^2$。

(5) 灯具安装高度：室内一般不低于 2.5m，室外不低于 3m。一般生产车间、办公室、商店、住房等 220V 灯具安装高度应不低于 2m，如果灯具安装高度不能满足最低高度要求，则灯具外壳接地或采用 36V 安全电压。

(6) 地下建筑内的照明装置应有防潮措施，灯具低于2.0m时，灯具应安装在人不易碰到的地方，否则应采用36V及以下的安全电压。

(7) 在变电所内，高压、低压配电设备及母线的正上方不应安装灯具。

(8) 事故照明灯具应有特殊标志。

(9) I类灯具的不带电的外露可导电部分必须与保护接地线（PE）可靠连接，且应有标识。

(10) 公共场所用的应急照明灯和疏散指示灯应有明显的标志。无专人管理的公共场所照明宜装设自动节能开关。

(11) 灯具安装完毕，应进行绝缘摇测和通电试验。公用建筑照明系统通电连续试运行时间为24h，民用住宅照明系统通电连续试运行时间为8h，所有照明灯具均应开启，且每2h记录运行状态一次。

实训10　常用照明器的安装接线

<table>
<tr><td>实训班级</td><td colspan="2"></td><td>姓 名</td><td></td><td>实训成绩</td><td></td></tr>
<tr><td>实训时间</td><td colspan="2"></td><td>学 号</td><td></td><td>实训课时</td><td>2</td></tr>
<tr><td>实训项目</td><td colspan="6">常用照明器的安装接线</td></tr>
<tr><td rowspan="4">实训任务</td><td colspan="6">1. 训前完成书面练习</td></tr>
<tr><td colspan="6">2. 双管荧光灯的安装接线</td></tr>
<tr><td colspan="6">3. 三地控制一盏灯的安装接线</td></tr>
<tr><td colspan="6">4. 实训评估、总结与问题</td></tr>
<tr><td rowspan="2">实训目标</td><td>知识方面</td><td colspan="5">了解照明的方式与种类；
掌握常用照明装置的安装工艺和要求；
熟记灯具安装的一般规定</td></tr>
<tr><td>技能方面</td><td colspan="5">常用照明器的安装接线</td></tr>
<tr><td>重点</td><td colspan="6">双管荧光灯的安装接线和三地控制一盏灯的安装接线</td></tr>
<tr><td>难点</td><td colspan="6">双控开关和三控开关的正确接线</td></tr>
</table>

1. 任务背景

常用照明线路的连接是电气施工人员常规性的工作，不同的灯具有不同的接线原理，若不能正确接线，同样会引起触电、火灾等事故。

2. 实训任务及要求

(1) 训前完成书面练习。

通过课本知识、上课内容以及网络信息等方式完成。

(2) 双管荧光灯的安装接线。

在图9.19所示双管荧光灯接线原理图的基础上进行安装接线。线路应有短路和漏电保护措施。

(3) 三地控制一盏灯的安装接线。

在图9.20所示三地控制一盏灯的接线原理图的基础上进行安装接线。线路应有短路和

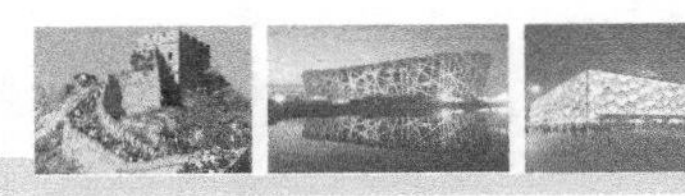

漏电保护措施。

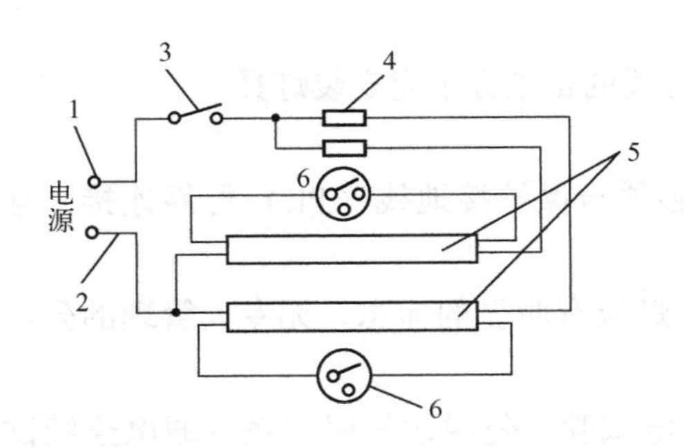

图 9.19　双管荧光灯接线原理图

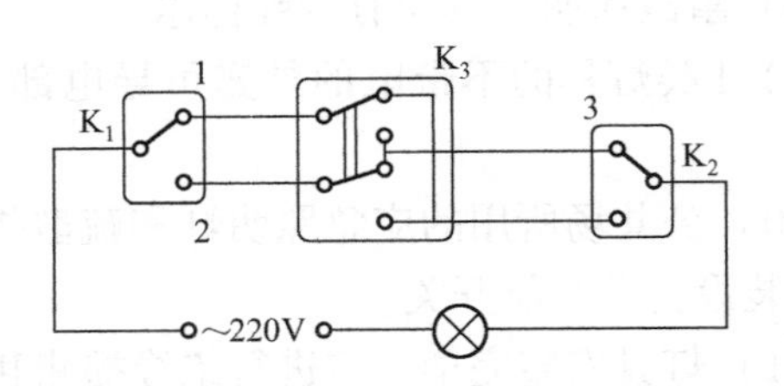

图 9.20　三地控制一盏灯的接线原理图

(4) 实训评估、总结与问题。

完成实训后，应对实训工作进行评估、总结和分析，分享收获与提高，分析不足与问题。

3. 重点提示

(1) 相线应进开关。

(2) 通电试验前必须采用导通法检查线路有否接错，有否短路和断路。

(3) 镇流器和灯管应匹配。

(4) 绝缘软线连接前应搪锡处理。

4. 知识链接

(1) 双管荧光灯接线注意事项：

① 镇流器与灯管容量应匹配。

② 两套灯具的镇流器一端应并接，然后接开关，开关接相线。接地端并接，然后接零线。

(2) 三地控制一盏灯接线注意事项：

① 完成该电路需要两个双控开关（K_1、K_2）和一个三控开关（K_3）。

② 相线应接其中一个双控开关的主桩头，灯线应接另一个双控开关的主桩头，两个开关的辅助桩头用两根线分别与三控开关相连，不得接错，以免引起事故。

5. 相关练习

(1) 常用电光源按工作原理可分为三类：______________________________。

(2) 简述嵌入式吸顶灯的施工程序。

____

____。

(3) 画出四地控制一盏灯的接线原理图。

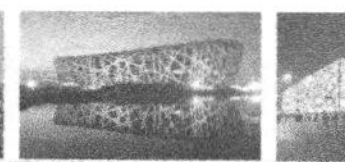
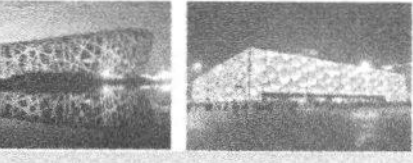
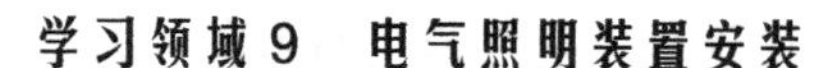

（4）比较卤钨灯、荧光灯和LED灯的使用特点（填入表9.1）。

表9.1 卤钨灯、荧光灯和LED灯使用特点比较

	卤 钨 灯	荧 光 灯	LED灯
使用特点			

6. 计划

（1）使用工具及仪表。

工具：

仪表及用途：

（2）计划领取电气配件及辅助材料（见表9.2）。

表9.2 计划领取电气配件及辅助材料

序 号	配件名称	配件规格型号	数 量	辅助材料
1				
2				
3				
4				
5				

（3）列出实训工作计划（见表9.3）

表9.3 实训工作计划

序 号	工 作 计 划	目标（自定标准）
1		
2		
3		
4		
5		

7. 实施

（1）所领各器件安装前的检查（见表9.4）。

表9.4 所领各器件安装前的检查

序 号	名称	规格型号	绝缘电阻	灯丝阻值	开关触点	其他
1						
2						

续表

序　　号	名称	规格型号	绝缘电阻	灯丝阻值	开关触点	其他
3						
4						
5						

（2）故障分析及排除记录（见表9.5）。

表9.5　故障分析及排除记录

序　　号	故障现象	原　　因	解决方法
1			
2			
3			

8. 评估

（1）成果效果评估（见表9.6）。

表9.6　成果效果评估

测量检查内容	元件选择是否合适	接线是否正确	工作是否正常
双管荧光灯的接线			
三控开关控制一盏灯			
自评（或互评）结果			

（2）任务完成情况分析（见表9.7）。

表9.7　任务完成情况分析

完成情况	未完成内容	未完成的原因
完成 □ 未完成 □		

（2）实训心得、不足与问题（见表9.8）。

表9.8　实训心得、不足与问题

心得	
不足	
问题	1.
	2.

（3）综合评定（见表9.10）。

表9.10 综合评定（老师评定）

序 号	内 容	满 分	得 分
1	训前准备与练习	20	
2	完成情况	20	
3	合作精神	10	
4	安装质量	35	
5	故障排除	15	
合计		100	

学习领域 10

接地装置与防雷装置的安装

教学指导页

<table>
<tr><td rowspan="2">授课时间</td><td rowspan="2"></td><td rowspan="2">授课班级</td><td rowspan="2"></td><td rowspan="2">课时分配</td><td>理论</td><td>3</td></tr>
<tr><td>实训</td><td>2</td></tr>
<tr><td rowspan="8">教学任务</td><td rowspan="7">理论</td><td colspan="5">10.1　接地装置的组成</td></tr>
<tr><td colspan="5">10.2　接地装置的安装工艺</td></tr>
<tr><td colspan="5">10.3　接地装置安装的一般规定</td></tr>
<tr><td colspan="5">10.4　雷电的分类、级别和危害</td></tr>
<tr><td colspan="5">10.5　防雷装置的组成</td></tr>
<tr><td colspan="5">10.6　避雷网（带）的安装工艺及要求</td></tr>
<tr><td colspan="5">10.7　建筑物的等电位联结及一般规定</td></tr>
<tr><td>实训</td><td colspan="5">接地电阻测试</td></tr>
<tr><td rowspan="2">教学目标</td><td>知识方面</td><td colspan="5">了解接地装置的作用和组成；
掌握接地装置的安装工艺及要求；
了解防雷装置的作用和组成；
掌握避雷网（带）的安装工艺及要求；
熟知建筑物等电位联结的意义及一般规定</td></tr>
<tr><td>技能方面</td><td colspan="5">掌握接地电阻测试的方法</td></tr>
<tr><td>重点</td><td colspan="6">掌握接地装置的安装工艺；
掌握避雷网（带）的安装工艺</td></tr>
<tr><td>难点</td><td colspan="6">等电位联结的概念</td></tr>
<tr><td rowspan="2">问题与改进</td><td>学生方面</td><td colspan="5"></td></tr>
<tr><td>教师方面</td><td colspan="5"></td></tr>
</table>

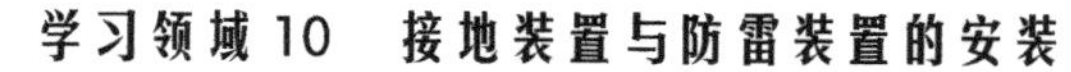

接地与保护是电气工程施工中的主要内容，接地就是将金属外壳的电气设备及可能会引起导电的金属构架通过接地装置与大地做可靠连接。接地的作用是防止人身受到电击，保证电力系统的正常运行，保护线路和设备免遭损坏，预防电气火灾，防止雷击和防止静电损害。

10.1　接地装置的组成

地是能接受大量电荷可用来作为良好的参考电位的物体。具体来说金属外壳的电气设备及可能会引起导电的金属构架是经接地线接至“地”的，通常称为接地极（体）。接地极是为提供电气装置至大地的低阻抗通路而埋入地中，并直接与大地接触的金属导体。接地线与接地体合称接地装置，其主要作用是向大地均匀地泄放电流，使接地装置对地电压不至于过高。

接地装置的组成及形式如下：

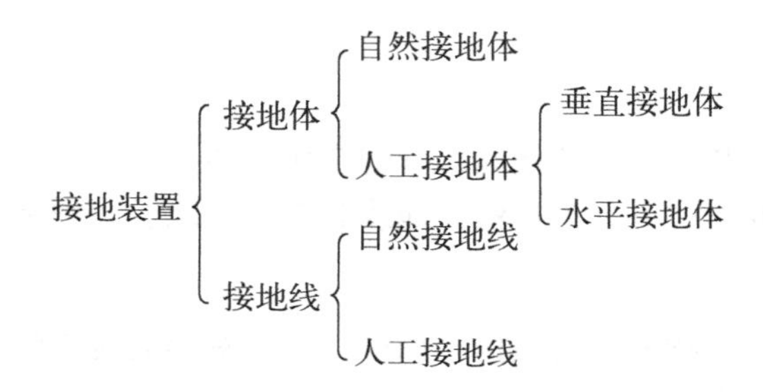

10.1.1　接地体

接地体又称接地极，是与土壤直接接触的金属导体或导体群。接地体分为自然接地体和人工接地体两类。专门为接地而人为装设的接地体称为人工接地体。兼作接地体用的直接与大地接触的各种金属构件、金属管道及建筑物的钢筋混凝土基础等，称为自然接地体。根据接地的形式，接地体可分为自然接地线和人工接地线两种类型。

1. 自然接地体

交流电气设备的接地，应首先利用自然接地体，利用建筑物基础内的钢筋构成的接地系统，因为它具有接地电阻较小，稳定可靠，减少材料和安装维护费用等优点。可作为自然接地体的物体包括：

（1）埋设在地下的金属管道，但不包括有可燃或有爆炸物质的管道。

（2）金属井管。

（3）与大地有可靠连接的建筑物的金属结构。

（4）水工构筑物及其类似的构筑物的金属管、柱。

2. 人工接地体

当采用自然接地体时的接地电阻不能满足要求，或在技术上有特殊要求的情况下，应采用人工接地体，以减小接地电阻值。

人工接地体按其敷设方式分为垂直接地体（如图 10.1 所示）和水平接地体（如图 10.2

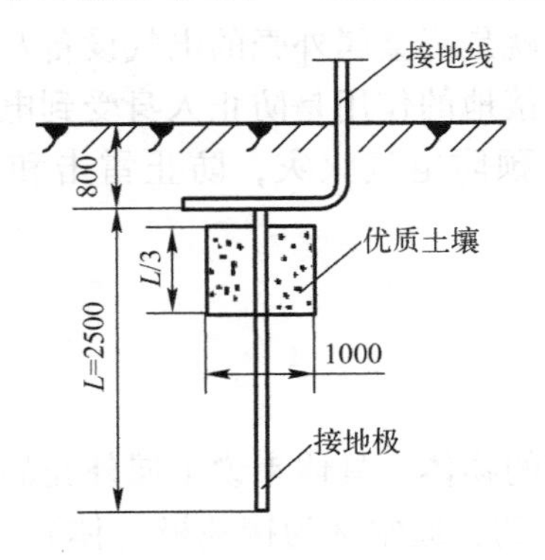

图 10.1　垂直接地极

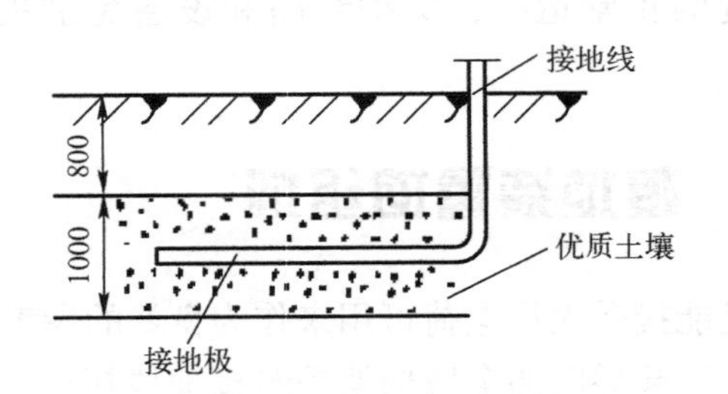

图 10.2　水平接地极

所示）两种。按材料分有非金属接地模棒（板）（如图 10.3 所示）和金属接地模棒（如图 10.4 所示）。人工接地体可采用厂家生产的接地模棒（板）或用镀锌圆钢、角钢或钢管自行加工。

10.1.2　接地线

接地线是连接接地体和电气设备接地部分的金属导体，其作用是使接地体与电气设备保持电气通路。根据连接的形式可分为自然接地线和人工接地线两种类型。

1. 自然接地线

自然接地线可利用建筑物的金属结构，如梁、柱、桩等混凝土结构内的钢筋等。利用自然接地线必须符合下列要求：

（1）应保证全长管路有可靠的电气通路。

（2）利用电气配线钢管作为接地线时管壁厚度不应小于 2.5mm。

（3）用螺栓或铆钉连接的部位必须焊接跨接线。

（4）利用串联金属构件作为接地线时，其构件之间应以截面不小于 $100mm^2$ 的钢材焊接。

（5）不得用蛇皮管、管道保温层的金属外皮或金属网作为接地线。

2. 人工接地线

人工接地线材料一般采用扁钢和圆钢，其材料规格符合规范要求。人工引下线安装示意图如图 10.5 所示。移动式电气设备采用钢质导线在安装上有困难时可采用有色金属作为人工接地线。

图 10.3　非金属接地模棒（板）

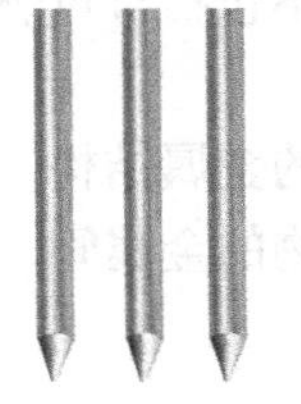

图 10.4　金属接地模棒

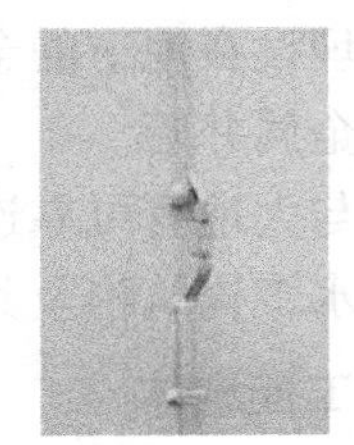

图 10.5　人工引下线安装示意图

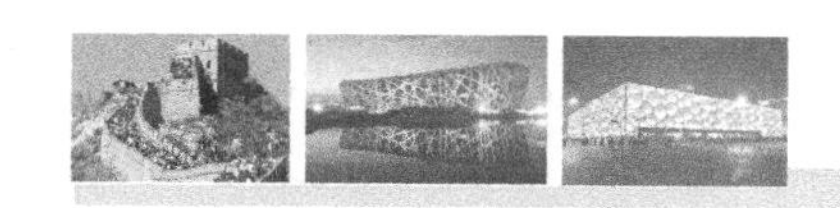

10.2 接地装置的安装工艺

接地装置是直接与大地接触，将接地线（引下线）引来的电流直接散入到大地的设备。自然接地装置是在房屋建造过程中必然存在的，但必须要等连接安装以后才能成为真正可用的自然接地装置。人工接地装置是当自然接地装置不能满足要求时才增加的。接地装置安装的质量将直接关系到接地系统对设备保护的安全性与可靠性。

10.2.1 人工接地装置的安装

接地装置的具体安装应根据设计图纸的要求进行。图10.6可作为接地装置安装的一般示意图。

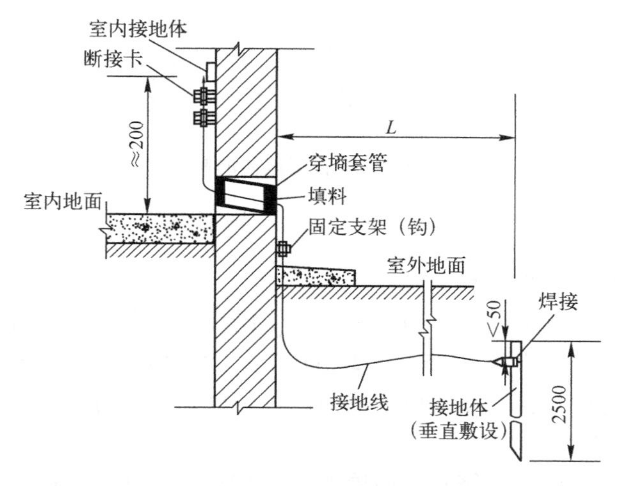

图10.6 接地装置安装示意图

工艺流程如下：

加工接地体→挖掘土沟→安装接地体→连接接地体→焊接部位的防腐处理→接地电阻测试→回填土→接地干线与接地支线的敷设

施工方法和要点如下：

1. 加工接地体

如图10.7所示，对于垂直接地体，若采用镀锌角钢，则将角钢的一端加工成尖头形状；若采用镀锌钢管，则将钢管的一端加工成扁尖形或斜面形（适用于松软土壤）、圆锥形（适用于较坚硬的土壤）。

为了防止在锤打接地体入地时产生接地体弯曲、打劈等现象，常在角钢上端部焊上一段长150mm的加强短角钢，在端面上再焊上一块60mm×60mm的正方铁板。当接地体采用钢管时，可以在顶部的管口用一块铁板封焊，也可以制作一个护管帽，将它套在接地体的顶端上，这样就可以防止打劈。

2. 挖掘土沟

接地装置须埋入地下一定深度，这样不仅可使接地电阻稳定，而且不易遭到损坏。所以，

在敷设接地装置之前，应该按设计图纸确定的位置及线路走向挖掘土沟。因为规定接地体顶端埋设于地下的深度应不小于0.6m，所以沟深应该为0.8～1m，沟宽约为0.5m，沟面应稍宽，沟底应稍窄。在接地体位置处应挖一个较宽的坑，以利于锤击接地体与焊接接地体间的连接。

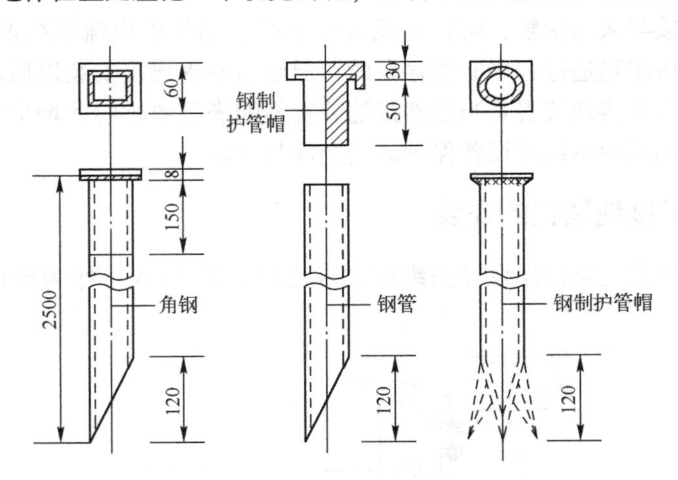

图 10.7　垂直接地体的制作

3. 安装接地体

接地体分垂直和水平两种形式。

对于垂直接地体，挖好沟以后，即可将接地体锤打到地中。敲打时，要使接地体与地面保持垂直。当接地体顶端露出沟底150～200mm时（沟深为0.8～1m）就可停止敲打。然后将扁钢与接地体用电焊焊接。扁钢应侧放而不可平放，扁钢与钢管连接的位置距接地体顶端100mm。人工垂直接地体的安装如图10.8所示。

对于水平接地体，多用于环绕建筑四周的联合接地，常用40mm×4mm的镀锌扁钢，最小截面积不应小于100mm²，厚度不应小于4mm。当接地体沟挖好后，应垂直敷设在地沟内（不应平放），垂直放置时，散流电阻较小，项部埋设深度距地面不应小于0.6m，水平接地体的安装如图10.9所示。水平接地体多根平行敷设时，水平间距不应小于5m。

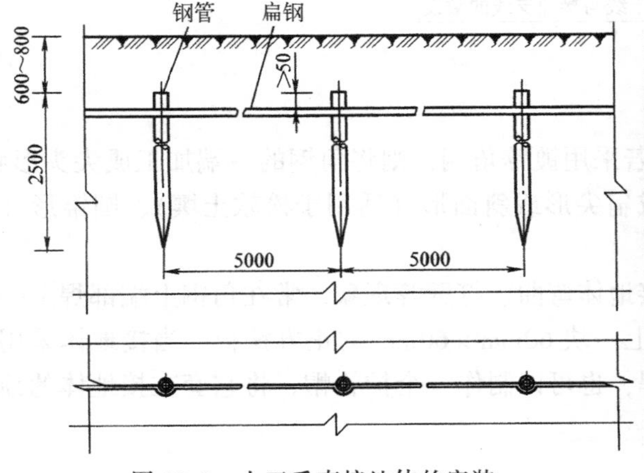

图 10.8　人工垂直接地体的安装

图 10.9　水平接地体的安装

沿建筑物外面四周敷设成闭合环状的水平接地体，可埋设在建筑物散水及灰土基础以外的基础槽边。

将水平接地体直接敷设在基础底坑与土壤接触是不合适的，因为接地体受土壤的腐蚀极易损坏；而且被建筑物基础压在下边，会给维修带来不便。

4. 连接接地体

接地体间的连接，一般采用40mm×4mm的镀锌扁钢。先将扁钢调直，然后用电焊与接地体依次连接。焊接时，扁钢应立放而不可平放，以使散流电阻较小。焊接应采用搭接焊，扁钢与钢管、扁钢与角钢，除应在其接触部位两侧进行焊接外，还应焊上用钢带弯成的弧形（或直角形）卡子，或将钢带本身弯成弧形（或直角形）直接焊接在钢管（或角钢）上。

图10.10所示是几种常用的连接形式。

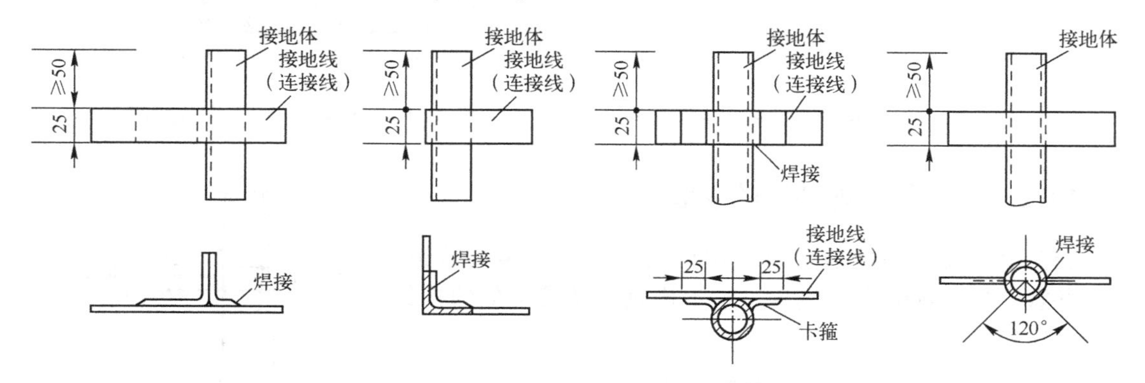

图10.10　接地体与连接线的焊接形式

5. 焊接部位的防腐处理

当焊接确认牢固无虚焊时，即可对焊接部位进行防腐处理，一般涂以沥青油。

6. 接地电阻测试

接地电阻测试采用接地电阻测试仪。要求接地电阻≤4Ω。当达不到此要求时，应采取措施补救。

7. 回填土

经过检查，确认接地体的埋深、焊接质量、线路走向、接地体间的间距、接地体离建筑物的距离等都符合要求，即可填沟平土。填沟的泥土中不应有石头、垃圾、建筑碎料等，因为这些杂物会增加接地电阻。回填土应分层夯实，最好在每层土上浇一些水，以使土壤与接地体接触紧密，从而可降低接地电阻。

8. 接地干线与接地支线的敷设

接地干线包括接地体间的连线以及接地干线与接地支线。接地干线和接地支线又可分为室外的和室内的两种。

室外接地干线与接地支线一般敷设在沟内。敷设前，应按设计要求挖沟，沟深不小于0.5m。接地线敷设后，其末端露出地面的高度应大于0.5m，以便引接。焊接部位应涂刷沥青油防腐。

室内接地干线与接地支线一般多采用明敷，明敷的接地线一般沿墙壁敷设，也有敷设在

母线架或电缆架等支持构件上的，以便于检查。图 10.11 所示为配电室接地装置安装简图。接地干线引至设备敷设的示意图如图 10.12 所示。但部分设备的接地支线，也有暗敷在地面或混凝土层中的。

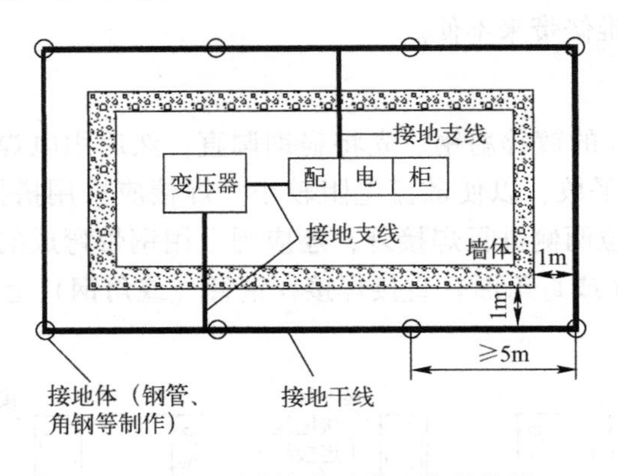

图 10.11　配电室接地装置安装简图

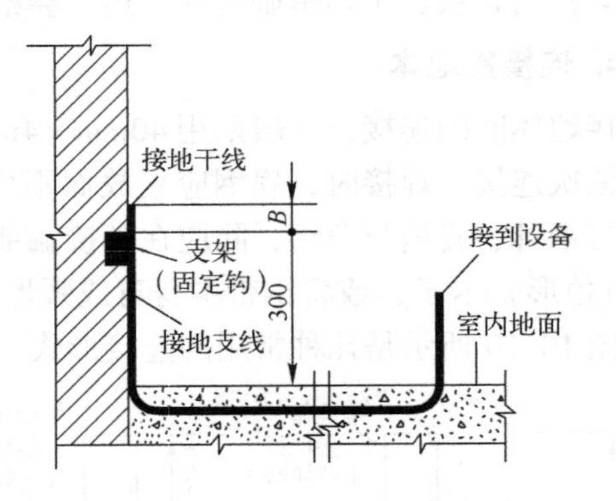

图 10.12　接地干线引至设备敷设

10.2.2　自然接地装置的安装

交流电气设备的接地可以利用埋设在地下的金属管道、金属井管、建筑物的金属结构、水工构筑物及其类似的构筑物的金属管、桩与大地做可靠连接。

1. 利用钢筋混凝土桩基础做接地极

在接地引下线的柱子（或者剪力墙内主筋做引下线）处，将桩基础的底部钢筋与承台梁主筋焊接，再与上面作为引下线的柱（或剪力墙）内主筋焊接。如果每一组桩基多于 4 根，只须连接四角桩基的钢筋作为自然接地体。桩基内钢筋做接地极如图 10.13 所示。

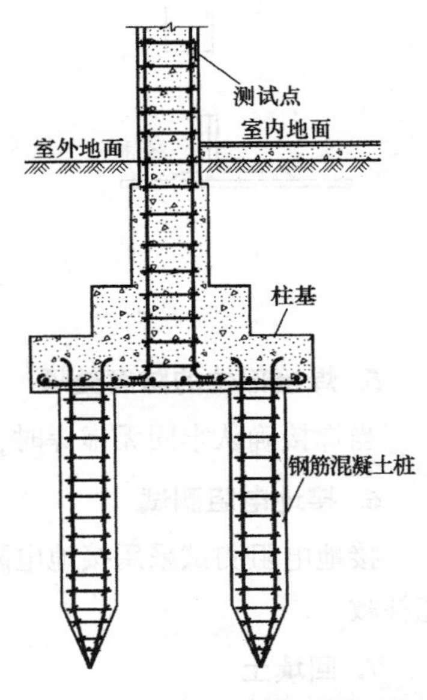

图 10.13　桩基内钢筋做接地极

2. 利用钢筋混凝土板基础做接地极

（1）利用无防水层底板的钢筋混凝土板式基础做接地极时，将利用作为引下线符合规定的柱主筋与底板的钢筋进行焊接连接，如图 10.14 所示。

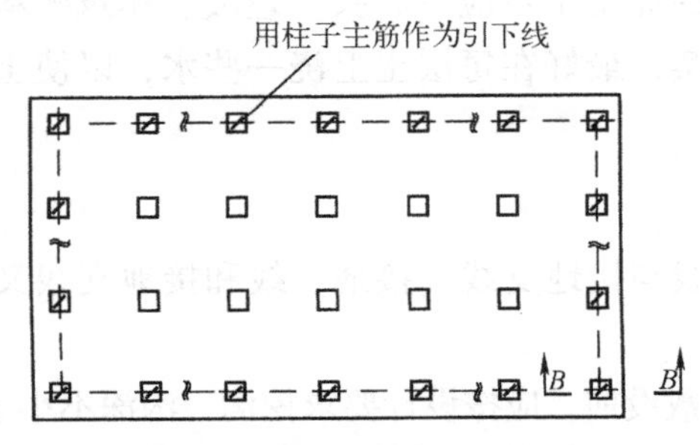

（a）无防水层底板（避雷）接地极平面图

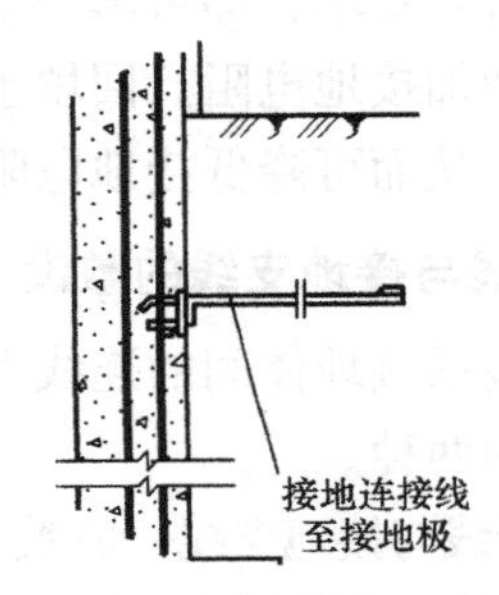

（b）B—B 无防水层（避雷）引下线外引做法

图 10.14　利用无防水层底板的钢筋混凝土板式基础做接地极

（2）利用有防水层板式基础的钢筋做接地体时，将符合设计要求可以用来作为（避雷）引下线的柱内主筋，在室外自然地面以下的适当位置处，利用预埋连接板与外引的 ϕ12mm 镀锌圆钢或 40mm ×4mm 的镀锌扁钢相焊接做连接线。同时防水层的钢筋混凝土板式基础的接地装置连接，如图 10.15 所示。

3. 利用独立柱基础及箱形基础做接地体

（1）利用钢筋混凝土独立柱基础及箱形基础做接地体，将符合设计要求可以用来做（避雷）引下线现浇混凝土柱内的主筋，与基础底层钢筋网做焊接连接，如图 10.16 所示。

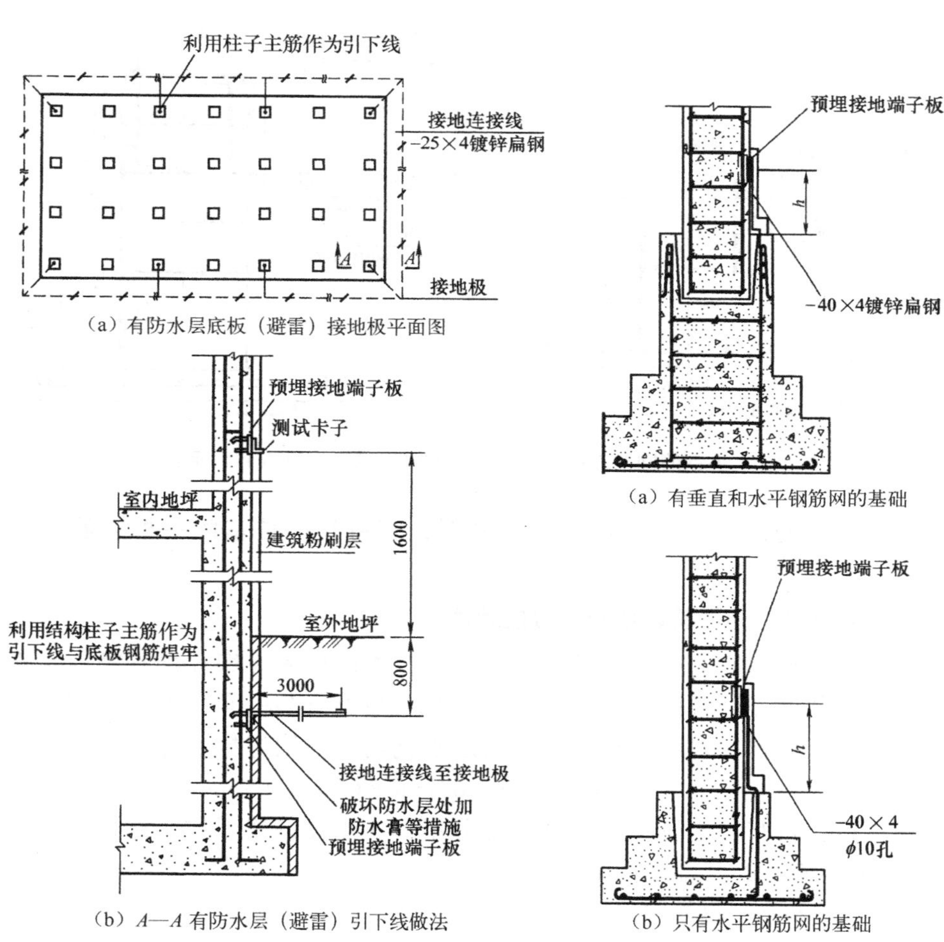

图 10.15　利用有防水层板式基础的钢筋做接地体　　图 10.16　柱内扁钢与基础焊接图

（2）钢筋混凝土独立柱基础如有防水层，则应将预埋的铁件和引下线连接跨越防水层将柱内的引下线钢筋、垫层内的钢筋与接地线相焊接。

4. 利用钢柱钢筋混凝土基础做接地极

（1）仅有水平钢筋网的钢柱钢筋混凝土基础做接地极时，每个钢筋混凝土基础中有一个地脚螺栓通过连接导体（不小于 ϕ12mm 的钢筋或圆钢）与水平钢筋网进行连接。地脚螺栓与连接导体、水平钢筋网的搭接焊接长度不应小于 6mm，并应在钢桩就位后，将地脚螺栓、

螺母与钢柱焊成一体，有水平钢筋网的基础如图 10.17 所示。

（2）有垂直和水平钢筋网的基础，垂直和水平钢筋网的连接，应将与地脚螺栓相连接的一根垂直钢筋焊到水平网上。当不能焊接时，采用不小于 ϕ12mm 的钢筋或圆钢跨接焊接。如果垂直 4 根主筋能接触到水平钢筋网，则将垂直的 4 根钢筋与水平钢筋网进行绑扎连接。有垂直和水平钢筋网的基础如图 10.18 所示。

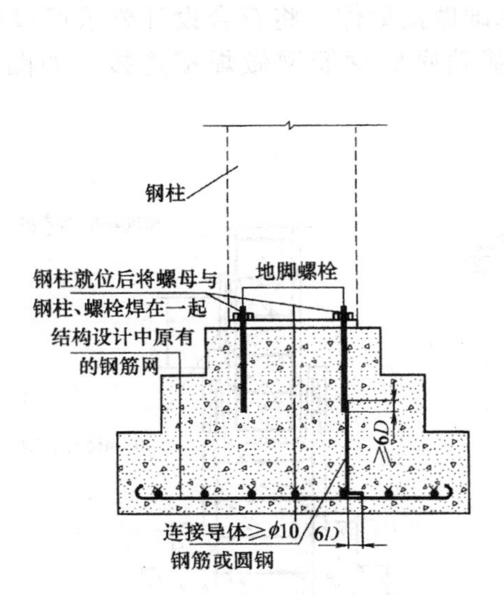

图 10.17　有水平钢筋网的基础

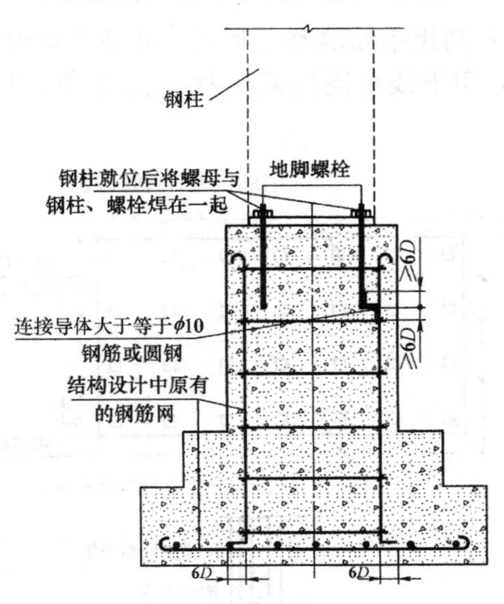

图 10.18　有垂直和水平钢筋网的基础

（3）当钢柱钢筋混凝土基础底部有柱基时，宜将每一桩基的一根主筋同承台钢筋连接。

5. 利用钢筋混凝土杯形基础预制柱做接地体

（1）当仅有水平钢筋的杯形基础做接地体时，连接导体（即连接基础内水平钢筋网与预制混凝土柱预埋连接板的钢筋和圆钢）引出位置在杯口一角的附近，与预制混凝土柱上的预埋连接板位置相对应，连接导体与水平钢筋网采用焊接。连接导体与柱上预埋件连接也应焊接，立柱后，将连接导体与∠63mm×63mm×5mm，长 100mm 的柱内预埋连接板焊接后，将其与土壤接触的外露部分用 1:3 水泥砂浆保护，保护层厚度不小于 50mm，有水平钢筋网的基础如图 10.19 所示。

（2）当有垂直和水平钢筋网的杯形基础做接地体时，与连接导体相连接的垂直钢筋应与水平钢筋相焊接。如不能焊接，应采用不小于 ϕ10mm 的钢筋和圆钢跨接焊。如果 4 根垂直主筋都能接触到水平钢筋网，应将其绑扎连接，有垂直和水平钢筋网的基础如图 10.20 所示。

（3）连接导体外露部分应做水泥砂浆保护层，厚度为 50mm。当杯形钢筋混凝土基础底下有桩基时，宜将每一根桩基的一根主筋同承台梁钢筋焊接。如不能直接焊接，可用连接导体进行连接。

6. 利用建筑物的钢结构作为接地装置

利用建筑物的钢结构作为接地装置的主要要求是，保证成为连续的导体。因此，除了其

在接合处采用焊接外，凡是用螺栓连接或铆钉连接以及其他仅以接触相连接的地方，都要采用跨接线连接。利用建筑物的钢结构作为接地装置如图10.21所示。跨接线一般采用扁钢，作为接地干线的，其截面积不得小于$100mm^2$；作为接地支线的，其截面积不得小于$48mm^2$。当金属结构的扁钢、工字钢、槽钢与圆钢相接，或圆钢与圆钢相接时，可利用钢绞线作为连接线，钢绞线的直径不得小于6mm，两端焊以适当的接头。

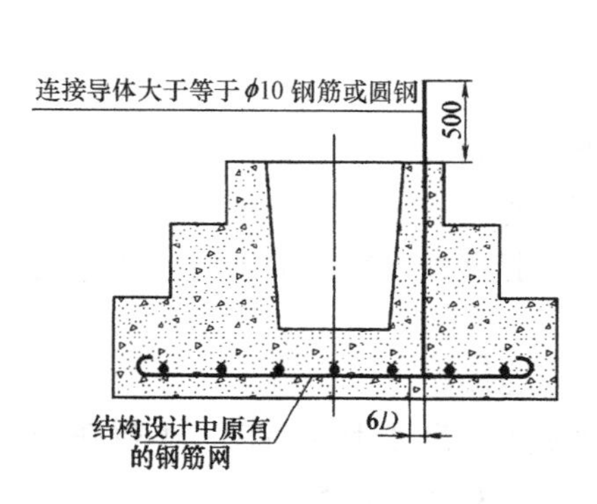

图10.19 有水平钢筋网的基础

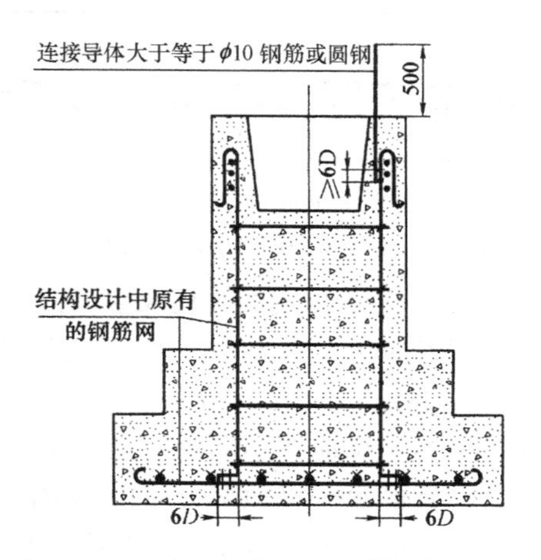

图10.20 有垂直和水平钢筋网的基础

在建筑物伸缩缝的地方，为了避免建筑物沉陷不均等情况造成电气上不连续的可能，也必须采用连接线跨过伸缩缝在金属结构的两端连接。此时所用钢绞线的直径不得小于12mm。

7. 利用金属管道作为接地装置

除了流经可燃液体和可燃或爆炸性气体的管道外，其他金属制管道都可作为接地装置。

利用配电线管作为接地装置。配电线用的保护钢管如敷设在水泥地坪中或安装在干燥建筑物内则允许作为接地线，但其管壁厚度不得小于1.5mm，以免产生锈蚀而成为不连续的导体。接地线与金属管道相连如图10.22所示，但镀锌钢管不能进行焊接，应采用卡接。接地线连接时的跨接长度不小于表10.1中所列的值。

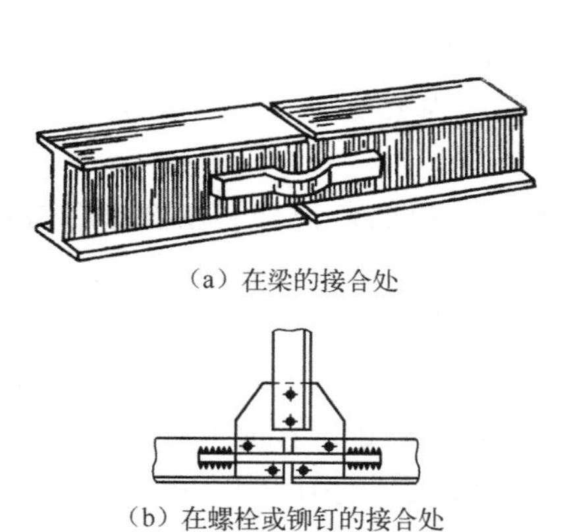

（a）在梁的接合处

（b）在螺栓或铆钉的接合处

图10.21 利用建筑物的钢结构作为接地装置

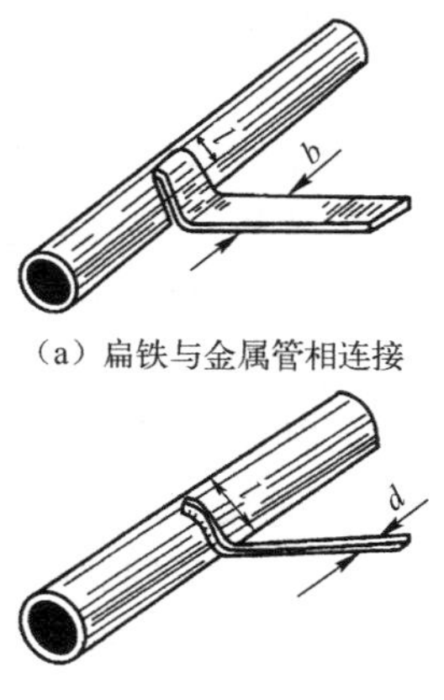

（a）扁铁与金属管相连接

（b）圆钢与金属管相连接

图10.22 接地线与金属管道相连

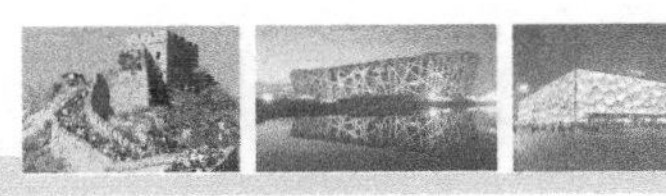

表 10.1　接地线连接时的焊接长度

钢管公称直径（mm）	20	25	30	40	50	60	75
圆、扁钢连接尺寸（mm）	$\phi6$	$\phi6$	$\phi8$	$\phi10$	25×4	25×4	30×4
铜裸线截面积（mm^2）	6	6	6	6	10	10	10
连接线焊接尺寸 l（mm）	30	30	40	50	30	30	35

10.3　接地装置安装的一般规定

（1）人工接地线禁止使用裸铝导线作为接地线。

（2）接地线、接地极利用金属材料时规格型号应符合规范要求。

（3）可燃或有爆炸物质的管道及金属井管不得作为接地极和接地线。

（4）接地线应防止发生机械损伤和化学腐蚀，接地线在穿过墙壁时应通过明孔，穿钢管或其他坚固的保护套。

（5）接地干线至少应在不同的两点与接地网相连接。

（6）电气装置的每个接地部分应以单独的接地线与接地干线连接，不得在一个接地线中串接几个需要接地的部分。设备的金属壳体接地安装如图 10.23 所示。

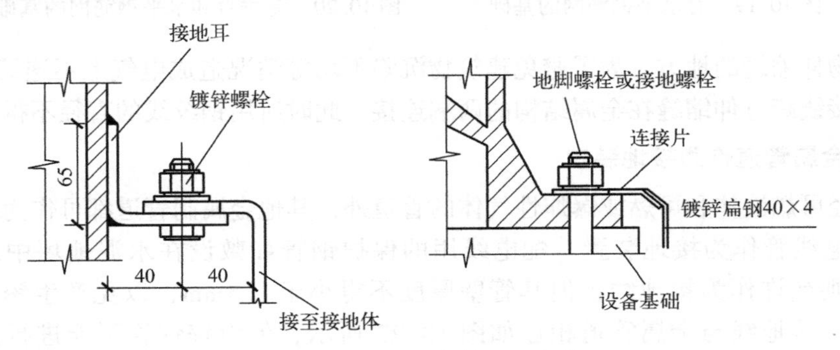

图 10.23　金属壳体接地安装

（7）接地线跨越建筑物伸缩缝、沉降缝时应加设补偿器，补偿器可用接地线本身弯成弧状代替。

（8）明敷的接地线表面应涂黑漆。如因建筑物的设计要求，需涂其他颜色，则应在连接处及分支处涂以宽度各为 15mm 的两条黑带，其间距为 150mm。中性点接于接地网的明设接地导线，应涂以紫色带黑色条纹。

（9）在接地线引向建筑物内的入口处，一般应标以黑色记号。在检修用临时接地点处，应刷白色底漆后标以黑色记号。

（10）接地线的连接应采用焊接，焊接必须牢固无虚焊。接至电气设备的接地线应用螺栓连接；有色金属接地线不能采用焊接时，可用螺栓连接。螺栓连接的接触面应按要求进行表面处理。

（11）接地线（体）的连接应采用搭接焊，扁钢与扁钢焊接时其焊接长度必须为扁钢宽度的 2 倍（且至少三个棱边焊接）；圆钢与圆钢焊接时必须为圆钢直径的 6 倍（且至少两边焊接）；圆钢与扁钢焊接时必须为圆钢直径的 6 倍（且至少两边焊接）。

（12）接地电阻应符合规范规定，1kV 以下中性点直接接地和不接地系统与容量在

100kVA 以上的发电机或变压器相连的接地装置接地电阻不大于 10Ω。

10.4　雷电的分类、级别和危害

自然界每年都有几百万次闪电。雷电是大气中带电云块之间或带电云层与地面之间所发生的一种强烈的自然放电现象，是一种人类还不能控制其发生的自然现象。

10.4.1　雷电的分类

1. 直击雷

直击雷是云层与地面凸出物之间的放电形成的。

2. 球形雷

球形雷是一种球形、发红光或极亮白光的火球，运动速度大约为 2m/s。球形雷能从门、窗、烟囱等通道侵入室内，极其危险。

3. 雷电感应（也称感应雷）

雷电感应分为静电感应和电磁感应两种。静电感应是由于雷云接近地面，在地面凸出物顶部感应出大量异性电荷所致。雷云与其他部位放电后，凸出物顶部的电荷失去束缚，以雷电波形式，沿凸出物极快地传播。电磁感应是由于雷击后，巨大雷电流在周围空间产生迅速变化的强大磁场所致。这种磁场能在附近的金属导体上感应出很高的电压，造成对人体的二次放电，从而损坏电气设备。

4. 雷电侵入波

雷电侵入波是由于雷击而在架空线路上或空中金属管道上产生的冲击电压沿线或管道迅速传播的雷电波。其传播速度为 3×108m/s。雷电可毁坏电气设备的绝缘，使高压窜入低压，造成严重的触电事故。

10.4.2　雷电的级别

我国防雷标准将建、构筑物分为三类不同的防雷级别。

1. 第一类防雷建筑物

一类防雷建筑物对防雷装置的要求最高。

凡制造、使用或储有炸药、火药、起爆药、火工业品等大量爆炸物质的建筑物，因火花而引起爆炸，会造成巨大破坏和人身伤亡的。

2. 第二类防雷建筑物

国家级重点文物保护建筑物、会堂、办公建筑物、大型展览和博览建筑物、大型火车站、国宾馆、国家级档案馆、大型城市的重要给水泵房等特别重要的建筑物。

制造、使用或储存爆炸物质的建筑物，且电火花不易引起爆炸或不致造成巨大破坏和人身伤亡的。

3. 第三类防雷建筑物

省级重点文物保护的建筑物及省级档案馆等。

10.4.3 雷电的危害

雷电的危害一般分为两类：一是雷直接击在建筑物上发生热效应作用和电动力作用；二是雷电的二次作用，即雷电流产生的静电感应和电磁感应。雷电的具体危害表现如下：

(1) 雷电流高压效应会产生高达数万伏甚至数十万伏的冲击电压，如此巨大的电压瞬间冲击电气设备，足以击穿绝缘使设备发生短路，导致燃烧、爆炸等直接灾害。

(2) 雷电流高热效应会放出几十至上千安的强大电流，并产生大量热能，在雷击点的热量会很高，可导致金属熔化，引发火灾和爆炸。

(3) 雷电流机械效应主要表现为被雷击物体发生爆炸、扭曲、崩溃、撕裂等现象导致财产损失和人员伤亡。

(4) 雷电流静电感应可使被击物导体感生出与雷电性质相反的大量电荷，当雷电消失来不及流散时，即会产生很高电压发生放电现象从而导致火灾。

(5) 雷电流电磁感应会在雷击点周围产生强大的交变电磁场，其感生出的电流可引起变电器局部过热而导致火灾。

(6) 雷电波的侵入和防雷装置上的高电压对建筑物的反击作用也会引起配电装置或电气线路断路而燃烧导致火灾。

10.5 防雷装置的组成

防雷装置一般由接闪器、引下线和接地装置三部分组成。接地装置又由接地体和接地线组成。防雷装置如图 10.24 所示。

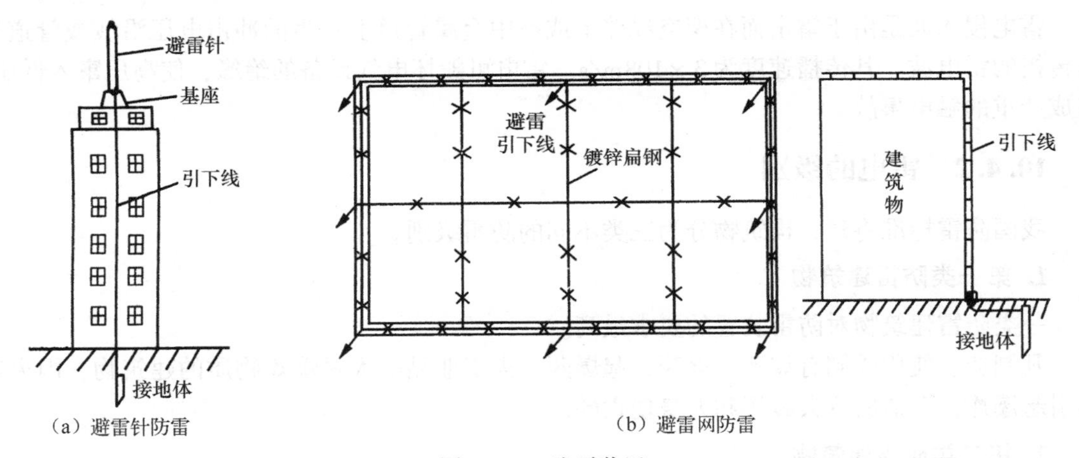

图 10.24 防雷装置

1. 接闪器

接闪器将空中的雷电流引入大地，起先导接收的作用。常用的接闪器有避雷针、避雷线、避雷网（避雷带）等。

避雷针一般适合比较高耸且占地面积较小的建筑或设施，如塔楼建筑、烟囱、旗杆等。避雷针宜采用圆钢或焊接钢管。当针长 1 ～ 2m 时，圆钢直径不小于 16mm，钢管直

径不小于 25mm。

避雷线一般适合架空线。一般采用镀锌钢绞线，其截面积不小于 $35mm^2$。

避雷网（带）适合现代一般的民用建筑。避雷网或避雷带宜采用圆钢或扁钢。圆钢直径不小于 8mm，扁钢截面不小于 12mm ×4mm。为了达到更好的避雷效果，有时建筑物屋顶采用避雷带加小针的形式避雷。

2. 引下线

引下线是连接接闪器与接地装置的金属导体。引下线一般采用圆钢或扁钢，优先采用圆钢。圆钢直径不小于 8mm，扁钢截面不小于 12mm ×4mm。引下线应沿建、构筑物外墙敷设，并经最短路径接地。当暗敷时，截面要加大一级，即圆钢直径不小于 10mm，扁钢截面不小于 20mm ×4mm。

建、构筑物的金属构件，如消防梯、钢柱等也可作为引下线，但其各部位之间应连成电气通路。

3. 接地装置

防雷装置的接地装置与设备接地装置相同，在 10.2 节已详细叙述，这里不再重复。

10.6　避雷网（带）的安装工艺及要求

在实际工程中避雷网（带）是用得最普遍的，引下线和接地极采用自然体和引下线的形式居多。下面以民用建筑避雷网（带）安装工艺为例进行介绍。

工艺流程如下：

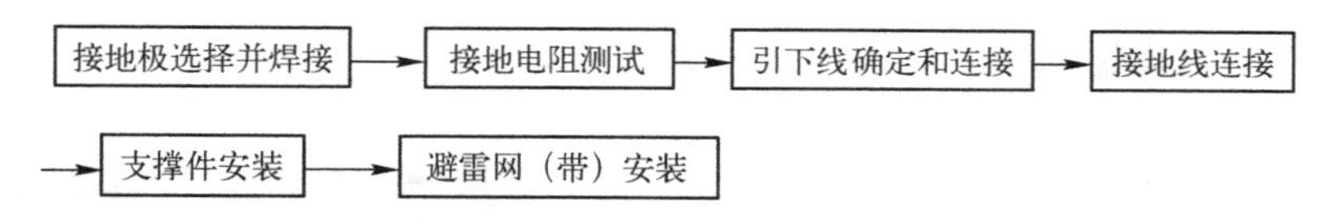

施工方法和要点如下：

1. 接地极选择并焊接

根据建筑的基础结构选择作为接地极的金属管桩并焊接连通，具体做法见 10.2 节所述。地下管桩连接应采用搭接焊，搭接长度符合规范要求。同时应在建筑物四周考虑预留接地极，作为自然接地体的补充。

2. 接地电阻测试

自然接地系统完成后，应用接地电阻测试仪进行接地电阻测试，接地电阻应满足规范要求，若接地电阻不能达到要求，应增加人工接地极。

3. 引下线确定和连接

1） 位置的确定

根据大自然的规律，建筑物的四周和凸出部位容易遭受雷击，故这些部位需要安装引下线。

2） 数量确定

引下线的数量与防雷等级有关，一类防雷建筑，引下线的间距不大于 12m；二类防雷建

筑，引下线的间距不大于18m；三类防雷建筑，引下线的间距不大于25m。

3）柱内连接

选择柱子内钢筋作为引下线，当钢筋直径在10mm及以下时应选择4根，当钢筋直径在12mm及以上时，可以选柱子内的对角两根钢筋作为引下线，但两根之间应有跨接，钢筋通长也应进行搭接连接，并在距地1.5～1.8m处设置接地电阻测试点，如图10.25所示。

4. 接地线连接

此接地线是指柱子内的钢筋与避雷带的连接线，连接线一般采用40mm×4mm的镀锌扁钢和直径为10mm的镀锌圆钢。

5. 支撑件安装

支撑件是支撑避雷带的支架，支架一般采用20mm×4mm的镀锌扁钢和直径为10mm的圆钢制成；安装前在女儿墙上画线定位，确定支撑件的具体位置；通常采用电钻打孔并安装固定螺栓，支撑件支起高度为0.1m；两支撑件间的距离为1～1.5m，转弯或连接处为0.5m。

6. 避雷网（带）安装

避雷带一般采用直径为10mm的镀锌圆钢或25mm×4mm的镀锌扁钢；支撑件与避雷带应采用卡接（如图10.26所示）；接地引线与避雷带应采用焊接，且引下线处应有接地符号的标示牌（如图10.27所示）；根据建筑物的防雷等级，在屋顶应设置避雷网，一类防雷为5m×5m或4m×6m，二类防雷为10m×10m或8m×12m，三类防雷为20m×20m或18m×24m。不同高度的屋面，上下避雷带应相连（如图10.28所示），以防侧击雷。

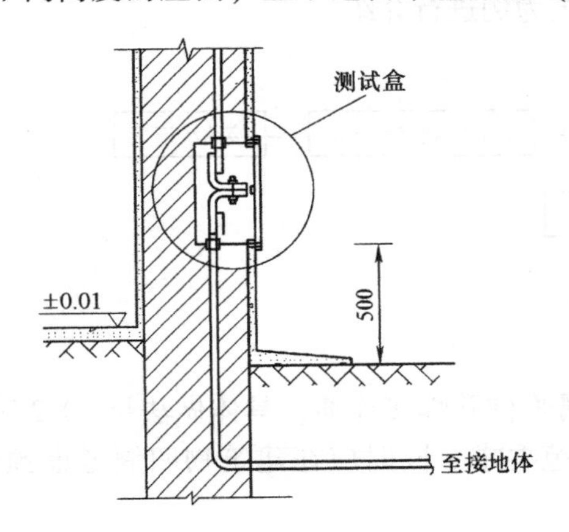

图10.25　接地电阻测试点

图10.26　避雷带与支撑件卡接

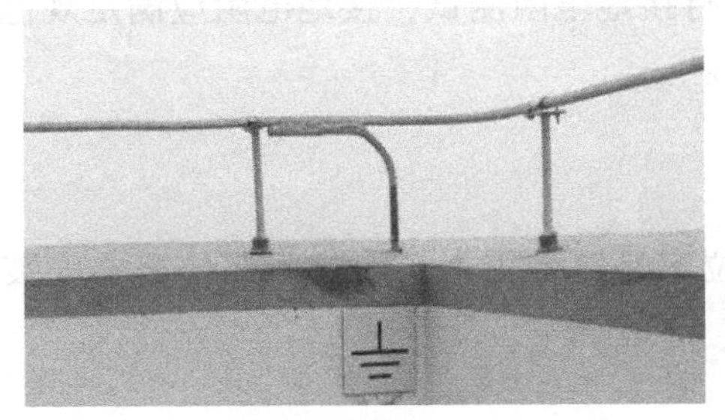

图10.27　接地引线与避雷带焊接

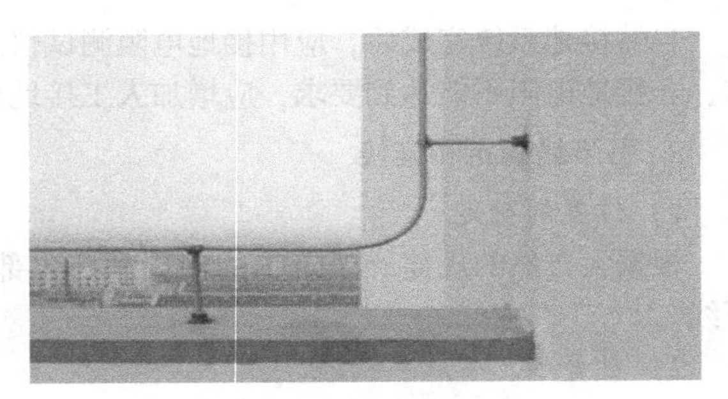

图10.28　上下避雷带相连

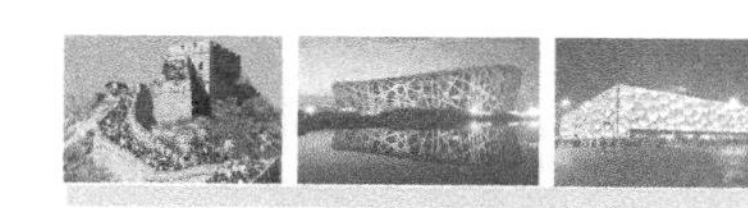

对于高层建筑，防雷装置设置要求如下：

（1）建筑物高度超过30m，由所在层开始，每隔3层均设一圈均压环。可利用钢筋混凝土圈梁的钢筋与柱内作为引下线钢筋进行连接做均压环。没有组合柱和圈梁的建筑物，应每3层在建筑物外墙内敷设一圈 ϕ8mm 的镀锌圆钢或 25mm×4mm 的镀锌扁钢，与避雷引下线连接做均压环。

（2）建筑物为有效防止侧面遭受雷击（侧击雷），以距地30m高度起，每向上3层，每3层在结构圈梁内敷设一条 25mm×4mm 的镀锌扁钢与引下线焊成环形水平避雷带，以防侧击雷。

（3）3层以上所有金属栏杆及金属门窗等较大的金属物体与防雷装置可靠连接。

高层建筑避雷带（网或均压环）引下线连接示意图如图10.29所示。

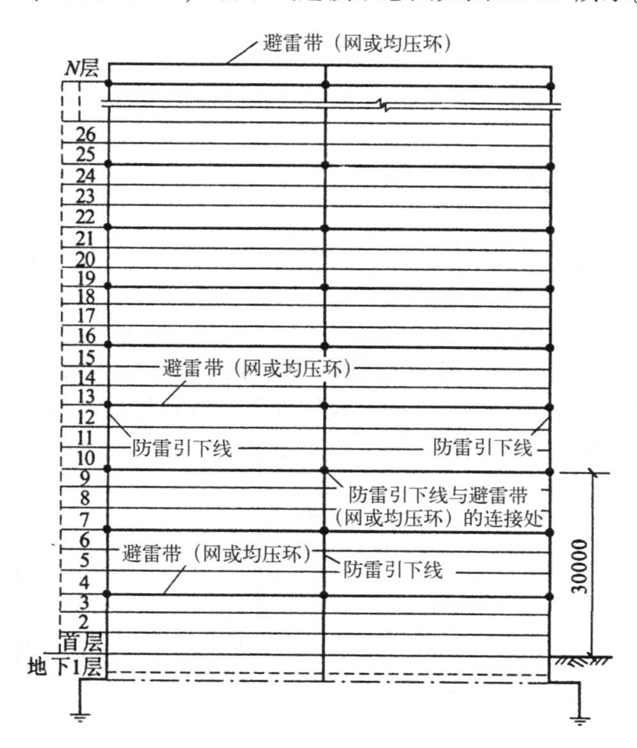

图10.29　高层建筑物避雷带（网或均压环）引下线连接示意图

10.7　建筑物等电位联结及一般规定

人的任何两部位触及不同的电位时，两部位间都将产生一个电位差，电流将流过人的身体，此电流若超过人体所能承受的极限电流则将危及生命；如果将人的任何两部位能触及的地方用导体把它们连接起来，则即使人的任何两部位触及带电导体，两部位间的电位差也很小，甚至为零，不会危及生命。在工业和民用建筑物中，将各外露可导电部分（如电动机外壳、配电箱外壳）、各装置外导电部分（如水管、钢门、金属旗杆等）用金属材料和绝缘导线连接起来，以构成一个等电位空间，按照IEC标准，通常称其为等电位联结。安装联结端

子的箱称为等电位箱。等电位箱再做可靠的接地处理，就形成一个可靠的漏电、触电保护系统。采用等电位箱是防止触电的一项安全措施。

10.7.1 等电位箱的分类

根据用途和安装位置的不同，等电位可以分总等电位、辅助等电位和局部等电位三种。安装联结端子的箱也分别称为总等电位箱（MEB）、辅助等电位箱（SEB）和局部等电位箱（LEB）。等电位箱引出等电位联结干线，可选用扁钢、圆钢或导线穿绝缘导管敷设。等电位联结端子排如图 10.30 所示。等电位箱外形如图 10.31 所示。

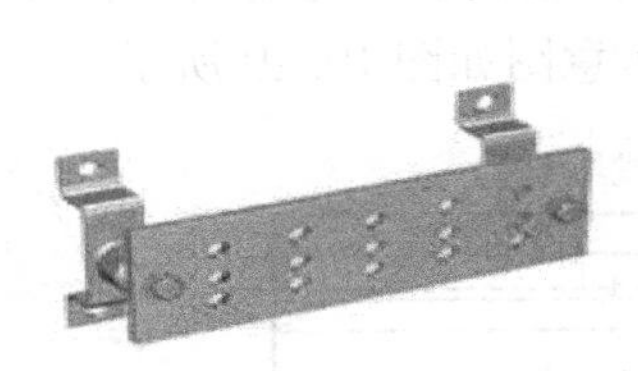

图 10.30 等电位联结端子排

图 10.31 等电位箱外形

10.7.2 等电位联结的方法

1. 总等电位联结

总等电位联结是将建筑物内进线配电箱的 PE 母排、接地干线、上下水管、煤气管道、暖气管道、空调管路、电缆槽道以及各种金属构件等汇接到接地母排（总接地端子）上并相互连接。建筑物内总等电位联结系统如图 10.32 所示。

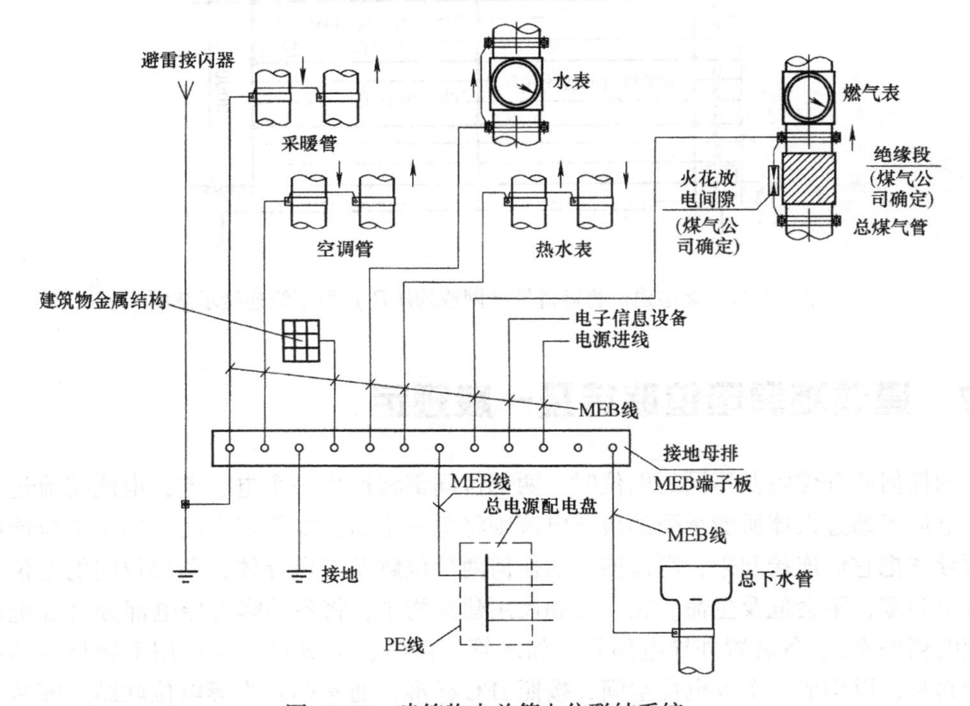

图 10.32 建筑物内总等电位联结系统

2. 辅助等电位联结

辅助等电位联结是将两导电部分用导线直接做等电位联结。

3. 局部等电位联结

当需要在一局部场所范围内做多个辅助等电位联结时，可将多个辅助等电位联结通过一个等电位联结端子板实现，这种方式称为局部等电位联结。这块端子板称为局部等电位联结端子板。

例：卫生间等电位联结。

卫生间是人们每天生活不可缺少的活动场所，里面的电气设备多，金属管道多，且潮湿，是最容易触电的场所，所以必须安装局部等电位箱。卫生间等电位联结系统如图10.33所示。

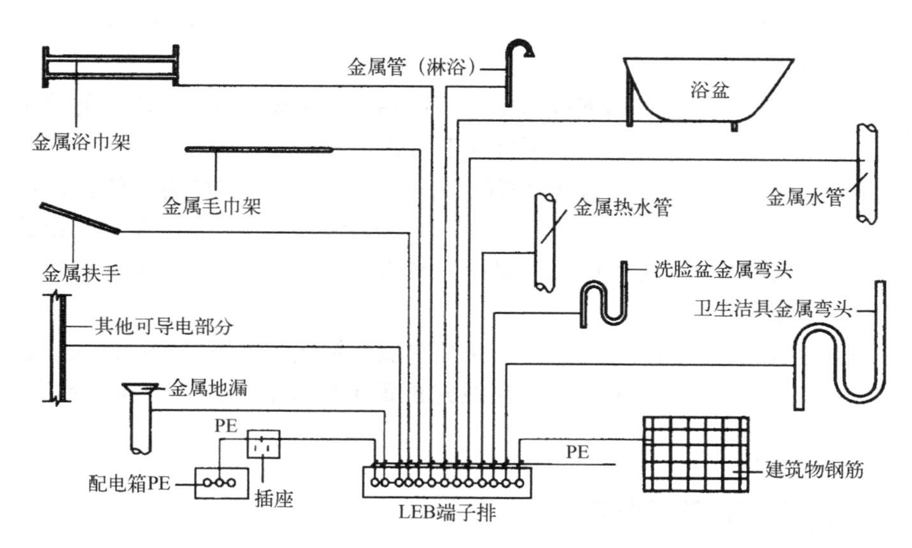

图10.33 卫生间等电位联结系统

卫生间等电位联结系统的施工要点如下：

(1) 首先将地面内钢筋网与等电位连通。

(2) 预埋件的结构形式和尺寸、埋设位置、标高应符合施工图设计的要求。

(3) 等电位联结端子板安装位置应方便检测。端子板和端子箱组装应牢固、可靠。

(4) LEB线均应采用BV－4mm^{2}的铜导线，应暗设于地面内或墙内穿入塑料管布线。

10.7.3 等电位联结导通性的测试

等电位联结安装完毕后应进行导通性测试，测试用电源可采用空载电压为4～24V的直流和交流电源，测试电流不应小于0.2A。当测得等电位联结端子板与等电位联结范围内的金属管道等金属体末端之间的电阻不超过3Ω时，可认为等电位联结是有效的。如发现导通不良的管道连接处，应做跨接线并在投入使用后定期测试。

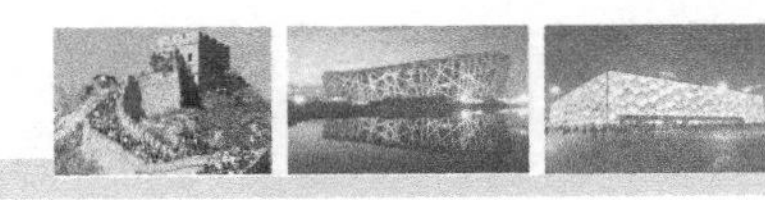

10.7.4 建筑物等电位联结的一般规定

（1）建筑物电源进线处应做总等电位联结，各个总等电位联结端子板应互相连通。总等电位联结端子板安装在进线配电柜或箱近旁。

（2）等电位联结线和等电位联结端子板宜用铜质材料。

（3）用作等电位联结的主干线或总等电位箱（MEB）应不少于两处与接地装置（接地体）直接连接。

（4）辅助等电位联结干线或辅助局部等电位箱（SEB）之间的联结线形成环形网络，环形网络应就近与等电位联结总干线或局部等电位箱联结。

（5）需联结等电位的可接近裸露导体或其他金属部件、构件与从等电位联结干线或局部等电位箱（LEB）派出的支线相连，支线联结应可靠，熔焊、钎焊或机械固定应导通正常。

（6）等电位联结线路最小允许截面：若作干线用，铜 $16mm^2$，钢 $50mm^2$；若作支线用，铜 $6mm^2$，钢 $16mm^2$。

（7）用 25mm×4mm 的镀锌扁钢或 ϕ12mm 的镀锌圆钢作为等电位联结的总干线，按施工图设计的位置，与接地体直接联结，不得少于两处。

（8）将总干线引至总（局部）等电位箱，箱体与总干线应联结为一体，铜排与镀锌扁钢搭接处，铜排端应刷锡，搭接倍数不小于 $2b$（b 为扁钢宽度）。亦可在总干线镀锌扁钢上直接打孔，作为接线端子，但必须刷锡，螺栓为 M10（局部为 M8）的镀锌螺栓，附件齐全，等电位总箱箱门应有标识。

（9）由局部等电位箱派出的支线，一般采用多股软铜线穿绝缘导管的做法。建筑物结构施工期间预埋箱、盒和管，做好的等电位支线先预置于接线盒内，待金属器具安装完毕后，将支线与专用联结点接好。

实训 11 接地电阻测试

<table>
<tr><td>实训班级</td><td></td><td>姓 名</td><td></td><td>实训成绩</td><td></td></tr>
<tr><td>实训时间</td><td></td><td>学 号</td><td></td><td>实训课时</td><td>2</td></tr>
<tr><td rowspan="3">实训任务</td><td colspan="5">1. 训前完成书面练习</td></tr>
<tr><td colspan="5">2. 接地电阻测试</td></tr>
<tr><td colspan="5">3. 实训评估、总结与问题</td></tr>
<tr><td rowspan="2">实训目标</td><td>知识方面</td><td colspan="4">了解接地装置和防雷装置的作用和组成；
了解接地装置和防雷装置的安装工艺及要求；
掌握避雷网（带）的安装工艺及要求；
熟知建筑物等电位联结的意义及一般规定</td></tr>
<tr><td>技能方面</td><td colspan="4">掌握接地电阻测试的方法</td></tr>
<tr><td>重点</td><td colspan="5">接地电阻测试仪的正确使用</td></tr>
<tr><td>难点</td><td colspan="5">合理确定测试步骤</td></tr>
</table>

1. 任务背景

所有建筑工程都会涉及接地，接地的作用是防止人身受到电击，保证电力系统的正常运行，保护线路和设备免遭损坏，预防电气火灾，防止雷击和防止静电损害。接地是通过接地装置完成的，接地装置的好坏是通过接地电阻反映出来的。而接地电阻是通过接地电阻测试仪测量而得的。

2. 实训任务及要求

(1) 训前完成书面练习。

通过课本知识、上课内容以及网络信息等方式完成。

(2) 接地电阻测试。

在校园里寻找接地电阻测试点，利用接地电阻测试仪进行测试。

(3) 实训评估、总结与问题。

完成实训后，应对实训工作进行评估、总结和分析，分享收获与提高，分析不足与问题。

3. 重点提示

(1) 接地电阻测试点可以利用变配电室的接地装置电阻测试点，也可利用防雷接地装置电阻测试点。

(2) 接地装置的接地电阻应不大于4Ω，防雷装置的接地电阻应不大于10Ω。若防雷装置和接地装置合用一个接地系统，其接地电阻应不大于1Ω。

4. 知识链接

(1) 接地电阻测试仪按供电方式分为传统的手摇式和电池驱动式，按显示方式分为指针式和数字式。手摇式接地电阻测试仪如图10.34 (a) 所示，数字式接地电阻测试仪如图10.34 (b) 所示。

(a) 手摇式

(b) 数字式

图10.34 接地电阻测试仪

(2) 接地电阻测试仪的接线方式。仪表上的E端钮接5m线，P端钮接20m线，C端钮接40m线，导线的另一端分别接被测物接地极E′、电位探针P′和电流探针C′，且E′、P′、C′应保持在一条直线上，其间距为20m。

测量不小于1Ω接地电阻时的接线图见图10.35，将仪表上两个E端钮连接在一起。

测量小于1Ω接地电阻时的接线图见图10.36，将仪表上两个E端钮导线分别连接到被测接地体上，以消除测量时连接导线电阻对测量结果引入的附加误差。

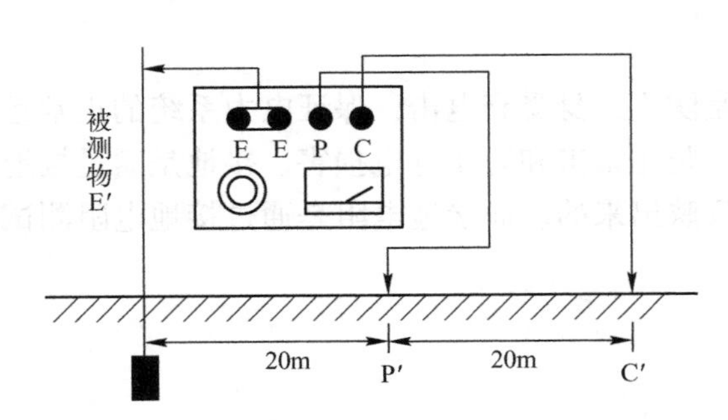

图 10.35 测量不小于 1Ω 接地电阻时的接线图

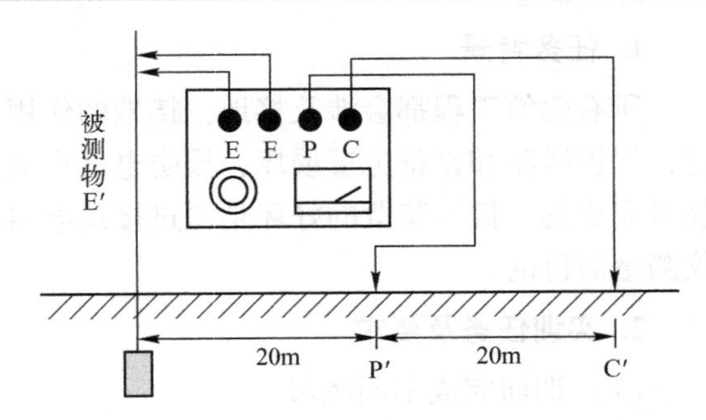

图 10.36 测量小于 1Ω 接地电阻时的接线图

5. 操作步骤

(1) 认真阅读测量仪表使用说明书。

(2) 连接导线。仪表连线与接地极 E′、电位探针 P′和电流探针 C′牢固连接。

(3) 仪表放置水平后，调整检流计的机械零位，即归零。

(4) 将“倍率开关”置于最大倍率，逐渐加快摇柄转速，使其达到 150r/min。当检流计指针向某一方向偏转时，旋动刻度盘，使检流计指针指零（中线）。

(5) 读数。此时刻度盘上的读数乘上倍率挡即为被测电阻值。

注意：

① 如果刻度盘读数小于 1，检流计指针仍未取得平衡，可将倍率开关置于小一挡的倍率，直至调节到完全平衡为止。

② 如果发现仪表检流计指针有抖动现象，可变化摇柄转速，以消除抖动现象。

6. 相关练习

(1) 接地装置主要由__________和__________组成。

(2) 防雷装置主要由__________、__________和__________组成。

(3) 当接地线采用扁钢与扁钢搭接时，其搭接长度应是________；若采用圆钢与圆钢搭接，其搭接长度应是________；若采用圆钢与扁钢搭接，其搭接长度应是________。

(4) 人工接地线为什么禁止使用裸铝导线？

____

(5) 防雷装置采用柱子钢筋作为引下线时有哪些具体要求？

____

____

(6) 简述避雷网（带）的安装步骤。

____

____

(7) 对各类防雷建筑防雷措施的技术要求进行比较，填写表 10.2。

表 10.2 各类防雷建筑防雷措施的技术要求比较

防雷类别 防雷措施特点	一 类	二 类	三 类
防直击雷			

续表

防雷类别 防雷措施特点	一　类	二　类	三　类
防雷电感应			
防雷电波侵入			
防侧击雷			
引下线间距			

7. 计划

（1）使用工具及仪表。

工具：____

仪表：____

（2）根据接地摇表校表和测试步骤，填写表10.3。

表10.3　接地摇表校表和测试步骤

序　号	接地摇表使用前校表步骤	接地摇表测试步骤
1		
2		
3		
4		
5		

8. 实施

（1）用接地摇表测量接地电阻并将相关数据填入表10.4中。

表10.4　接地电阻测试结果

项　目	测试内容	接地电阻值（Ω）	结论（合格与否）
避雷带接地电阻测试	防雷装置接地电阻		
	电气设备接地电阻		

（2）对测量异常情况进行记录，填入表10.5中。

表10.5　异常情况记录

序　号	异常情况	原　因	解决方法
1			
2			

9. 评估

（1）对任务完成情况进行分析，填写表10.6。

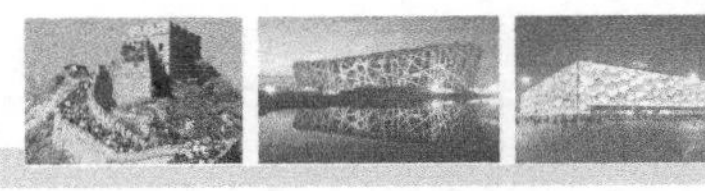

表 10.6　任务完成情况分析

完成情况	未完成内容	未完成的原因
完成 □ 未完成 □		

（2）根据实训的心得、不足与发现的问题，填写表 10.7。

表 10.7　心得、不足与问题

心得	
不足	
问题	1.
	2.

（3）由老师对实训进行综合评定，填写表 10.8。

表 10.8　综合评定

序　号	内　容	满　分	得　分
1	训前准备与练习	20	
2	计划合理性	10	
3	合作精神	20	
4	完成情况	50	
合　计		100	

学习领域11

二次线路的安装与连接

教学指导页

<table>
<tr><td>授课时间</td><td></td><td>授课班级</td><td></td><td rowspan="2">课时分配</td><td>理论</td><td>3</td></tr>
<tr><td></td><td></td><td></td><td></td><td>实训</td><td>8</td></tr>
<tr><td rowspan="5">教学任务</td><td rowspan="4">理论</td><td colspan="5">11.1　二次安装接线图的作用及组成</td></tr>
<tr><td colspan="5">11.2　二次安装接线图的绘制方法及原则</td></tr>
<tr><td colspan="5">11.3　配电柜（屏、盘）二次接线的安装工艺</td></tr>
<tr><td colspan="5">11.4　二次安装接线图的安装要求</td></tr>
<tr><td>实训</td><td colspan="5">动力配电柜一、二次线路安装连接与试运行</td></tr>
<tr><td rowspan="2">教学目标</td><td>知识方面</td><td colspan="5">掌握配电柜内部线路安装的基本程序和方法；
掌握二次安装接线图的绘制方法及基本要求；
进一步了解电度表、电流互感器、电压转换开关等电器的作用和接线特点</td></tr>
<tr><td>技能方面</td><td colspan="5">绘制安装接线图；
安装、调试、整改及故障排除</td></tr>
<tr><td>重点</td><td colspan="6">二次回路安装接线的施工工艺及基本要求</td></tr>
<tr><td>难点</td><td colspan="6">二次安装接线图的绘制</td></tr>
<tr><td rowspan="2">问题与改进</td><td>学生方面</td><td colspan="5"></td></tr>
<tr><td>教师方面</td><td colspan="5"></td></tr>
</table>

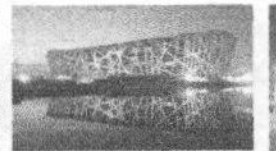

电力的生产、输送、分配和使用，都大量地应用各种类型、各种容量、各种电压等级的电气设备，以构成电力发、输、配的主系统。为了稳定、连续、可靠地提供和使用电力，在电力和其他工业的生产过程中，电气设备将根据生产运行的要求（如负荷变化等）经常进行操作和调节，并随时监察和检查其工况。当某一电气设备发生故障时，应尽快消除故障或切除故障，以保证电气设备的安全运行，这些功能是由主系统以外的另一些电气设备来完成的。电气设备根据它们在生产过程中的上述功能，可分为一次设备和二次设备。

一次设备是指直接发、输、配电能的主系统上使用的设备。二次设备是指对一次设备的工作进行检测、控制、调节、保护，以及为运行、维护人员提供运行工况或生产指挥信号所需的电气设备。

由一次设备相互连接，构成发电、输电、配电或进行其他生产的电气回路，称为一次回路或一次接线系统。由二次设备相互连接，构成对一次设备进行监测、控制、调节和保护的电气回路，称为二次回路或二次接线系统。

二次回路一般包括：控制回路、监测回路、信号回路、保护回路、调节回路、操作电源回路和励磁回路等。

11.1 二次安装接线图的作用及组成

二次回路接线图一般有三种形式，即原理接线图、展开接线图（如图 11.1 所示）和安装接线图（如图 11.2 所示）。

1. 安装接线图的作用

高、低压开关柜，动力箱和三箱（配电箱、计量箱、端子箱）均少不了二次配线的安装。二次安装接线图是为了安装电气设备和电气元件进行配线或检修电器故障服务的。在图中可显示出电气设备中各元件的空间位置和接线情况，可在安装或检修时对照原理图使用。它是根据电器位置布置依合理经济等原则安排的。

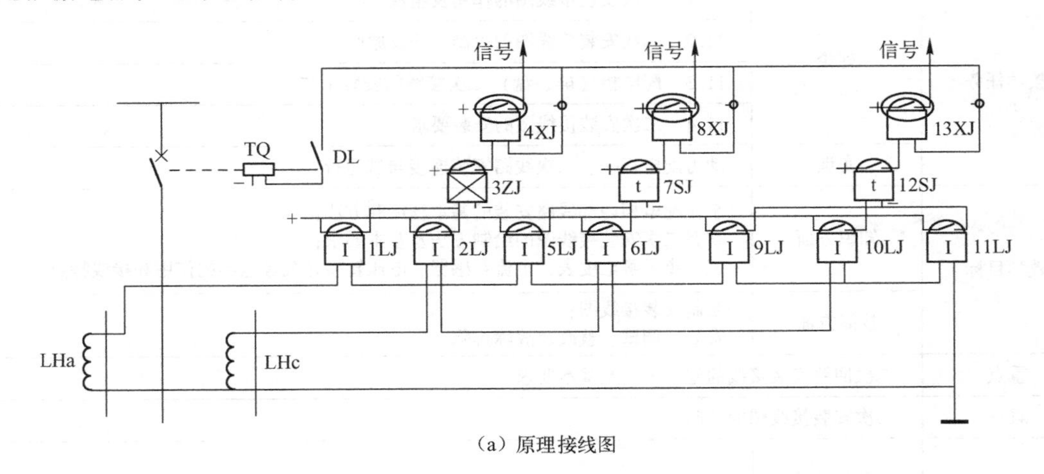

（a）原理接线图

图 11.1 原理接线图和展开接线图

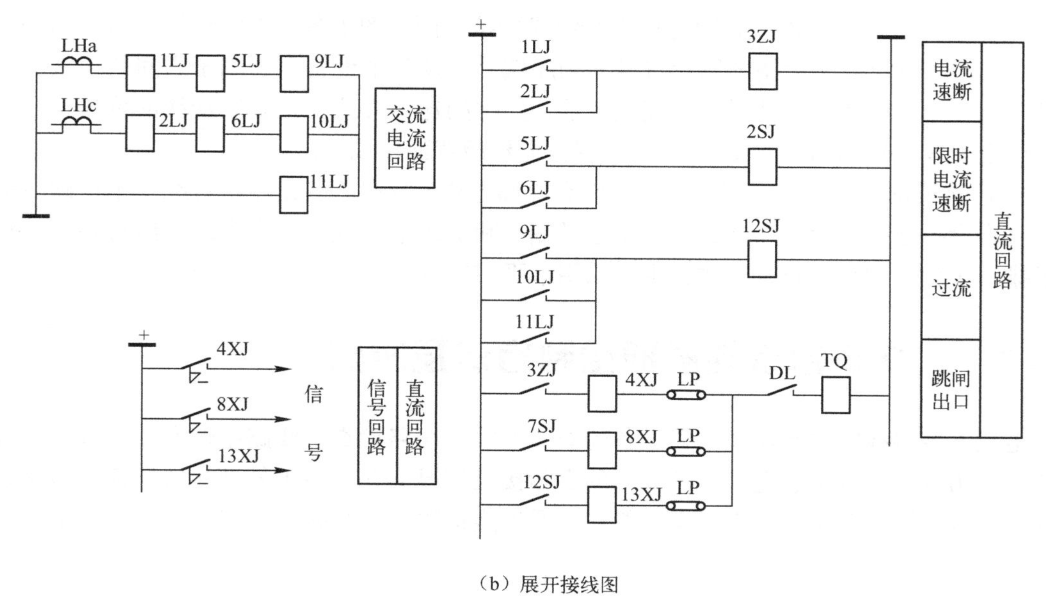

（b）展开接线图

图 11.1　原理接线图和展开接线图（续）

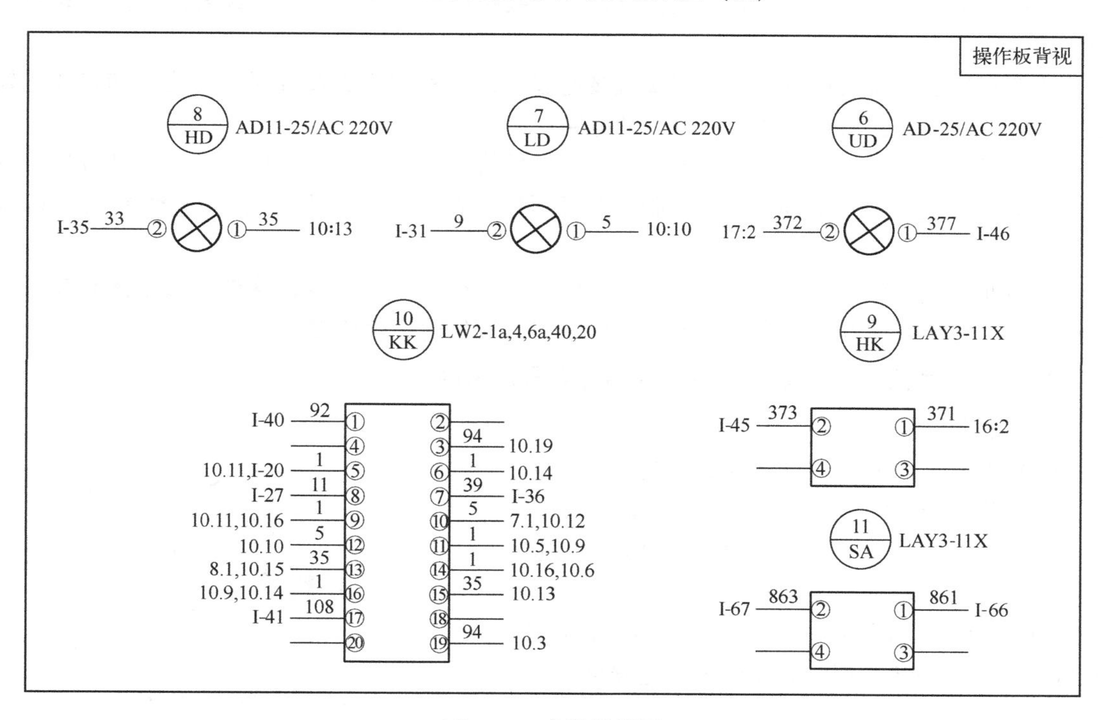

图 11.2　安装接线图

2. 安装接线图的组成

安装接线图由屏面布置图、柜内接线图和端子排图三部分组成。

（1）屏面布置图：用来表示各元件在盘面布置的位置，因此要标注各元件相互间的距离，以便于在盘面安装。

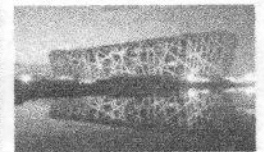

(2) 柜内接线图：以展开图为依据绘制成的接线图，图中各元件的编号和展开图是相同的。它标明了屏上各个设备的图形符号、顺序编号以及各个设备引出端子之间的连接情况和设备与端子排之间的连接情况，详细地表示各元件的连接方式，是安装配线的依据，是一种指导屏上配线工作的图。故图 11.2 也可叫作操作板背面接线图。

(3) 端子排图：端子是用以连接器件和外部导线的导电件，是二次接线中不可缺少的配件。屏内设备与屏外设备之间的连接是通过端子和电缆来实现的。许多端子组合在一起构成端子排，多数采用垂直布置方式，少数采用水平布置方式。

11.2 二次安装接线图的绘制方法及原则

电气安装接线图主要用于电气设备的安装配线、线路检查、线路维修和故障处理。在图中要表示出各电气设备、电气元件之间的实际接线情况，并标注出外部接线所需的数据。在电气安装接线图中各电气元件的文字符号、元件连接顺序、线路号码编制都必须与电气原理图一致。

1. 安装接线图的绘制方法

二次安装接线图有三种绘制方法：直接法、线路编号法和元件相对编号法。元件相对编号法用得比较多。

所谓直接法，就是将每个器件用线直接连起来，这种方法比较直观，且绘图和接线比较方便，但维修不便，适合设备器件较少的电路。

所谓线路编号法，就是将每根导线编号，然后将相同号子的线连接起来。这种方法绘图非常简单，安装接线也非常快，但维修相当不便，特别是线比较多时，这种方法用得也不多。

所谓元件相对编号法，就是将每个元器件、每个接线端子编号，这种方法绘图和接线都比较麻烦，但最大的好处是查找故障和维修方便，故目前用得较多。

2. 安装接线图的绘制原则（以元件相对编号法为例）

(1) 按原理图绘制。

(2) 绘制电气安装接线图时，各电气元件均按其在安装底板中的实际位置排列并绘制。

(3) 每个元件按一定比例绘制并展示内部接线图，每个出线端子均应编号。

(4) 每个元器件均应编号，编号方法如图 11.3 所示，安装时将号码粘贴在元器件的左上方。

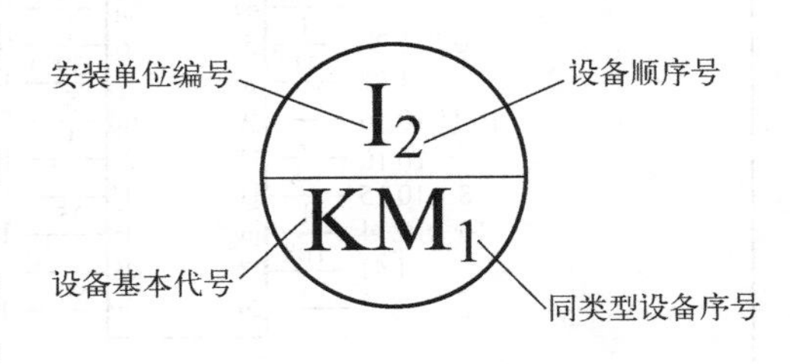

图 11.3　元器件编号

3. 安装接线图的绘制实例

如图 11.4 所示为一台电动机单方向运行控制原理图，根据原理图采用元件相对编号法绘出安装接线图，如图 11.5 所示。

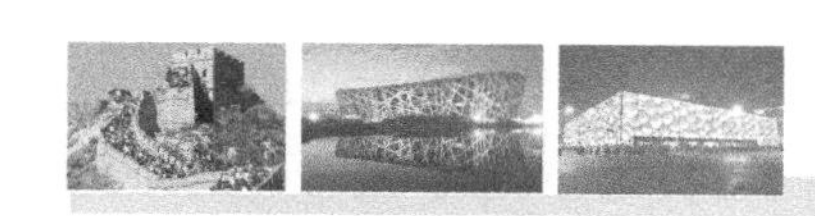

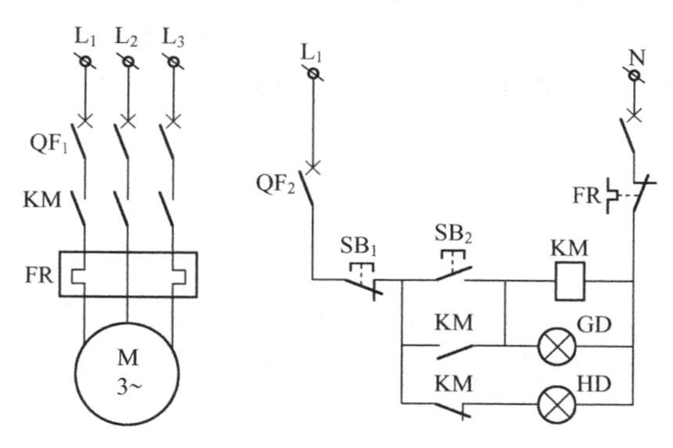

图 11.4　电动机单方向运行控制原理图

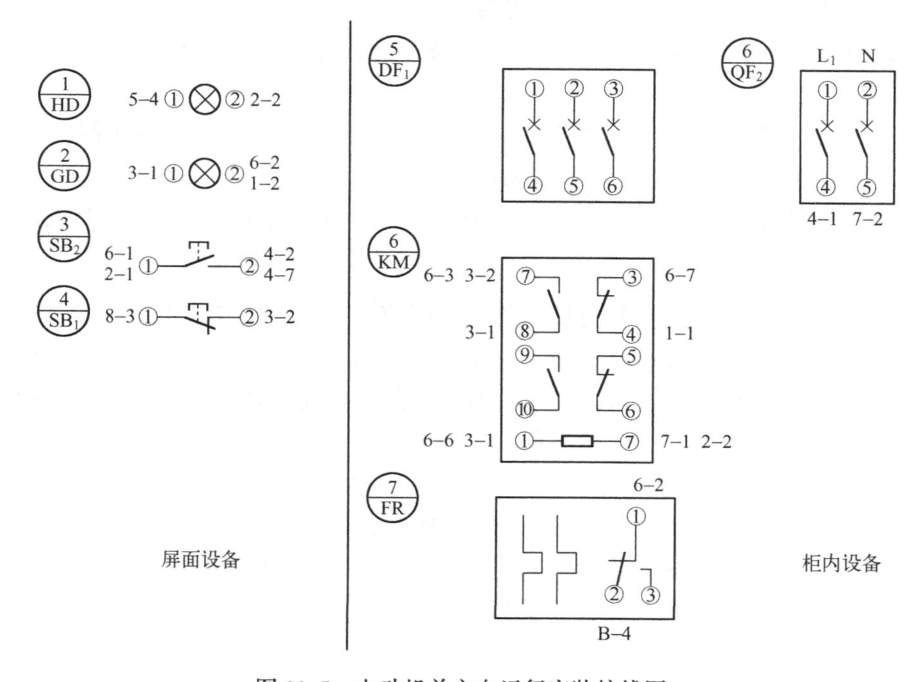

图 11.5　电动机单方向运行安装接线图

11.3　配电柜（屏、盘）二次接线的安装工艺

工艺流程如下：

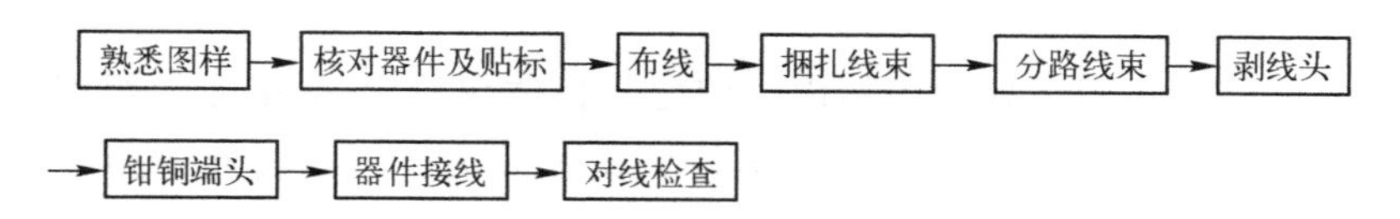

施工方法及要点如下：

1. 熟悉图样

（1）看懂并熟悉电路原理图、施工接线图、屏面布置图等。

（2）按施工接线图布线顺序打印导线标号，标号内容按原理回路编号进行加工。

（3）按施工接线图标记端子功能名称填写名称单，并规定纸张尺寸，以便加工端子标条。

（4）按施工接线图加工线号和元器件标贴。

2. 核对器件及贴标

（1）根据施工接线图，对柜体内所有电气元件的型号、规格、数量、质量进行核对并确认安装是否符合要求，如发现电气元件外壳罩有碎裂、缺陷及接点有生锈、发霉等质量问题，应予以调换。

（2）按图样规定的电气元件标志，将“器件标贴”贴于该器件适当位置（一般贴于器件的下端中心位置），要求“标贴”整齐美观，并避开导线行线部位，便于阅读。

（3）按图样规定的端子名称，将“端子标条”插入该端子名称框内，标记端子的平面处朝下，以免积尘。

（4）按原理图中规定的各种元器件的不同功能，将功能标签紧固到元器件安装板（面板）正面，使用M2.5的螺钉进行紧固或粘贴。

（5）应校对有模拟线的面板与一次方案是否相符，如有错误，应反馈至有关部门。

3. 布线

（1）线束要求横平竖直，层次分明，外层导线应平直，内层导线不扭曲或扭绞。在布线时，要将贯穿上下的较长导线排在外层，分支线与主线成直角，从线束的背面或侧面引出，线束的弯曲宜逐条用手弯成小圆角，其弯曲半径应大于导线直径的2倍，严禁用钳子强行弯曲，布线时应从上到下、从左到右顺序布线。

（2）将导线套上“标号套”打一个扣固定套管，然后比量第一个器件接头布线至第2个器件接头的导线长度，并加20cm的余量长度，剪断导线并套上“标号套”后打扣固定套管（标号套长度控制在13±0.5mm），特殊标号较长规格以整台柜（箱）内容定。

（3）在二次接线图中，根据元器件安装位置的不同可以分为仪表门背视、操作板背视、端子箱、仪表箱、操作机构、柜内断路器室等。不同部分操作板的布线应把诸如连接端子箱、仪表箱等不同部位的导线按器件安装的实际尺寸剪取导线，并套上标号套。

4. 捆扎线束

（1）塑料缠绕管捆扎线束可根据线束直径选择适当材料和规格，缠绕管捆扎线束时，每节间隔5～10mm，力求间隔一致，线束应平直。

（2）根据元件位置及配线实际走向量出用线长度，加上20cm余量后落料、拉直、套上标号套。

（3）用线夹将圆束线固定悬挂于柜内，使之与柜体保持大于5mm的距离，且不应贴近有夹角的边缘敷设，在柜体骨架或底板适当位置设置线夹，二线夹间的距离，横向不超过300mm，纵向不超过400mm，紧固后线束不得晃动，且不损伤导线绝缘。

（4）跨门线一律采用多股软线，线长以门开至极限位置，以及关闭时线束不受其拉力与张力的影响而松动损伤绝缘为原则，并与相邻的器件保持安全距离，线束两端用支持件压紧，根据走线方位弯成U形或S形。

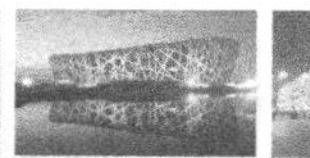

5. 分路线束

线束排列应整齐美观。如分路到继电器的线束，一般按水平方向在两个继电器中间两侧分开的方向行走，到接线端的每根线应略带弧形且连接时有一定的裕度。继电器安装接线示意图如图11.6所示。再如分路到双排仪表的线束，可用中间分线的布置。双排仪表安装接线示意图如图11.7所示。

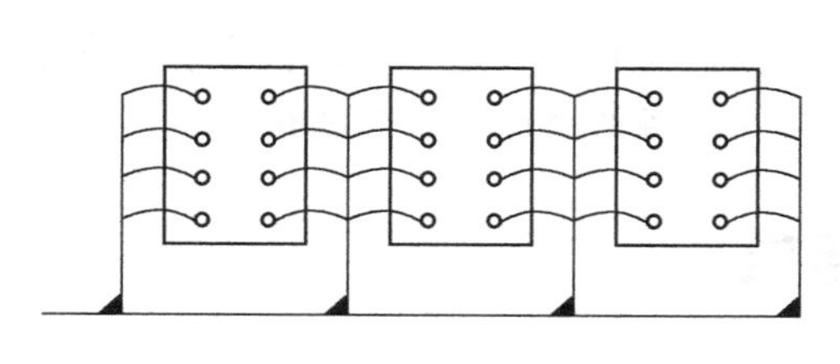

图11.6　继电器安装接线示意图

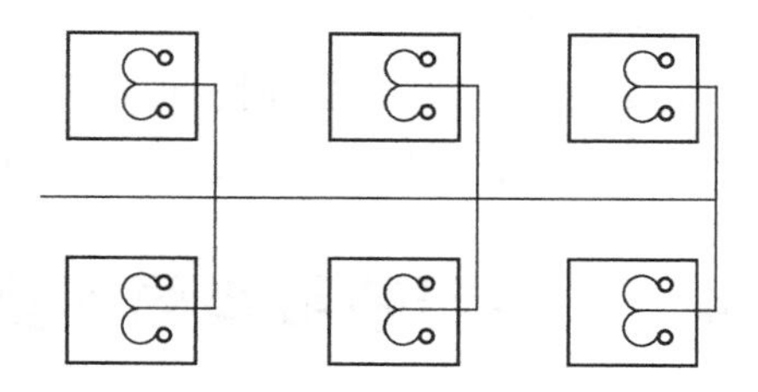

图11.7　双排仪表安装接线示意图

6. 剥线头

按规格用剥线钳剥去端头所需长度塑胶皮后把线头适当折弯，为防止标号头脱落，剥线时不得损伤线芯。

7. 钳铜端头

按导线截面选择合适的导线端头连接器件接头，用冷压钳将导线芯线压入铜端头内，注意其裸线部分不得大于0.5mm，导线也不得过多伸出铜端头的压接孔，铜端头表面，更不得将绝缘层压入铜端头内。导线与端头连接示意图如图11.8所示。

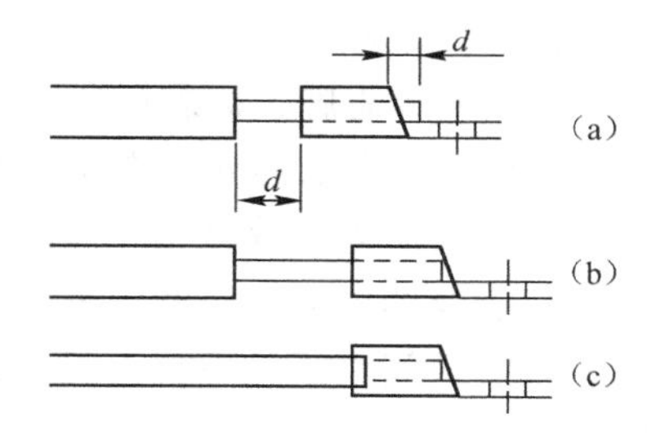

图11.8　导线与端头连接示意图

单股导线的羊眼圈，曲圆的方向应与螺钉的紧固方向相同，开始曲圆部分和绝缘外皮的距离为2～3mm，以垫圈不会压住绝缘外皮为原则，圆圈内径和螺钉的间隙应不大于螺钉直径的1/5。

截面积小于或等于1mm^{2}的单股导线，应用焊接方法与接点连接，如元件的接点为螺钉紧固，要用焊片过渡。

8. 器件接线

（1）严格按施工接线图接线。

（2）接线前先用万用表或对线器校对是否正确，并注意标号套在接线后的视读方向（即从左到右、从下到上），如发现方向不对应立即纠正。

（3）当二次线接入一次线时，应在母线的相应位置钻ϕ6mm孔，用M5螺钉紧固，或用子母垫圈进行连接。

（4）对于管形熔断器的连接线应在上端或左端接点引入电源，下端或右端接点引出；对于螺旋式熔断器应在内部接点引入电源，由螺旋套管接点引出。

（5）电流互感器的二次线不允许穿过相间，每组电流互感器只允许一点接地，并设独立接地线，不应串联接地，接地点位置应按设计图纸要求制作，如图纸未注，可用专用接地垫圈在柜体接地。

(6) 将导线接入器件接头上，并应加弹簧垫圈（除特殊垫圈可不加弹簧外），螺钉必须拧紧，不得有滑牙，螺钉帽不得有损伤现象，螺纹露出螺母以 2 ～ 3 扣为宜。

(7) 标号套套入导线，导线压上铜端头后，必须将“标号套”字体向外，各标号套长度统一，排列整齐。

(8) 所有器件不接线的端子都需配齐螺钉、螺母、垫圈并拧紧。

9. 对线检查

二次安装接线即将完工时，应用万用表或校线仪对每根导线进行对线检查。可先用导通法进行对线检查，当确定接线无误后方可采用通电法对各回路进行通电试验。

11.4 二次安装接线图的安装要求

(1) 箱内电气元件的安装应按照安装接线图上元器件的排列顺序。电气元件的固定应稳固端正，安装在盘上的各电气元件应能自由拆装，而不影响其他相邻电气元件和线束。

(2) 配电箱上的母线其相线应用颜色标出，L_1 相应用黄色；L_2 相应用绿色；L_3 相应用红色；中性线 N 相宜用蓝色；保护地线（PE 线）应用黄绿相间双色。

(3) 配电柜（屏、盘）的盘面上安装各种刀闸及自动开关等，当处于断路状态时，刀片可动部分和动触点均不应带电。

(4) 盘面标志牌、标志框齐全，正确并清晰。

(5) 仪表、继电器安装应满足以下要求：

① 仪表、继电气等电气元件的密封垫、铅封、漆封和附件应完整。

② 仪表及继电器均应经过校验后方可安装，测量仪表应将额定值标明在刻度盘上。

③ 仪表之间水平及垂直间距不应小于 20mm，固定仪表时，受力应均匀，以免影响仪表精度。

(6) 控制开关安装时，应先检查各不同位置时触点闭合情况与二次接线，各触点应接触良好，安装应横平竖直、牢固可靠。

(7) 电阻器应安装在盘柜上部，使冷却空气能在其周围流动并应在其接线端子上 30mm 以内的一段芯线上套上绝缘黄蜡管。

(8) 信号灯、光子牌等信号元件安装前应进行外观检查及试亮，并检查灯罩颜色及附加电阻应与设计符合。

(9) 屏上装有装置性设备或其他有接地要求的电器，其外壳应可靠接地。

(10) 带有照明的封闭式屏、柜应保证照明完好。

(11) 端子排的安装应符合下列要求：

① 端子排应无损坏，固定牢固，绝缘良好。

② 端子排应有序号，垂直布置的端子排最底下一个端子及水平布置的最下一排端子离地宜大于 350mm，端子排并列时彼此间隔不应小于 150mm。

③ 回路电压超过 400V 者，端子板应有足够的绝缘并涂以红色标识。

④ 强、弱电端子应分开布置，当有困难时，应有明显标识并设空端子隔开或设加强绝缘隔板。

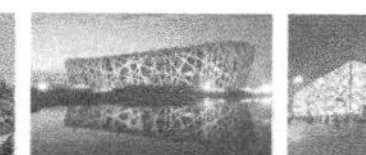

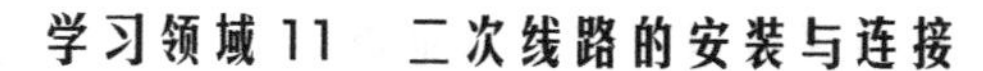

⑤ 正、负电源之间以及经常带电的正电源与合闸或跳闸回路之间，宜以一个空端子隔开。

⑥ 电流回路应经过试验端子，其他需断开的回路宜经特殊端子或试验端子，试验端子应接触良好。

⑦ 潮湿环境宜采用防潮端子。

⑧ 接线端子应与导线截面适配，不应使用小接线端子配大截面导线。

实训 12　动力配电柜一、二次线路安装连接与试运行

<table>
<tr><td>实训班级</td><td></td><td>姓 名</td><td></td><td>实训成绩</td><td></td></tr>
<tr><td>实训时间</td><td></td><td>学 号</td><td></td><td>实训课时</td><td>8</td></tr>
<tr><td rowspan="5">实训任务</td><td colspan="5">1. 训前完成书面练习</td></tr>
<tr><td colspan="5">2. 动力配电柜一、二次线路安装接线</td></tr>
<tr><td colspan="5">3. 动力配电柜通电调试</td></tr>
<tr><td colspan="5">4. 动力配电柜带负荷试运行</td></tr>
<tr><td colspan="5">5. 实训评估、总结与问题</td></tr>
<tr><td rowspan="2">实训目标</td><td>知识方面</td><td colspan="4">掌握配电柜内部线路安装的基本程序和方法；
掌握二次安装接线图的绘制方法及基本要求；
进一步了解电度表、电流互感器、电压转换开关等电器的作用和接线特点</td></tr>
<tr><td>技能方面</td><td colspan="4">绘制安装接线图；
安装、调试、整改及故障排除</td></tr>
<tr><td>重点</td><td colspan="5">按照安装接线图安装接线</td></tr>
<tr><td>难点</td><td colspan="5">依据原理图和安装接线图进行调试及排除故障</td></tr>
</table>

1. 任务背景

高低压开关柜、动力箱和三箱（配电箱、计量箱、端子箱）都少不了一、二次配线。特别是二次接线中设备、器件种类多，数量多，连接导线也多，故障大多发生在二次线路当中，在施工现场若要快速、准确地排除配电箱电气故障，就应掌握接线的方法和规律，即能根据故障现象，通过原理图和安装接线图查找故障原因及故障点，最终逐一排除故障。

2. 实训任务及要求

（1）完成训前书面练习。

通过课本知识、上课内容以及网络信息等方式完成。

（2）动力配电柜一、二次线路安装接线。

该动力柜控制一台 30kW 的水泵，采用星三角降压启动，水泵要求具备：

① 有三个电流表显示三相电流，一个电压表测量三相电压，电压测量通过电压转换开关切换。

② 三相电能表计量。

③ 一次回路有短路、过载保护，二次回路有短路保护。

④ 安装接线图采用元件相对编号法。

⑤ 水泵有启、停信号指示。

(3) 动力配电柜通电调试。

调试时应调控制回路再调主回路，先用导通法初步检查接线是否正确，再用兆欧表测试绝缘电阻，符合要求后，可进行空载通电检查、测试。

(4) 动力配电柜带负荷试运行。

空载检查、测试完成后再进行带负荷运行，并记录相关数据。

(5) 实训评估、总结与问题。

完成实训后，应对实训工作进行评估、总结和分析，分享收获与提高，分析不足与问题。

3. 重点提示

(1) 接入电源前要先确认各设备的额定工作电压。

(2) 电压转换开关接线时要确认电源与仪表接线端。

(3) 互感器接线时要注意极性及匝数要求。

(4) 一般采用 BVR 线，敷设时应留有足够的余量，排列横平竖直，整齐美观。

(5) 导线过门时，应经过接线端子排并两边固定。

(6) 每个接线端子接线不得超过两根。

(7) 安装时，先安装二次线路，再安装一次线路。

(8) 指导老师在场方可进行通电试验，以确保实训安全。

4. 知识链接

配电柜安装图纸包括：设备布置图、控制原理图（一次原理图、二次原理图）和安装接线图（主要是二次安装接线图）。

安装接线图主要由屏内安装图、操作背视图和接线端子排图组成，安装接线图或操作背视接线图如图 11.2 所示。

电压转换开关如图 11.9 所示，转换开关接线示意图如图 11.10 所示。

图 11.9　电压转换开关

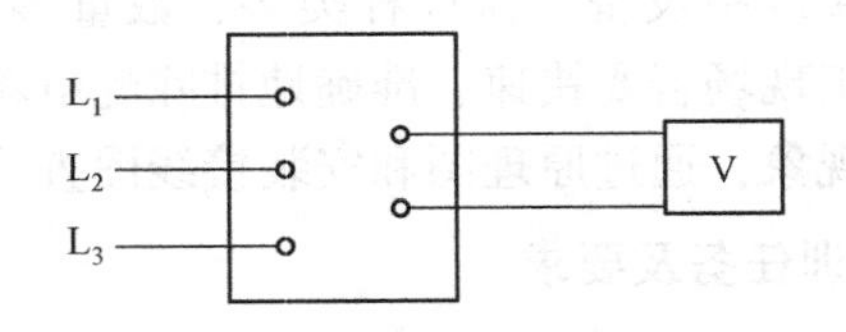

图 11.10　电压转换开关接线示意图

5. 相关练习

(1) 简述电流互感器的接线要求。

____

____

(2) 三相四线制电度表的接线。如图 11.11 所示为三相四线制电能表的基本接线原理图，请按实训要求在图 11.11 的基础上绘制三相四线制电能表的接线原理图，要求：

① 串入电流表和电能表的电流线圈。

② 电能表的电压线圈设置短路保护。

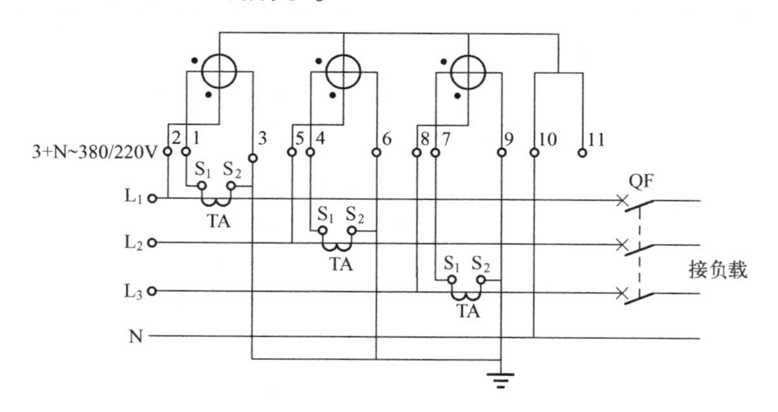

图 11.11　三相四线制电能表基本接线原理图

接线原理图：

(3) 本实训所用的接触器、指示灯的额定电压是多少？控制回路应接入多少伏的电压？

____

(4) 线路编号法和元件相对编号法各有何特点？

____

____

6. 计划

(1) 使用工具及仪表。

工具：______________________________

____

仪表：______________________________

____

____

(2) 根据所领电气配件及辅助材料填写表 11.1。

表 11.1 电气配件及辅助材料

序号	配 件 名 称	配件规格型号	数 量	辅 助 材 料
1				
2				
3				
4				
5				
6				
7				
8				
9				
10				

(3) 列出实训工作计划，填入表 11.2 中。

表 11.2 实训工作计划

序号	工 作 计 划	目标（自定标准）
1		
2		
3		
4		
5		
6		

7. 实施

(1) 对所领各器件进行安装前的检查，填写表 11.3。

表 11.3 安装前的检查

序号	名 称	完整性	绝 缘	触头系统	额定电压	额定电流	其 他
1							
2							
3							
4							
5							
6							
7							
8							
9							
10							

（2）按要求绘制实际控制原理图。

（3）根据控制原理图绘制二次安装接线图。

（4）对发现的故障进行排除，填写表 11.4。

表 11.4　故障排除

序　　号	故障现象	原　　因	解决方法
1			
2			
3			

8. 评估

（1）依照表 11.5 所列项目进行自检与评定，填写表 11.5。

表 11.5　自检与评定

<table>
<tr><th colspan="2">测量项目</th><th>测量结果</th><th>结论（合格与否）</th></tr>
<tr><td colspan="2">安装接线图与实际接线是否相符</td><td></td><td></td></tr>
<tr><td colspan="2">主回路布线是否合理</td><td></td><td></td></tr>
<tr><td colspan="2">相对编号法是否完整</td><td></td><td></td></tr>
<tr><td rowspan="3">主回路
绝缘电阻</td><td>回路 1</td><td>相间：　　对地：</td><td></td></tr>
<tr><td>回路 2</td><td>相间：　　对地：</td><td></td></tr>
<tr><td>回路 3</td><td>相间：　　对地：</td><td></td></tr>
<tr><td rowspan="3">控制回路绝缘电阻</td><td>回路 1</td><td></td><td></td></tr>
<tr><td>回路 2</td><td></td><td></td></tr>
<tr><td>回路 3</td><td></td><td></td></tr>
<tr><td rowspan="6">负载情况</td><td>电能表转向</td><td>（正　反）转</td><td></td></tr>
<tr><td>线电流（A）</td><td>I_A =　　（A）
I_B =　　（A）
I_C =　　（A）</td><td></td></tr>
<tr><td>线电压（V）</td><td>U_{AB} =　　（V）
U_{BC} =　　（V）
U_{CA} =　　（V）</td><td></td></tr>
<tr><td>空载情况是否正常</td><td></td><td></td></tr>
<tr><td>指示灯信号是否正常</td><td></td><td></td></tr>
<tr><td>星－三角启动是否正常</td><td></td><td></td></tr>
<tr><td colspan="2">自评（或互评）结果</td><td colspan="2"></td></tr>
</table>

（2）对任务完成情况进行分析，填写表11.6。

表11.6　任务完成情况分析

完成情况	未完成内容	未完成的原因
完成 □ 未完成 □		

（3）根据实训的心得、不足与发现的问题，填写表11.7。

表11.7　心得、不足与问题

心得	
不足	
问题	1.
	2.

（4）由老师对实训进行综合评定，填写表11.8。

表11.8　综合评定

序　号	内　容	满　分	得　分
1	训前准备与练习	20	
2	合作精神	10	
3	器件检查	10	
4	计划合理性	10	
5	安装质量	40	
6	故障排除	10	
合　计		100	

学习领域 12

建筑施工现场临时供配电

教学指导页

<table>
<tr><td rowspan="2">授课时间</td><td rowspan="2"></td><td rowspan="2">授课班级</td><td rowspan="2"></td><td rowspan="2">课时分配</td><td>理论</td><td>4</td></tr>
<tr><td>工程练习</td><td>2</td></tr>
<tr><td rowspan="6">教学任务</td><td rowspan="5">理论</td><td colspan="5">12.1　电压电网的接地形式</td></tr>
<tr><td colspan="5">12.2　施工现场临时供配用电的基本要求</td></tr>
<tr><td colspan="5">12.3　施工现场接地保护系统与配电系统</td></tr>
<tr><td colspan="5">12.4　施工现场用电负荷计算及配电装置选择</td></tr>
<tr><td colspan="5">12.5　施工现场安全用电管理措施</td></tr>
<tr><td>实训</td><td colspan="5">某工程施工现场负荷计算</td></tr>
<tr><td rowspan="2">教学目标</td><td>知识方面</td><td colspan="5">了解施工现场临时用电的特点及基本要求；
掌握施工现场用电负荷计算的目的和方法；
了解施工现场安全用电管理措施</td></tr>
<tr><td>技能方面</td><td colspan="5">掌握施工现场负荷计算的方法</td></tr>
<tr><td>重点</td><td colspan="6">掌握施工现场临时供配电的要求</td></tr>
<tr><td>难点</td><td colspan="6">施工现场负荷计算</td></tr>
</table>

随着我国建筑业的迅猛发展，建设项目越来越多，规模越来越大。由于施工环境比较恶劣，施工平面布置不合理，施工人员素质良莠不齐等原因，在建筑施工过程中，用电事故时有发生，用电安全隐患较多。为了提高工程建设水平，提高工程质量及提升企业形象，应加强文明施工，抓好临时供电管理和现场管理，真正做到“安全第一，预防为主”，为工程建设顺利进行提供有力保障。

12.1 电压电网的接地形式

在低压电网中，其常用的接地形式有IT系统、TT系统和TN系统三种。具体采用哪种形式应根据企业性质及用电场所而定。

12.1.1 IT系统

IT系统就是电源中性点不接地、用电设备外露可导电部分直接接地的系统，如图12.1所示。

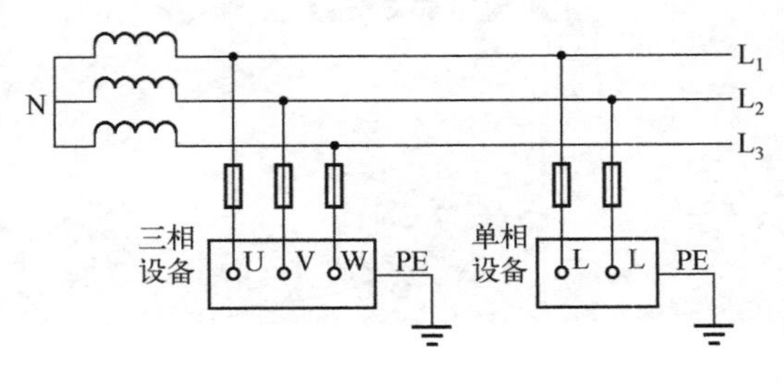

图12.1 IT系统

IT系统是三相三线式接地系统，该系统变压器中性点不接地或经阻抗接地，无中性线N，只有线电压（380V），无相电压（220V），保护接地线PE各自独立接地。该系统的优点是当一相接地时，不会使外壳带有较大的故障电源，系统可以照常运行，同时由于各设备PE线分开，彼此没有干扰，电磁适应性也比较强。缺点是不能配出中性线N。因此它不适用于拥有大量单相设备的民用建筑。

12.1.2 TT系统

TT系统就是电源中性点直接接地、用电设备外露可导电部分也直接接地的系统，如图12.2所示。

TT系统的特点是中性线N与保护接地线PE无电气连接，即中性点接地与PE线接地是分开的，各用电子系统接地点也是分开的。该系统在正常运行时，不管三相负荷平衡不平衡，在中性线N带电情况下，PE线不会带电。正常运行时的TT系统类似于TN－S系统，也能获得人与物的安全性和取得合格的基准接地电位。但是由于采用了多点接地，各用电子系统接地点间的地电压不同而导致信号地线中有电流，形成周波干扰。在对各用电子系统之间的信号线的地线进行低频隔离，安装合适的电设备保护装置之后，还是可以用于广播电视系统、路灯系统、城市公共配电网和农网中的。

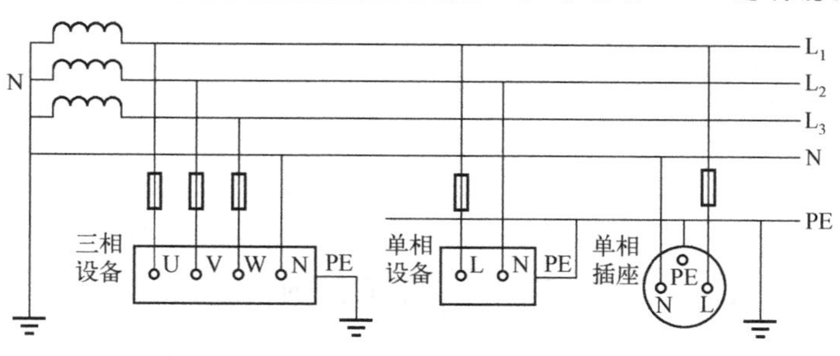

图 12.2 TT 系统

12.1.3 TN 系统

TN 系统即电源中性点直接接地、设备外露可导电部分与电源中性点直接电气连接的系统。它有三种形式，分述如下。

1. TN－C 系统

TN－C 系统如图 12.3 所示，TN－C 系统被称为三相四线制系统，该系统中性线 N 与保护接地 PE 合二为一，通称 PEN 线。这种接地系统虽对接地故障灵敏度高，线路经济简单，在一般情况下，如选用适当的开关保护装置和足够的导线截面，也能达到安全要求，但它只适合用于三相负荷较平衡的场所。广播电视系统单相负荷所占比重较大，难以实现三相负荷平衡，PEN 线的不平衡电流加上线路中存在着的由于荧光灯、晶闸管（可控硅）等设备引起的高次谐波电流，在非故障情况下，会在中性线 N 上叠加，使中性线 N 带电且电流时大时小极不稳定，造成中性点接地电位不稳定漂移，以及产生干扰信号，会使设备外壳（与 PEN 线连接）带电，对人身造成不安全，因此在民用建筑中，TN－C 系统应禁止使用。

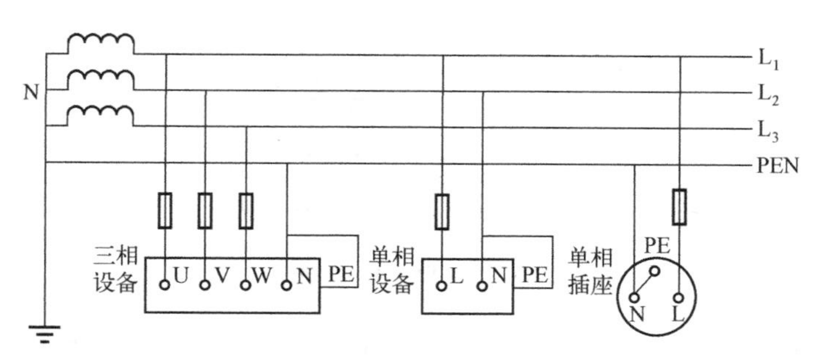

图 12.3 TN－C 系统

2. TN－S 系统

TN－S 系统如图 12.4 所示。图中相线 L_1～L_3、中性线 N 与 TT 系统相同。与 TT 系统不同的是，用电设备外露可导电部分通过 PE 线连接到电源中性点，与系统中性点共用接地体，而不是连接到自己专用的接地体。在这种系统中，中性线（N 线）和保护线（PE 线）是分开的，这就是 TN－S 中“S”的含义。TN－S 系统的最大特征是 N 线与 PE 线在系统中性点分开后，不能再有任何电气连接，这一条件一旦破坏，TN－S 系统便不再成立。

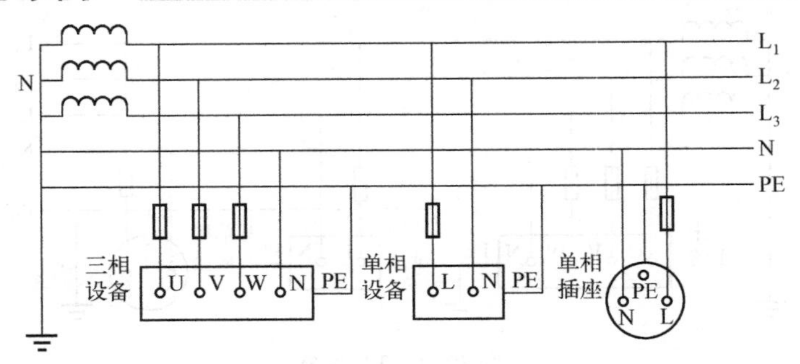

图 12.4　TN－S 系统

TN－S 系统是我国现在应用最为广泛的一种系统。其特点是中性线 N 与保护接地线 PE 除在变压器中性点共同接地外，两线不再有任何的电气连接。中性线 N 是带电的，而 PE 线不带电。该接地系统完全具备安全和可靠的基准电位。其优点是 PE 线上在正常工作时不呈现电流，因此设备的外露可导电部分也不呈现对地电压。在事故时也容易切断电源，因此比较安全，在自带变配电所的建筑中，几乎无一例外地采用了 TN－S 系统；在建筑小区中，也有一些采用了 TN－S 系统。

3. TN－C－S 系统

TN－C－S 系统是 TN－C 系统和 TN－S 系统的结合形式，如图 12.5 所示。在 TN－C－S 系统中，从电源出来的那一段采用 TN－C 系统，因为在这一段中无用电设备，只起电能的传输作用，到用电负荷附近某一点处，将 PEN 线分开形成单独的 N 线和 PE 线。从这一点开始，系统相当于 TN－S 系统。

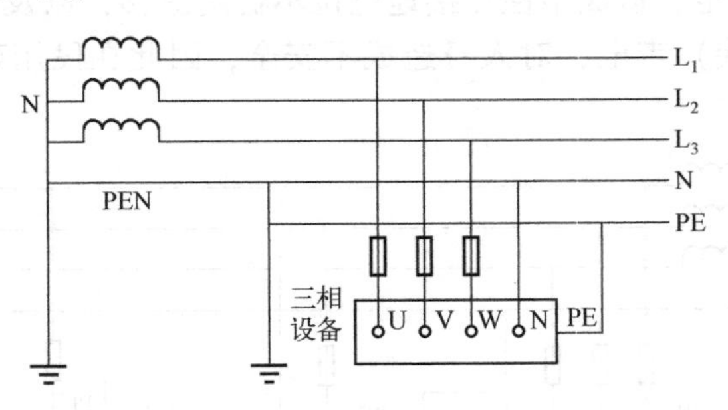

图 12.5　TN－C－S 系统

TN－C－S 系统也是现在应用比较广泛的一种系统。工厂的低压配电系统、城市公共低压电网、小区的低压配电系统等采用 TN－C－S 系统的较多。一般在采用 TN－C－S 系统时，都要同时采用重复接地这一技术措施，即在系统由 TN－C 变成 TN－S 处，将 PEN 线再次接地，以提高系统的安全性能。

12.2　施工现场临时供配用电的基本要求

施工现场临时供电形式主要有独立变配电所、自备发电机、380/220V 及就近借用电源四种形式。用电的基本原则是：安全、可靠、优质、经济。为保障施工现场用电安全，防止

触电和电气火灾事故发生，国家安全生产法规定：建筑施工现场临时用电工程专用的电源中性点直接接地的220/380V 三相四线制低压电力系统，必须符合下列规定：

（1）采用三级配电系统。

（2）采用 TN－S 接零保护系统。

（3）采用二级漏电保护系统。

12.3　施工现场接地保护系统与配电系统

12.3.1　施工现场接地保护系统

施工现场临时用电应采用 TN－S 接零保护系统，在专用变压器供电的 TN－S 接零保护系统中，电气设备的金属外壳必须与保护零线连接。保护零线应由工作接地线、配电室（总配电箱）电源侧零线处引出。施工现场接地保护系统如图 12.6 或图 12.7 所示。

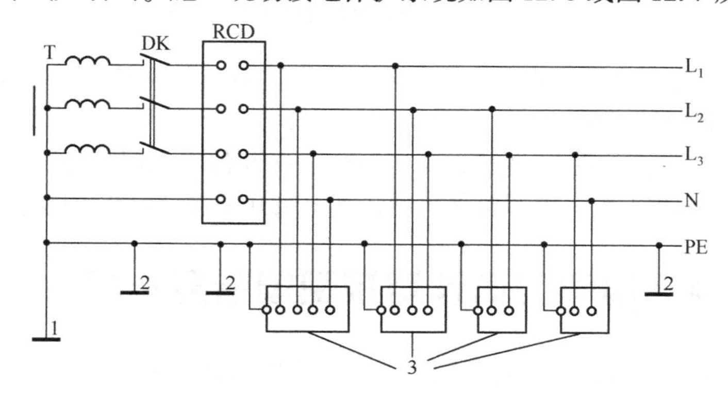

1—工作接地；2—PE 线重复接地；3—电气设备金属外壳（正常不带电的外露可导电部分）；
L_1、L_2、L_3—相线；N—工作零线；PE—保护零线；DK—总电源隔离开关；
RCD—总漏电器（兼有短路、过载、漏电保护功能的断路器）；T—变压器

图 12.6　专用变压器供电时 TN－S 接零保护系统示意图

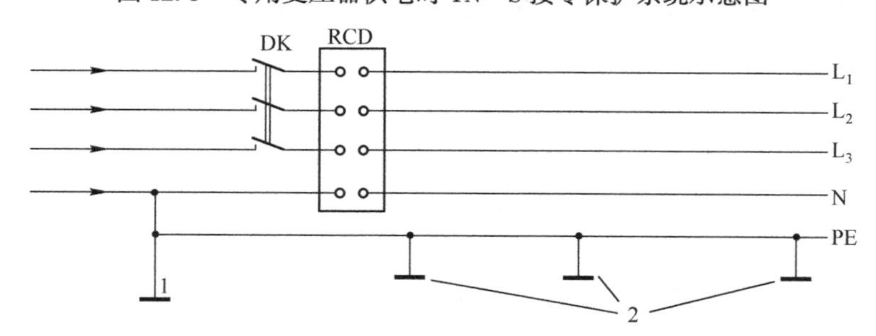

1—PEN 线重复接地；2—PE 线重复接地；L_1、L_2、L_3—相线；N—工作零线；PE—保护零线；
DK—总电源隔离开关；RCD—总漏电器（兼有短路、过载、漏电保护功能的断路器）

图 12.7　三相四线供电时局部 TN－S 接零保护系统示意图

12.3.2　施工现场基本供配电系统

建筑施工现场临时用电应满足三级配电、二级保护和“一机、一箱、一闸、一漏”的要求。

所谓三级配电，是指施工现场从电源进线开始至用电设备之间，经过三级配电装置配送电力。按照《规范》的规定，即由总配电箱（一级箱）或配电室的配电柜开始，依次经由分配电箱（二级箱）、开关箱（三级箱）到用电设备。这种分三个层次逐级配送电力的系统就称为三级配电系统。它的基本结构形式如图 12. 8 所示。

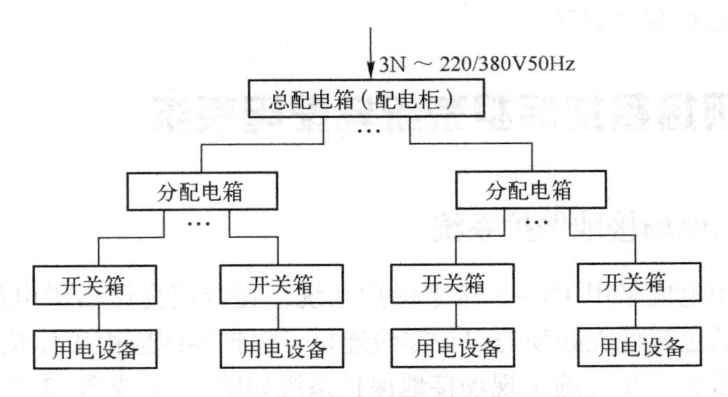

图 12. 8　三级配电系统结构形式示意图

所谓二级保护，是指在总配电箱和开关箱内应安装漏电保护器，即线路上发生漏电时能自动断开电路，起到保护作用。

所谓“一机、一箱、一闸、一漏”，是指一台移动设备（机器）应配置一个配电箱（开关箱），里面只有一把闸刀和一个漏电保护器，其上级开关箱也要装漏电保护器。

12. 4　施工现场用电负荷计算及配电装置选择

供电系统要能够可靠地正常运行，就必须正确地选择系统中的所有设备及配件，包括电力变压器、开关设备、导线电缆及保护设备等，做好负荷计算非常重要。

12. 4. 1　施工现场电力负荷计算方法

确定计算负荷的方法很多，常用的有需要系数法。需要系数法进行负荷计算的公式为：

有功计算负荷：　$P_{30} = K_x P_e$

无功计算负荷：　$Q_{30} = P_{30}\tan\varphi$

视在计算负荷：　$S_{30} = P_{30}/\cos\varphi = \sqrt{P_{30}^2 + Q_{30}^2}$

三相负荷计算电流：　$I_{30} = \dfrac{S_{30} \times 1000}{\sqrt{3}U_N}$

式中　K_x——某类用电设备的需要系数（可根据设备种类查表获得）；

P_e——某类用电设备经过折算后的设备容量（kW）；

φ——某类用电设备的功率因数角；

U_N——电源额定线电压（V）。

下面通过实例介绍施工现场负荷的计算步骤。

实例 12. 1　某建筑施工现场，接于三相四线制电源（220/380V）。施工现场有如下用电设备，详见表 12. 1，试计算该工地上变压器低压侧总的计算负荷和总的计算电流。

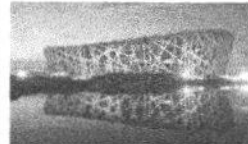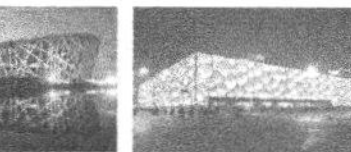

表12.1　某建筑施工现场用电设备

序　号	用电设备名称	容　量	台　数	总 容 量	备　注
1	混凝土搅拌机	10（kW）	4	40（kW）	
2	砂浆搅拌机	4.5（kW）	2	9（kW）	
3	提升机	4.5（kW）	2	9（kW）	
4	起重机	30（kW）	2	60（kW）	$\varepsilon=25\%$（暂载率）
5	电焊机	22（kV·A）	3	66（kV·A）	$\varepsilon=65\%$，$\cos\varphi=0.45$ 单机380V
6	照明			15（kW）	白炽灯

解： 1）首先求出各组用电设备的计算负荷

（1）混凝土搅拌机组：

查表：$K_x=0.7, \cos\varphi=0.65, \tan\varphi=1.17$

$$P_{301}=K_x \cdot P_{N1}=0.7\times 40=28\ (\text{kW})$$

$$Q_{301}=P_{301}\cdot\tan\varphi=28\times 1.17=32.76\ (\text{kvar})$$

（2）砂浆搅拌机组：

查表：$K_x=0.7$，$\cos\varphi=0.65$，$\tan\varphi=1.17$

$$P_{302}=K_x \cdot P_{N2}=0.7\times 9=6.3\ (\text{kW})$$

$$Q_{302}=P_{302}\cdot\tan\varphi=6.3\times 1.17=7.37\ (\text{kvar})$$

（3）提升机组：

查表：$K_x=0.25$，$\cos\varphi=0.7$，$\tan\varphi=1.02$

$$P_{303}=K_x \cdot P_{N3}=0.25\times 9=2.25\ (\text{kW})$$

$$Q_{303}=P_{303}\cdot\tan\varphi=2.25\times 1.02=2.3\ (\text{kvar})$$

（4）起重机组：

因为起重机是反复短时工作的负荷，其设备容量要求换算到暂载率为25%时的功率，由于本例中起重机的暂载率$\varepsilon=25\%$，所以可不必进行换算。

查表：$K_x=0.25$，$\cos\varphi=0.7$，$\tan\varphi=1.02$

$$P_{304}=K_x \cdot P_{N4}=0.25\times 60=15\ (\text{kW})$$

$$Q_{304}=P_{304}\cdot\tan\varphi=15\times 1.02=15.3\ (\text{kvar})$$

（5）电焊机组：

因为电焊机也是反复短时工作的，在进行负荷计算时，应先将电焊机换算到100%暂载率下。

查表：$K_x=0.45$，$\cos\varphi=0.45$，$\tan\varphi=1.99$

$$P_{N5}=\frac{\sqrt{\varepsilon}}{\sqrt{\varepsilon_{100}}}P_N=\sqrt{\varepsilon}S_N\cos\varphi=\sqrt{0.65}\times 22\times 0.45=8\ (\text{kW})$$

$$P_{305}=K_x \cdot \Sigma P_{N5}=0.45\times 3\times 8=10.8\ (\text{kW})$$

$$Q_{305}=P_{305}\cdot\tan\varphi=10.8\times 1.99=21.5\ (\text{kvar})$$

（6）照明负荷：

因为照明负荷取$K_x=1$，又$\cos\varphi=1$（白炽灯），所以：

$$P_{306}=K_x \cdot P_{N6}=1\times15=15\ (kW)$$

2）求总计算负荷

取同时系数 $K_\Sigma=0.9$

$$P_{\Sigma30}=K_\Sigma \cdot \Sigma P_{30}=0.9\times(28+6.3+2.25+15+10.8+15)=69.6\ (kW)$$

$$Q_{\Sigma30}=K_\Sigma \cdot \Sigma Q_{30}=0.9\times(32.76+7.37+2.3+15.3+21.5+0)=71.3(kvar)$$

$$S_{\Sigma30}=\sqrt{P^2\ \Sigma30+Q^2\ \Sigma30}=\sqrt{69.6^2+71.3^2}=99.6\ (kV\cdot A)$$

3）求总计算电流

$$I_{\Sigma30}=\frac{S_{\Sigma30}}{\sqrt{3}\times U}=\frac{99.6\times1000}{\sqrt{3}\times380}=151(A)$$

上述负荷的计算是选择变压器、开关、控制设备的规格及导线截面的重要依据。

12.4.2 施工现场配电变压器的选择

在选择配电变压器时，首先应根据负载性质和对压降的要求选择变压器的类型，然后根据当地高压电源的电压和用电负荷需要的电压来确定变压器一次侧、二次侧的额定电压，在我国，一般用户电压均为10kV，而拖动施工机械的电动机的额定电压一般都是380V或220V，所以，施工现场选择的变压器，高压侧额定电压为10kV，低压侧的额定电压为380/220V。

变压器的容量应大于计算容量，即

$$S_N \geqslant S_{30}$$

施工现场计算负荷也可通过估算确定，且变压器的容量应大于估算的计算容量，即

$$S_N \geqslant S_G$$

式中 S_N——选用变压器的额定容量；

S_{30}——计算负荷；

S_G——估算的计算负荷。

12.4.1节的例题中计算视在负荷为99.6（kV·A），考虑20%～30%的余量，对应产品手册，变压器可选用125（kV·A）或160（kV·A）。

12.4.3 施工现场配电箱的选择与设置

1. 各级配电箱的作用

施工现场实行三级配电。总配电箱（柜）是三级配电的第一级，是施工现场临时供电系统中起总用电控制、保护、电能计量、无功功率与电压质量检测的配电箱（柜）。分配电箱是三级配电的第二级，在现场总配电箱的控制下，保护、管理与供电给各开关箱电压的配电箱。开关箱是三级配电的第三级（最末一级），是接受分配电箱的控制并接受分配电箱提供的电源，直接用于控制与管理用电设备的操作箱。

2. 配电箱的设置

1）配电箱的位置设置

总配电箱应尽量选择在现场用电负荷中心、进出线方便的地方，尽量靠近电源侧，不妨碍施工和观瞻，使电能损耗、电压损失、有色金属消耗量接近最小。

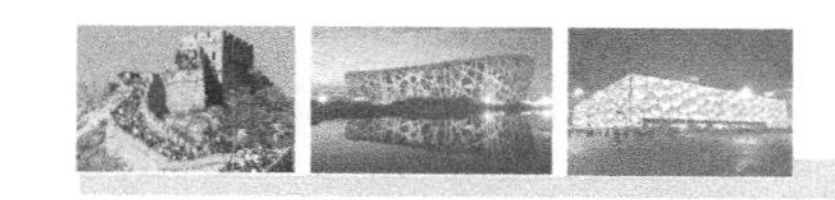

分配电箱应尽量选择在现场用电负荷或设备相对集中的地区，便于给开关箱配电和保持规范规定的安全距离。一般施工现场用电设备或负荷比较集中的地方有：钢筋加工场、混凝土搅拌站、生活区照明、食堂、木材加工场等。

开关箱应设在所控制的用电设备周围便于操作的地方。

2）配电箱的数量设置

总配电箱应根据电源的引入路数决定，一般引入电源为一路，故总箱就设一个即可。

分配电箱应根据供电距离、设备分散情况、单台设备容量大小及规范规定的距离决定箱子的数量。

控制箱应严格按照规范要求，遵循“一机、一箱、一闸、一漏”的原则。

12.5　施工现场安全用电管理措施

在工程施工阶段，能否做到不出事、少出事，取决于管理人员和施工人员的素质及责任心；取决于管理体制是否健全；取决于制度是否有效落实；取决于施工是否按规范要求去做。大多数电气事故都是由不按规程操作、麻痹大意、心怀侥幸、监管不严、惩罚不力等人为因素造成的，所以管理措施的有效落实，是安全用电的必要条件。管理措施主要包括组织措施和技术措施。

12.5.1　施工现场安全用电组织措施

1. 建立安全教育和培训制度

电工是一种特殊工种，《施工现场临时用电安全技术规范》中规定：电工必须按国家现行标准经考核合格后，持证上岗工作。同时，施工单位应经常性地开展对施工人员的安全用电基本知识教育活动。

2. 建立安全用电责任制

对临时用电工程各部位的操作、监护，分片、分块或分机落实到人，并辅以必要的奖励与惩罚。

3. 建立施工现场用电检查制度

施工现场的临时用电状况是动态变化的，特别是第三级用电，经常出现配电箱到开关箱的电源线乱拖乱拉、电源线无线接长等现象。现场用电人员安全、正确使用电气设备知识缺乏，有意无意损坏电气设备的情况还很普遍。所以，很有必要对电工的日常巡回检查，用制度形式固定下来。

4. 建立安全检测制度

从临时用电工程竣工开始，定期对临时用电工程进行检测，主要内容是：接地电阻值、电气设备绝缘电阻值、漏电保护动作参数等，以监视临时用电工程是否安全可靠，并做好检测记录。

5. 建立电气设备维修制度

加强日常和定期维修工作，及时发现和消除隐患，并建立维修工作记录，记载维修时间、地点、设备名称、技术措施、处理结果、维修人员及验收人员等内容。

12.5.2 施工现场安全用电技术措施

1. 选择合适的接地系统并满足安装要求

施工现场临时用电应采用 TN－S 接零保护系统。具体要求如下：

（1）当施工现场与外电线路共用同一供电系统时，电气设备的接地、接零保护应与原系统保持一致，不得一部分设备做保护接零，另一部分设备做保护接地。

（2）采用 TN 系统做保护接零时，工作零线（N 线）必须通过总漏电保护器，保护零线（PE 线）必须由电源进线零线重复接地处或总漏电保护电源侧零线处，引出形成局部 TN－S 接零保护系统。在 TN 接零保护系统中，通过总漏电保护器的工作零线与保护零线之间不得再做电气连接。

（3）施工现场的临时用电电力系统严禁利用大地做相线或零线。

（4）保护零线必须采用绝缘导线。配电装置和电动机械相连接的 PE 线应为截面不小于 2.5mm^2的绝缘多股铜线，手持式电动工具的 PE 线应为截面不小于 1.5mm^2的绝缘多股铜线。

PE 线上严禁装设开关或熔断器，严禁通过工作电流且严禁断线。

为满足 PE 线机械强度要求，PE 线截面的选择应满足表 12.2 的规定。

表 12.2　PE 线最小截面积

相线的截面积 S（mm^2）	相应保护导体的最小截面积 S_P（mm^2）
$S\leqslant16$	S
$16<S\leqslant35$	16
$35<S\leqslant400$	$S/2$
$400<S\leqslant800$	200
$S>800$	$S/2$

注：S 指柜（屏、台、箱、盘）电源进线相线截面积，且两者（S、S_P）材质相同。

（5）相线、N 线、PE 线的颜色标记必须符合以下规定：相线 L_1（A）、L_2（B）、L_3（C）相序的绝缘颜色依次为黄、绿、红色；N 线的绝缘颜色为淡蓝色；PE 线的绝缘颜色为绿/黄双色。任何情况下上述颜色标记严禁混用和互相代用。

（6）在 TN 系统中，手持式电动工具的金属外壳，以及城防、人防、隧道等潮湿或条件特别恶劣施工现场的电气设备必须采用保护接零。

（7）TN 系统中的保护零线除必须在配电室或总配电箱处做重复接地外，还必须在配电系统的中间处和末端处做重复接地。在 TN 系统中，保护零线每一处重复接地装置的接地电阻值不应大于 10Ω。在工作接地电阻值不允许达到 10Ω 的电力系统中，所有重复接地的等效电阻值不应大于 10Ω。

每一接地装置的接地线应采用两根及以上导体，在不同点与接地体做电气连接。不得采用铝导体做接地体或地下接地线，垂直接地体宜采用角钢、钢管或光面圆钢，不得采用螺纹钢。接地体可利用自然接地体，但应保证其有可靠的电气连接和热稳定性。

2. 选择合适的漏电保护器并满足安装要求

（1）施工现场的总配电箱和开关箱应至少设置两级漏电保护器，而且两级漏电保护器的额定漏电动作电流和额定漏电动作时间应合理配合，使之具有分级保护的功能。

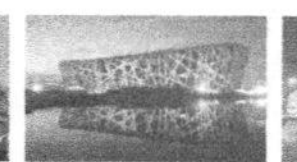
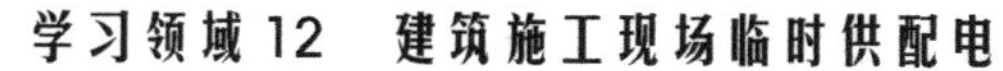

（2）漏电保护器应装设在总配电箱、开关箱靠近负荷的一侧，且不得用于启动电气设备的操作。

（3）漏电保护器的选择应符合国标 GB 6829—1986《漏电动作保护器（剩余电流动作保护器）》的要求，开关箱内的漏电保护器其额定漏电动作电流应不大于30mA，额定漏电动作时间应小于0.1s。

（4）使用在潮湿和有腐蚀介质场所的漏电保护器应采用防溅型产品。其额定漏电动作电流应不大于15mA，额定漏电动作时间应小于0.1s。

3. 采用安全电压

安全电压指不戴任何防护设备，接触时对人体各部位不造成任何损害的电压。我国国家标准 GB 3805—1983《安全电压》中规定，安全电压值的等级有42V、36V、24V、12V、6V五种。同时还规定：当电气设备采用了超过24V的电压时，必须采取防直接接触带电体的保护措施。对下列特殊场所应使用安全电压照明器。

（1）隧道、人防工程、有高温、有导电灰尘或灯具离地面高度低于2.4m等场所的照明，电源电压应不大于36V。

（2）在潮湿和易触及带电体场所的照明电源电压不得大于24V。

（3）在特别潮湿的场所，导电良好的地面、锅炉或金属容器内工作的照明电源电压不得大于12V。

4. 合理设置配电箱

建筑施工现场临时用电应满足三级配电的要求，即总配电箱（一级箱）、分配电箱（二级箱）和开关箱（三级箱）。

（1）总配电箱应设在靠近电源的区域，分配电箱应设在用电设备或负荷相对集中的区域，分配电箱与开关箱的距离不得超过30m，开关箱与其控制的固定式用电设备的水平距离不宜超过3m。

（2）动力配电箱与照明配电箱宜分别设置。当合并设置为同一配电箱时，动力和照明应分路配电；动力开关箱与照明开关箱必须分设；每台用电设备必须有各自专用的开关箱，严禁用同一个开关箱直接控制两台及两台以上用电设备（含插座）。

（3）配电箱、开关箱周围应有足够两人同时工作的空间和通道，不得堆放任何妨碍操作维修的物品，不得有灌木、杂草。

（4）配电箱、开关箱应装设端正、牢固。固定式配电箱、开关箱的中心点与地面的垂直距离应为1.4～1.6m。移动式配电箱、开关箱应装设在坚固、稳定的支架上，其中心点与地面的垂直距离宜为0.8～1.6m。

（5）配电箱、开关箱中导线的进线口和出线口应设在箱体下底面，严禁设在箱体的上顶面、侧面、后面或箱门处。

（6）配电箱、开关箱的电源进线端严禁采用插头和插座做活动连接。对配电箱、开关箱进行定期维修、检查时，必须将其前一级相应的电源隔离开关分闸断电，并悬挂“禁止合闸，有人工作”停电标志牌，严禁带电作业。

5. 正确组装配电箱

（1）总配电箱应装设电压表、总电流表、电度表及其他需要的仪表。专用电能计量仪表

的装设应符合当地供用电管理部门的要求。

（2）分配电箱应装设总隔离开关、分路隔离开关以及总断路器、分路断路器或总熔断器、分路熔断器。分配电箱内部布置图如图 12.9 所示。

（3）开关箱必须装设隔离开关、断路器或熔断器，以及漏电保护器。当漏电保护器是同时具有短路、过载、漏电保护功能的漏电断路器时，可不装设断路器或熔断器。隔离开关应采用分断时具有可见分断点，能同时断开电源所有极的隔离电器，并应设置于电源进线端。当断路器具有可见分断点时，可不另设隔离开关。

（4）配电箱内的电器应首先安装在金属或非木质的绝缘电器安装板上，然后整体紧固在配电箱箱体内，金属板与配电箱箱体应做电气连接。

（5）配电箱、开关箱内的工作零线应通过接线端子板连接，并应与保护零线接线端子板分设。配电箱中 N 线和 PE 线端子排如图 12.10 所示。

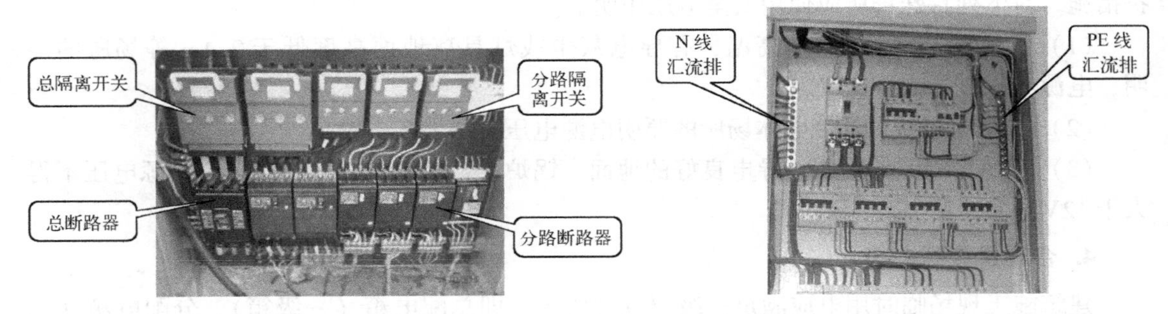

图 12.9　分配电箱内部布置图　　图 12.10　箱内汇流排示意图

（6）各种箱体的金属构架、金属箱体、金属电器安装板以及箱内电器的正常不带电的金属底座、外壳等必须做保护接零，保护零线应经过接线端子板连接。

6. 做好电气设备的防护

（1）在建工程不得在高、低压线路下方施工，高、低压线路下方不得搭设作业棚、建造生活设施，或堆放构件、架具、材料及其他杂物。

（2）施工时各种架具的外侧边缘与外电架空线路的边线之间必须保持安全操作距离。当外电线路的电压为 1kV 以下时，其最小安全操作距离为 4m；当外电架空线路的电压为 1 ～ 10kV 时，其最小安全操作距离为 6m；当外电架空线路的电压为 35 ～ 110kV 时，其最小安全操作距离为 8m。上下脚手架的斜道严禁搭设在有外电线路的一侧。旋转臂架式起重机的任何部位或被吊物边缘与 10kV 以下的架空线路边线最小水平距离不得小于 2m。

（3）施工现场的机动车道与外电架空线路交叉时，架空线路的最低点与路面的最小垂直距离应符合以下要求：外电线路电压为 1kV 以下时，最小垂直距离为 6m；外电线路电压为 1 ～ 35kV 时，最小垂直距离为 7m。

若不能满足要求，可以增设屏障、遮栏、围栏或保护网，并要悬挂醒目的警告标志牌，或与相关部门协商解决。

7. 安全使用架空配电线路

（1）现场中所有架空线路的导线必须采用绝缘铜线或绝缘铝线。导线架设在专用电线杆上。

（2）架空线的导线截面最低不得小于下列截面：当架空线用铜芯绝缘线时，其导线截面不小于 $10mm^2$；当用铝芯绝缘线时，其截面不小于 $16mm^2$。跨越铁路、公路、河流、电力线路档距内的架空绝缘铝线最小截面不小于 $35mm^2$，绝缘铜线截面不小于 $16mm^2$。

（3）架空线路相序的排列：

TN－S系统或TN－C－S系统供电时，和保护零线在同一横担架设时的相序排列：面向负荷从左至右为 L_1、N、L_2、L_3、PE。

TN－S系统或TN－C－S系统供电时，动力线、照明线同杆架设上、下两层横担，相序排列方法：上层横担，面向负荷从左至右为 L_1、L_2、L_3；下层横担，面向负荷从左至右为 L_1、（L_2、L_3）、N、PE。当照明线在两层横担上架设时，最下层横担面向负荷，最右边的导线为保护零线PE。

（4）架空线路的档距一般为30m，最大不得大于35m；线间距离应大于0.3m。

（5）施工现场内导线最大弧垂与地面距离不小于4m，跨越机动车道时为6m。

（6）架空线路所使用的电杆应为专用混凝土杆或木杆。当使用木杆时，木杆不得腐朽，其梢径应不小于130mm。

8. 安全使用电缆配电线路

（1）电缆线路应采用穿管埋地或沿墙、电杆架空敷设，严禁沿地面明设。

（2）电缆在室外直接埋地敷设的深度应不小于0.7m，并应在电缆上下左右均匀铺设不小于50mm厚的细沙，然后覆盖砖等硬质保护层。

（3）橡皮电缆沿墙或电杆敷设时应用绝缘子固定，严禁使用金属裸线进行绑扎。固定点间的距离应保证橡皮电缆能承受自重及所带的荷重。橡皮电缆的最大弧垂距地不得小于2.5m。

（4）电缆的接头应牢固可靠，绝缘包扎后的接头不能降低原来的绝缘强度，并不得承受张力。

（5）在有高层建筑的施工现场，临时电缆必须采用埋地引入。电缆垂直敷设的位置应充分利用在建工程的竖井、垂直孔洞等，同时应靠近负荷中心，固定点每楼层不得少于一处。电缆水平敷设沿墙固定，最大弧垂距地不得小于1.8m。

9. 室内导线的敷设及照明装置的正确选用

（1）室内配线必须采用绝缘铜线或绝缘铝线，距地面高度不得小于2.5m。

（2）进户线在室外处要用绝缘子固定，进户线过墙应穿套管，距地面应大于2.5m，室外要做防水弯头。

（3）室内配线所用导线截面应按图纸要求施工，但铝线截面最小不得小于 $2.5mm^2$，铜线截面不得小于 $1.5mm^2$。

（4）金属外壳的灯具外壳必须做保护接零，所用配件均应使用镀锌件。

（5）室外灯具距地面不得小于3m，室内灯具不得小于2.4m。插座接线时应符合规范要求。

（6）螺口灯头及接线应符合下列要求：相线接在与中心触头相连的一端，零线接在与螺

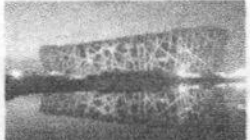

纹口相连的一端；灯头的绝缘外壳不得有损伤和漏电。

（7）各种用电设备、灯具的相线必须经开关控制，不得将相线直接引入灯具。

（8）临时用的照明灯具应优先选用拉线开关。拉线开关距地面高度为2～3m，与门口的水平距离为0.1～0.2m，拉线出口应向下。

（9）严禁将插座与翘板开关靠近装设；严禁在床上设开关。

10. 变压器安装应符合相关要求

（1）变压器试运行前，必须由质量监督部门检查合格后方可运行。

（2）在施工现场，500kV·A以下可采用杆上安装，否则应做基础墩。

（3）照明变压器必须使用双绕组型安全隔离变压器，严禁使用自耦变压器。

（4）油浸变压器带电后，检查油系统是否有渗油现象及油色。

（5）变压器的中性点接地应可靠，接地电阻应符合规范要求，一般不小于4Ω。

实训13 某工程施工现场负荷计算

<table>
<tr><td>实训班级</td><td colspan="2"></td><td>姓 名</td><td></td><td>实训成绩</td><td></td></tr>
<tr><td>实训时间</td><td colspan="2"></td><td>学 号</td><td></td><td>工程练习</td><td>2</td></tr>
<tr><td>实训项目</td><td colspan="6">模拟工程的负荷计算</td></tr>
<tr><td rowspan="3">实训任务</td><td colspan="6">1. 训前完成书面练习</td></tr>
<tr><td colspan="6">2. 完成某工程施工现场负荷计算</td></tr>
<tr><td colspan="6">3. 实训评估、总结与问题</td></tr>
<tr><td rowspan="2">实训目标</td><td>知识方面</td><td colspan="5">了解施工现场临时用电的特点及基本要求；
掌握施工现场用电负荷计算的目的和方法；
了解施工现场安全用电管理措施</td></tr>
<tr><td>技能方面</td><td colspan="5">掌握施工现场负荷计算的方法</td></tr>
<tr><td>重点</td><td colspan="6">掌握施工现场临时供配电的要求</td></tr>
<tr><td>难点</td><td colspan="6">施工现场负荷计算</td></tr>
</table>

1. 任务背景

施工现场负荷计算是编制施工现场临时用电方案的一项重要工作。变压器数量和容量、配电系统的规模、导线截面以及开关大小等，都是通过负荷计算确定的。负荷计算的准确性影响设备能否正常运行，用电是否安全等问题。

2. 实训任务及要求

（1）完成训前书面练习。

通过课本知识、上课内容以及网络信息等方式完成。

（2）完成某工程施工现场负荷计算。

某工程的施工用电从附近10kV架空线引入。工程用电设备功率如表12.3所示。配电导线采用VV型电缆，变压器采用S9型。要求确定低压侧的电缆规格和变压器容量。

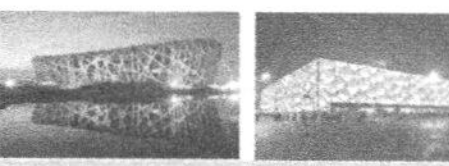

表 12.3 设备功率表

序号	设备名称	安装容量（kW）	数量	合计容量（kW）	备注
1	卷扬机	11	2	22	$\cos\varphi=0.7$
2	电焊机	11	1	11	$\cos\varphi=0.45$，$\varepsilon=50\%$
3	塔式起重机	21.2	2	42.4	$\cos\varphi=0.7$，$\varepsilon=40\%$
4	圆盘锯	3	2	6	$\cos\varphi=0.7$
5	混凝土搅拌机	8	2	16	$\cos\varphi=0.7$
6	钢筋弯曲机	1	1	1	$\cos\varphi=0.7$
7	钢筋调直机	3	1	3	$\cos\varphi=0.7$
8	钢筋切断机	6	1	6	$\cos\varphi=0.7$
9	砂轮锯	2	1	2	$\cos\varphi=0.7$
10	电刨子	4	1	4	$\cos\varphi=0.7$

（3）实训评估、总结与问题。

完成实训后，应对实训工作进行评估、总结和分析，分享收获与提高，分析不足与问题。

3. 重点提示

（1）负荷计算应按组进行，因为不同种类的设备其需要系数和功率因数不同。

（2）变压器的容量应根据计算负荷的结果、厂家的规格以及适当考虑余量确定。

4. 知识链接

确定计算负荷的方法很多，常用的有需要系数法。在用需要系数法进行负荷计算时，首先要把工作性质相同、具有相近需要系数的同类用电设备合并成组，求出各组用电设备的计算负荷。计算负荷又分为有功计算负荷、无功计算负荷和视在计算负荷，计算负荷确定后，便可确定计算电流。它们的计算公式为：

有功计算负荷：$P_{30}=K_x P_e$

无功计算负荷：$Q_{30}=P_{30}\tan\varphi$

视在计算负荷：$S_{30}=P_{30}/\cos\varphi=\sqrt{P_{30}^2+Q_{30}^2}$

三相负荷计算电流：$I_{30}=\dfrac{S_{30}\times 1000}{\sqrt{3}U_N}$

式中 K_x——某类用电设备的需要系数（可根据设备种类查表获得）；

P_e——某类用电设备经过折算后的设备容量（kW）；

φ——某类用电设备的功率因数角；

U_N——电源额定线电压（V）。

5. 相关练习

（1）建筑施工现场临时用电应满足______配电，______保护和____________的要求。

（2）施工现场安全用电的组织措施有哪些？

____

____

(3) 施工现场安全用电的技术措施有哪些?

(4) 施工现场为什么对配电箱的安装接线要求特别高?

6. 计划

(1) 采用什么方法计算?

(2) 准备分几组计算?

7. 实施

计算过程:

8. 评估

(1) 对任务完成情况进行分析,填写表 12.4。

表 12.4　任务完成情况分析

完成情况	未完成内容	未完成的原因
完成 □ 未完成 □		

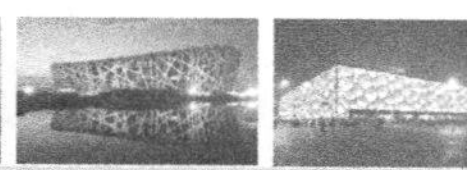

（2）根据实训的心得、不足与发现的问题，填写表12.5。

表12.5　心得、不足与问题

心得	
不足	
问题	1.
	2.

（3）由老师对实训进行综合评定，填写表12.6。

表12.6　综合评定

序　号	内　容	满　分	得　分
1	训前准备与练习	20	
2	完成情况	20	
3	思路与计算结果	60	
合　计		100	

学习领域 13

施工现场临时用电方案设计

教学指导页

<table>
<tr><td rowspan="2">授课时间</td><td rowspan="2"></td><td rowspan="2">授课班级</td><td rowspan="2"></td><td rowspan="2">课时分配</td><td>理论</td><td>2</td></tr>
<tr><td>模拟练习</td><td></td></tr>
<tr><td rowspan="4">教学任务</td><td rowspan="3">理论</td><td colspan="5">13.1　施工现场临时用电方案设计主要依据</td></tr>
<tr><td colspan="5">13.2　施工现场临时用电方案设计主要内容</td></tr>
<tr><td colspan="5">13.3　某高层住宅区施工现场临时用电负荷计算实例</td></tr>
<tr><td>实训</td><td colspan="5">某工程施工现场临时用电方案设计</td></tr>
<tr><td rowspan="2">教学目标</td><td>知识方面</td><td colspan="5">了解施工现场临时用电方案设计的重要性；
熟知施工现场临时用电方案的基本内容和深度要求</td></tr>
<tr><td>技能方面</td><td colspan="5">结合实际项目能进行施工现场临时用电方案设计</td></tr>
<tr><td>重点</td><td colspan="6">掌握施工现场临时用电方案设计的内容、步骤和要求</td></tr>
<tr><td>难点</td><td colspan="6">确定合理的施工现场临时用电方案内容并完整编写</td></tr>
<tr><td rowspan="2">问题与改进</td><td>学生方面</td><td colspan="5"></td></tr>
<tr><td>教师方面</td><td colspan="5"></td></tr>
</table>

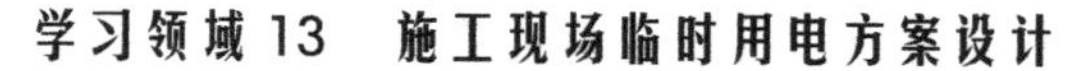

建筑工程是一项十分复杂的生产活动，建筑工程施工要根据当地的自然条件，当地可提供的设备、材料、人力及工程特点，编制切实可行的施工组织设计。施工组织设计是指导现场施工与技术管理的全面性技术经济文件，是建筑施工企业实现科学管理的重要手段。科学、合理地编制、实施与管理施工组织设计，是高质量、低成本、有秩序、高效率地完成工程项目的有力保证措施。

13.1 施工现场临时用电方案设计主要依据

施工现场临时用电方案设计作为临时用电工程的主要技术资料，有助于加强对临时用电工程的技术管理，从而保障其使用的安全和可靠性。按《施工现场临时用电安全技术规范》（JGJ 46—2005）的规定，施工现场临时用电设备在5台及以上或设备总容量在50kW及以上者，应编制用电组织设计并经有关部门审核批准。

编制施工现场临时用电方案设计的主要依据是JGJ 46—2005《施工现场临时用电安全技术规范》，以及其他一些相关的电气技术标准、法规和规程；投标文件、实地勘察资料、本工程配套机械装备及工器具配套基本设施等。

编制临时用电工程施工方案设计，必须由施工单位专业电气技术人员编制，技术负责人审核。封面上要注明工程名称、施工单位、编制人并加盖单位公章。

施工现场临时用电方案设计必须在开工前15天内报上级主管部门审核，批准后方可进行临时施工。施工时要严格执行审核后的临时用电方案，按图施工。当需要变更临时用电施工方案时，应补充有关图纸资料，同样需要上报主管部门批准，待批准后，再按照修改后的临时用电方案设计施工。

13.2 施工现场临时用电方案设计主要内容

编写临时用电方案设计前，首先应了解工程的性质、内容、使用设备情况、工期等，并进行现场勘察，必要时应进行现场勘测。然后，应收集施工现场平面布置图，明确用电设备的名称、容量、使用地点及使用时间等，并做好与相关单位的联系和沟通工作。施工现场临时用电组织设计主要内容（或步骤）包括：

1. 工程概况

主要介绍工程地理位置、造价、施工内容、工期及施工特点、建设单位、施工单位、监理单位、设计单位等内容。

2. 供配电方案

确定电源进线、变电所或配电室、配电装置、用电设备位置及线路走向。

3. 临时用电设计

（1）配电系统设计：初步确定变压器和配电箱的控制范围，根据用电设备的性质、容量及安装位置大致确定变压器和配电箱的台数，并根据每台变压器所控制区域和该区域的负荷数量、性质、容量等，绘出配电系统草图。

（2）负荷计算：根据配电系统图逐级进行负荷计算。

(3) 变压器选择：根据负荷计算结果，可对初步确定的变压器控制范围和数量进行适当调整，最终确定变压器的台数及每台的容量。

(4) 配电箱选择与设计：根据负荷计算结果，可对初步确定的配电箱控制范围和数量进行适当调整，最终确定配电箱的台数及所配开关等设备的规格型号。还应确定箱内电气接线方式和电气保护措施等。配电箱与开关箱的设计要和配电线路设计相适应，还要与配电系统的基本保护方式相适应，并满足用电设备的配电和控制要求，尤其要满足防漏触电的要求。

(5) 配电线路设计：根据负荷计算，确定每段导线的型号和规格，再根据具体情况，选择和确定线路走向、配电方式等。同时，配电线路设计不仅要与供电系统设计相衔接，还要与配电箱设计相衔接，尤其要与供电系统的基本防护方式（应采用 TN－S 保护系统）相结合，统筹考虑零线的敷设和接地装置的敷设。

(6) 接地与接地装置设计：接地是现场临时用电工程配电系统安全、可靠运行和防止人身直接或间接触电的基本保护措施。接地与接地装置的设计主要是根据配电系统的工作和基本保护方式的需要确定接地类别，确定接地电阻值，并根据接地电阻值的要求选择或确定自然接地体或人工接地体。对于人工接地体还要根据接地电阻值的要求，设计接地的结构、尺寸和埋深以及相应的土壤处理，并选择接地材料，接地装置的设计还包括接地线的选用和确定接地装置各部分之间的连接要求等。

(7) 防雷设计：根据被保护设施的性质和防雷要求，进行相应的防雷设计。

4. 编制安全用电管理措施

管理措施包括组织措施和技术措施。组织措施是保证安全用电的行政手段。技术措施是保证安全用电的技术手段，在编制时，应根据工程的实际情况编制，不能生搬硬套。

5. 编制电气防火措施

由于电气设备的特殊性，使用不当极易引起火灾，而火灾对人身和设备的伤害是无法估量的，所以施工现场的防火工作显得尤其重要。防火措施同样包括组织措施和技术措施。组织措施主要强调的是建立制度和责任制。技术措施主要包括的是防火和灭火的技术手段，在编制时，应根据工程的实际情况编制，不能生搬硬套。

6. 施工现场临时用电方案设计施工图

临时供电方案施工图是施工组织设计的具体表现，也是临电设计的重要内容。进行计算后的导线截面及各种电气设备的选择都要体现在施工图中，施工人员依照施工图布置配电箱、开关箱，按照图纸进行线路敷设。它主要提供临时用电系统图和施工现场平面图。

1）临时用电平面图设计

临时用电平面图的内容应包括：

(1) 在建工程临建、在施、原有建筑物的位置。

(2) 电源进线位置、方向及各种供电线路的导线敷设方式、截面、根数及线路走向。

(3) 变压器、配电室、总配电箱、分配电箱及开关箱的位置，箱与箱之间的电气关系。

(4) 施工现场照明及临建内的照明，室内灯具开关控制位置。

(5) 工作接地、重复接地、保护接地、防雷接地的位置及接地装置的材料做法等。

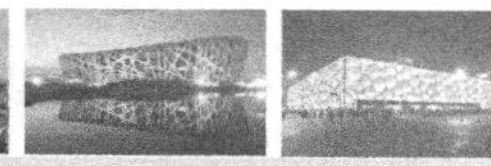

2）临时供电系统图设计

临时供电系统图是表示施工现场动力及照明供电的主要图纸，其内容应包括：

（1）标明变压器高压侧的电压级别，导线截面，进线方式，高低压侧的继电保护及电能计量仪表型号、容量等。

（2）选择低压侧供电系统的形式。

（3）确定各种箱体之间的电气联系。

（4）确定配电线路的导线截面、导线敷设方式及线路走向。

（5）确定各种电气开关型号、容量、熔体及自动开关熔断器的整定、熔断值。

（6）标明各用电设备的名称、容量。

13.3 某高层住宅区施工现场临时用电负荷计算实例

1. 工程概况

某高层住宅区一期工程包括1号、2号楼和配电室。总建筑面积约为127672m²，地下一层面积约为16481m²，1、2号楼地上建筑层数为33层，建筑高度为101.05m，变电所地上建筑层数为1层。结构类型：框架剪力墙结构，抗震设防烈度为7.5度，基础采用人工挖孔桩。本施工现场临时用电设计是变压器以下线路，主要是基础、主体结构施工用电（不包括设备整体调试用电）的配电箱、开关、线路的选择、布置。施工现场临时用电总平面图如图13.1所示。

2. 施工现场临时用电负荷计算

1）施工现场机械设备计划

施工现场用电高峰期拟投入的机械设备见表13.1。

表13.1 施工现场用电高峰期拟投入的机械设备表

机械器具名称	功率（kW）	数 量	合计（kW）	备 注
塔式起重机	31	3	93	
人货电梯	40	6	240	
砂浆搅拌机	3	4	12	高峰期不考虑
混凝土搅拌机	7.5	2	15	高峰期不考虑
平板振动器	1.1	16	17.6	
插入式振动器	1.5	10	15	
木工电锯	5.5	2	11	
圆盘锯	1.5	16	24	
对焊机	160kV·A	2	320kV·A	
电弧焊机	10kV·A	4	40kV·A	
电渣压力焊机	21kV·A	3	63kV·A	
钢筋弯曲机	2.2	4	8.8	
钢筋切断机	2.2	4	8.8	

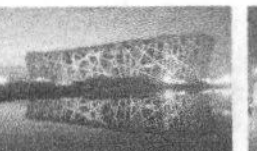

续表

机械器具名称	功率（kW）	数　量	合计（kW）	备　注
钢筋调直机	7.5	2	15	
离心高压泵	7.5	2	15	高峰期不考虑
潜水泵	1.1～2.2	10	20	高峰期不考虑

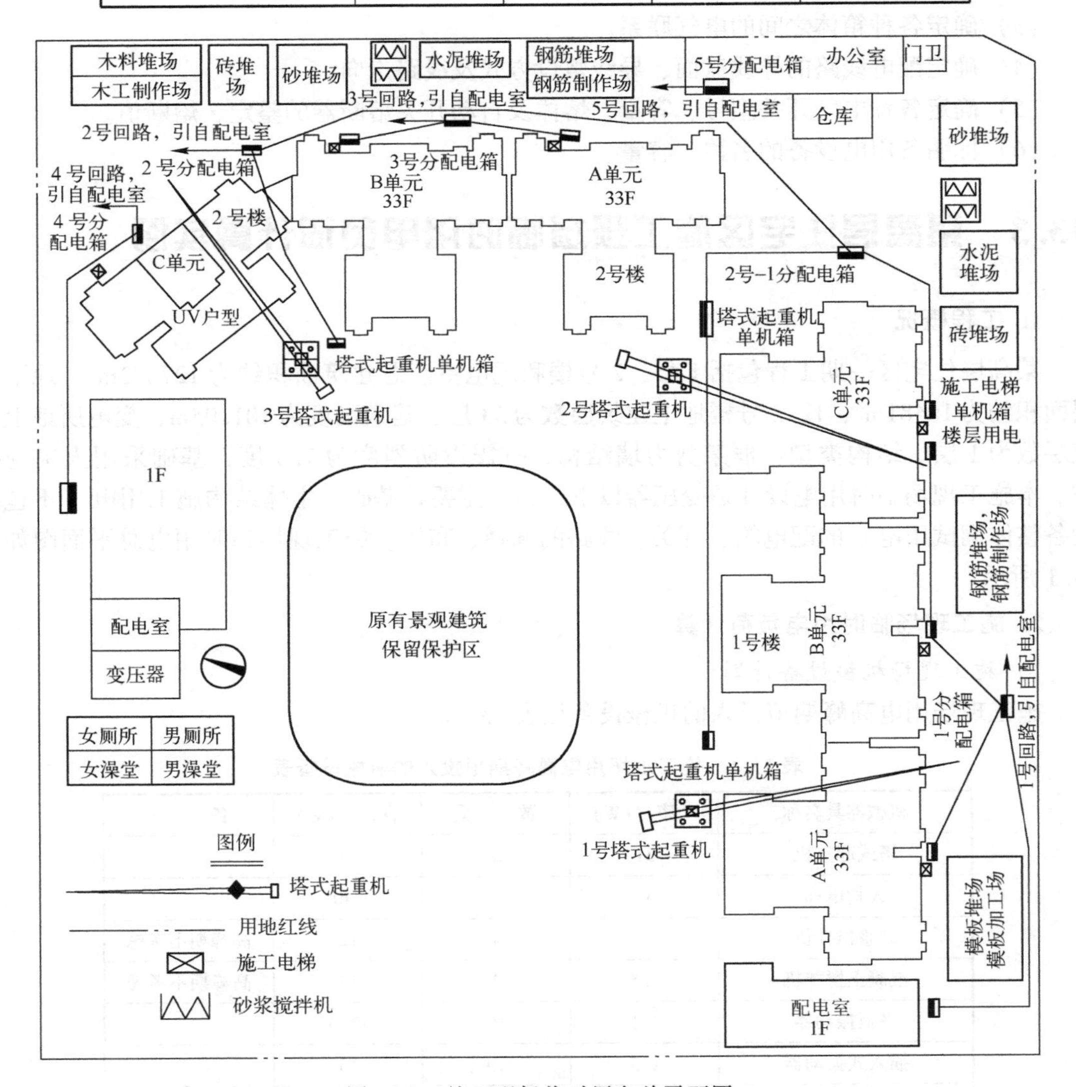

图 13.1　施工现场临时用电总平面图

2）总负荷计算（按需要系数法确定计算负荷）

负荷计算公式为

$$S = K_1 \times K_2 \ (K_3 \times \Sigma P_1 \div \cos\varphi + K_4 \times \Sigma P_2)$$

式中 K_1——备用系数，一般取 1.05（下同）；

K_2——照明系数，一般取 1.0（下同）；

K_3——电动机需要系数，查表 13.2，一般在 0.5 ～ 0.7 范围内；

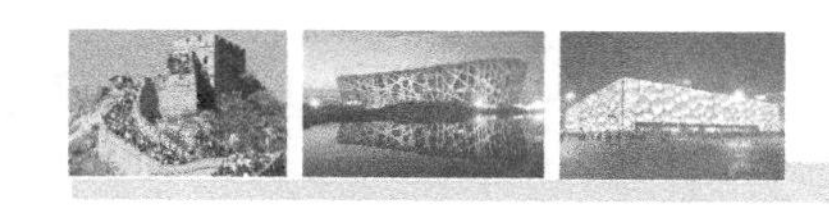

K_4——电焊机需要系数，查表13.2，一般在0.4～0.5范围内；

$\cos\varphi$——电动机平均功率因数，一般可取0.65～0.78；

P_1——电动机等设备容量，单位为kW；

P_2——各种电焊机设备容量，单位为kV·A。

总负荷：

$$\begin{aligned}S_{30} &= K_1 \times K_2(K_3 \times \Sigma P_1 \div \cos\varphi + K_4 \times \Sigma P_2)\\ &= 1.05 \times 1.0 \times (0.5 \times 496.2 \div 0.78 + 0.40 \times 423)\\ &= 1.05 \times 1.0 \times (318.1 + 169.2)\\ &= 511.64(\text{kV}\cdot\text{A})\end{aligned}$$

计算电流：$I_{30} = S_{30} \div (1.732 \times U) = 511.64 \div (1.732 \times 0.38) = 777(\text{A})$

表13.2 电动机、电焊机需要系数表

用电名称	数量	需要系数	
		K	数值
电动机	3～10台	K_3	0.7
	11～30台		0.6
	30台以上		0.5～0.6
加工厂动力设备			0.5
电焊机	3～10台	K_4	0.5
	6台以上		0.4

3）开关、变压器、导线的选择

根据上述计算的结果，可以对开关、变压器和导线进行选择。

开关选择：施工现场配电室可选用1000A的总开关。

变压器选择：建设单位提供一台500kV·A的变压器，就能满足施工用电的要求。

导线选择：本工程现场配电室电源引入线由建设单位提供两根$VV_{22}-3\times120+2\times70$的电缆线并联，埋地引入。

3. 配电箱系统设计

1）配电方案

主体部分施工时，考虑现场施工供电变压器的实际情况。电源从已经建成的建筑物地下室新安装的500kV·A变压器室引出，共分为五路，第一路引至1号分配电箱（钢筋作业场1，1号楼A、B、C单元楼层施工用电，1号楼A、B单元施工电梯用电）；第二路引至2号分配电箱（1号、2号、3号塔式起重机，1号楼C单元施工电梯用电）；第三路引至3号分配电箱（钢筋作业场2，2号楼A、B单元楼层，施工电梯用电）；第四路引至4号分配电箱（2号楼C单元楼层、施工电梯用电、1F施工用电）；第五路引至5号分配电箱，供办公、生活区使用。各回路从二级电箱再分支电路到各分配电箱、单机箱、移动箱，楼层配电在每隔两层设一个综合开关箱，做到配电合理、互不干扰，防止因电气故障影响施工。施工用电配电框图如图13.2所示。

2）导线选择

（1）1号分配电箱。计算依据如下：

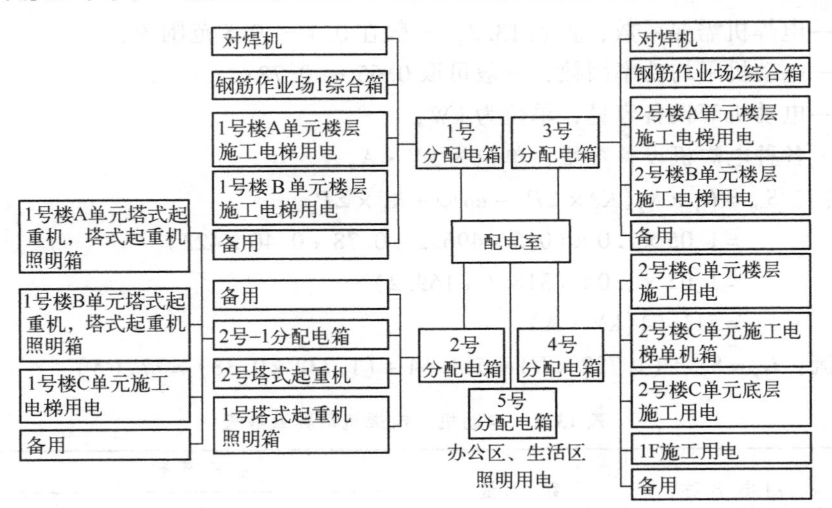

图 13.2　施工用电配电框图

① 设备功率：设备功率见表 13.3（钢筋作业场 1，1 号楼 A、B、C 单元楼层施工用电，1 号楼 A、B 单元施工电梯用电）。

表 13.3　设备功率表

机械器具名称	功率（kW）	数　量	合计（kW）	备　注
施工电梯	40	2	80	
对焊机	160kV·A	1	160kV·A	
电渣压力焊机	21kV·A	2	42kV·A	
电弧焊机	10kV·A	2	20kV·A	
钢筋弯曲机	2.2	4	8.8	
钢筋切断机	2.2	3	6.6	
钢筋调直机	7.5	1	7.5	
平板振动机	2.2	2	4.4	
插入式振动机	1.1	4	4.4	
木工电锯	5.5	1	5.5	
圆盘锯	1.5	4	6	
砂浆搅拌机	3	2	6	装修阶段用
离心高压泵	7.5	1	7.5	高峰期不考虑

② 容量计算：

需要系数　$K_3 = 0.5$，$K_4 = 0.4$

$\Sigma P_1 = 123.2\text{kW}$，$\Sigma P_2 = 222\text{kV}\cdot\text{A}$

③ 按计算电流选择电缆（考虑夜晚加班时不使用全部施工机械，照明系数暂不考虑）：

电动机　$P_{30} = K_1 \times K_2(K_3 \times \Sigma P_1) = 1.05 \times 1.0 \times (0.5 \times 123.2) = 64.7(\text{kW})$

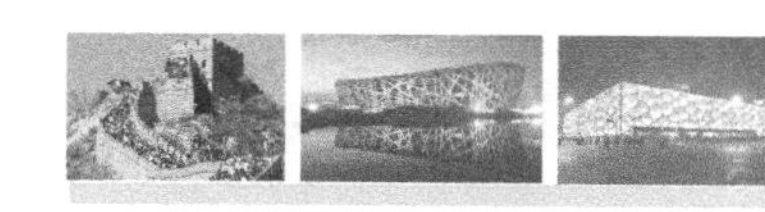

电焊机 $S_{30}=K_1\times K_2(K_4\times\Sigma P_2)=1.05\times1.0\times(0.4\times222)=93.2(\mathrm{kV\cdot A})$

$I_{30}=P_{30}\div(1.732\times U\times\cos\varphi)+S_{30}\div(1.732\times U)$

$=64.7\div(1.732\times0.38\times0.78)+93.2\div(1.732\times0.38)$

$=126+141.7=267.7(\mathrm{A})$

④ 结论：至1号分配电箱干线选用 $VV_{22}-3\times120+2\times70$（允许载流量267A），埋地敷设引至分配电箱，分配电箱内配置如图13.3所示。

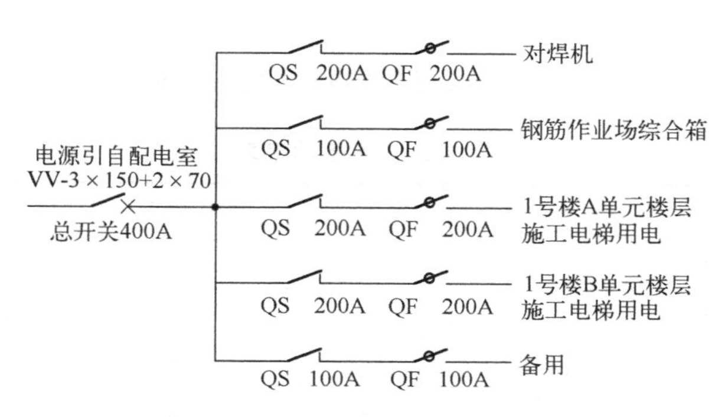

图13.3 1号分配电箱配电系统图

（2）2号分配电箱。计算依据如下：

① 设备功率：设备功率见表13.4（1号、2号、3号塔式起重机，1号楼C单元施工电梯用电）。

表13.4 设备功率表

机械器具名称	功率（kW）	数　量	合计（kW）	备　注
塔式起重机	31	3	93	
人货电梯	40	1	40	
塔式起重机照明	3.5	12	42	暂按12套计算

② 容量计算：

需要系数 $K_3=0.5$，$K_4=0.4$

$\Sigma P_1=175\mathrm{kW}$，$\Sigma P_2=0\mathrm{kV\cdot A}$

③ 按计算电流选择电缆：

电动机 $P_{30}=K_1\times K_2(K_3\times\Sigma P_1)=1.05\times1.0\times(0.5\times175)=91.9(\mathrm{kW})$

电焊机 $S_{30}=K_1\times K_2(K_4\times\Sigma P_2)=1.05\times1.0\times(0.4\times0)=0(\mathrm{kV\cdot A})$

$I_{30}=P_{30}\div(1.732\times U\times\cos\varphi)+S_{30}\div(1.732\times U)$

$=91.9\div(1.732\times0.38\times0.78)+0\div(1.732\times0.38)$

$=179+0=179(\mathrm{A})$

④ 结论：至2号分配电箱干线选用 $VV_{22}-3\times70+2\times35$（允许载流量185A），埋地敷设引至分配电箱，分配电箱内配置如图13.4所示。

（3）3号分配电箱。计算依据如下：

① 设备功率：设备功率见表13.5（钢筋作业场2，2号楼A、B单元楼层，施工电梯用电）。

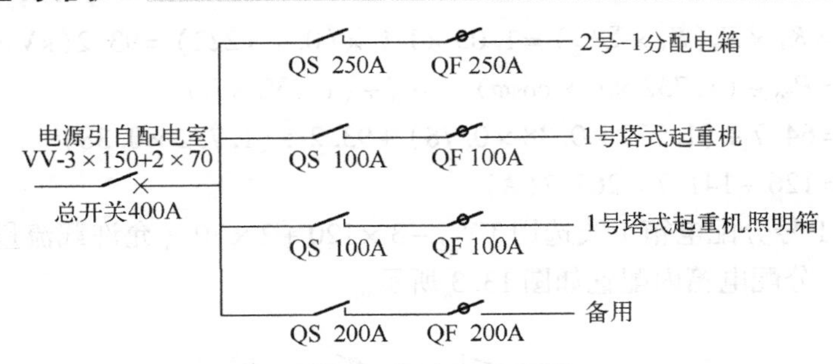

图 13.4　2 号分配电箱配电系统图

表 13.5　设备功率表

机械器具名称	功率（kW）	数　量	合计（kW）	备　注
施工电梯	40	2	80	
砂浆搅拌机	3	2	6	装修阶段用
平板振动器	2.2	2	4.4	
嵌入式振动器	1.1	4	4.4	
木工电锯	5.5	1	5.5	
圆盘锯	1.5	4	6	
对焊机	160kV·A	1	160kV·A	
电弧焊机	10kV·A	2	20kV·A	
电渣压力焊机	21kV·A	2	42kV·A	
钢筋弯曲机	2.2	4	8.8	
钢筋切断机	2.2	3	6.6	
钢筋调直机	7.5	1	7.5	

② 容量计算：

需要系数 $K_3 = 0.5$，$K_4 = 0.4$

$\Sigma P_1 = 123.2\text{kW}$，$\Sigma P_2 = 222\text{kV}\cdot\text{A}$

③ 按计算电流选择电缆：

电动机　$P_{30} = K_1 \times K_2(K_3 \times \Sigma P_1) = 1.05 \times 1.0 \times (0.5 \times 123.2) = 64.7(\text{kW})$

电焊机　$S_{30} = K_1 \times K_2(K_4 \times \Sigma P_2) = 1.05 \times 1.0 \times (0.4 \times 222) = 93.2(\text{kV}\cdot\text{A})$

$$I_{30} = P_{30} \div (1.732 \times U \times \cos\varphi) + S_{30} \div (1.732 \times U)$$
$$= 64.7 \div (1.732 \times 0.38 \times 0.78) + 93.2 \div (1.732 \times 0.38)$$
$$= 126 + 141.7 = 267.7(\text{A})$$

④ 结论：至 3 号分配电箱干线选用 $VV_{22} - 3 \times 95 + 2 \times 50$（允许载流量 263A），埋地敷设引至分配电箱，分配电箱内配置如图 13.5 所示。

（4）4 号分配电箱。计算依据如下：

① 设备功率：设备功率见表 13.6（2 号楼 C 单元楼层、施工电梯用电、1F 施工用电）。

 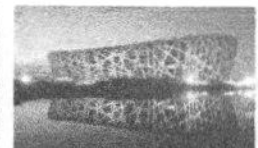 

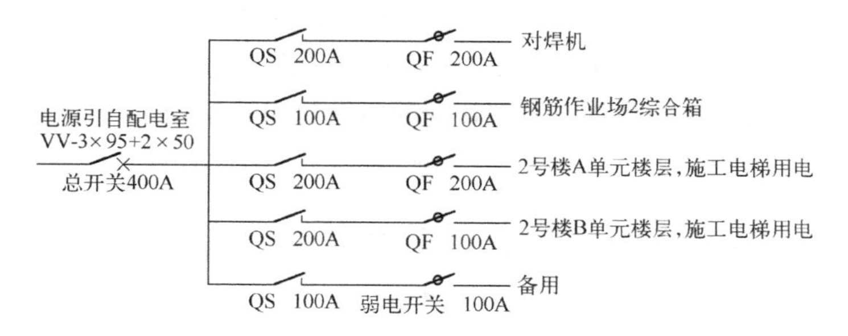

图 13.5 3 号分配电箱配电系统图

表 13.6 设备功率表

机械器具名称	功率（kW）	数　量	合计（kW）	备　注
施工电梯	40	1	40	
砂浆搅拌机	3	1	3	装修阶段用
平板振动器	2.2	2	4.4	
嵌入式振动器	1.1	4	4.4	
木工电锯	5.5	1	5.5	
圆盘锯	1.5	3	4.5	
电弧焊机	10kV·A	2	20kV·A	
电渣压力焊机	21kV·A	2	42kV·A	
离心高压泵	7.5	1	7.5	高峰期不考虑

② 容量计算：

需要系数　$K_3=0.5$，$K_4=0.4$

$\Sigma P_1=58.8\text{kW}$，$\Sigma P_2=62\text{kV}\cdot\text{A}$

③ 按计算电流选择电缆：

电动机　$P_{30}=K_1\times K_2(K_3\times\Sigma P_1)=1.05\times1.0\times(0.5\times58.8)=30.9(\text{kW})$

电焊机　$S_{30}=K_1\times K_2(K_4\times\Sigma P_2)=1.05\times1.0\times(0.4\times62)=26.04(\text{kV}\cdot\text{A})$

$$I_{30}=P_{30}\div(1.732\times U\times\cos\varphi)+S_{30}\div(1.732\times U)$$
$$=30.9\div(1.732\times0.38\times0.78)+26.04\div(1.732\times0.38)$$
$$=60.2+39.6=99.8(\text{A})$$

④ 结论：至4号分配电箱干线选用 $VV_{22}-3\times50+2\times25$（允许载流量152A），埋地敷设引至分配电箱，分配电箱内配置如图13.6所示。

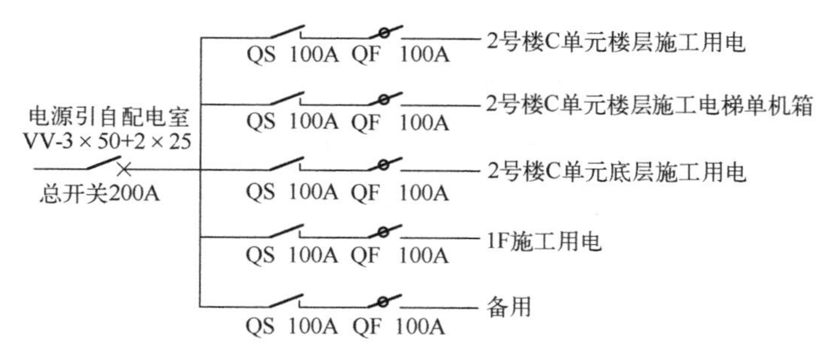

图 13.6 4 号分配电箱配电系统图

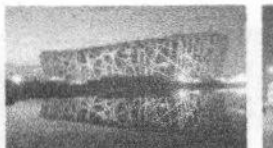

(5) 5 号分配电箱（办公及生活照明）本工程因场地的原因，工人生活区设置于场外，只考虑办公区生活用电。该支路用电量按20kW 考虑，采用$5\times16mm^2$的塑料护套电缆沿地埋设，设置5 号分配电箱此处不再赘述。其他作业配电系统如图 13.7 所示。

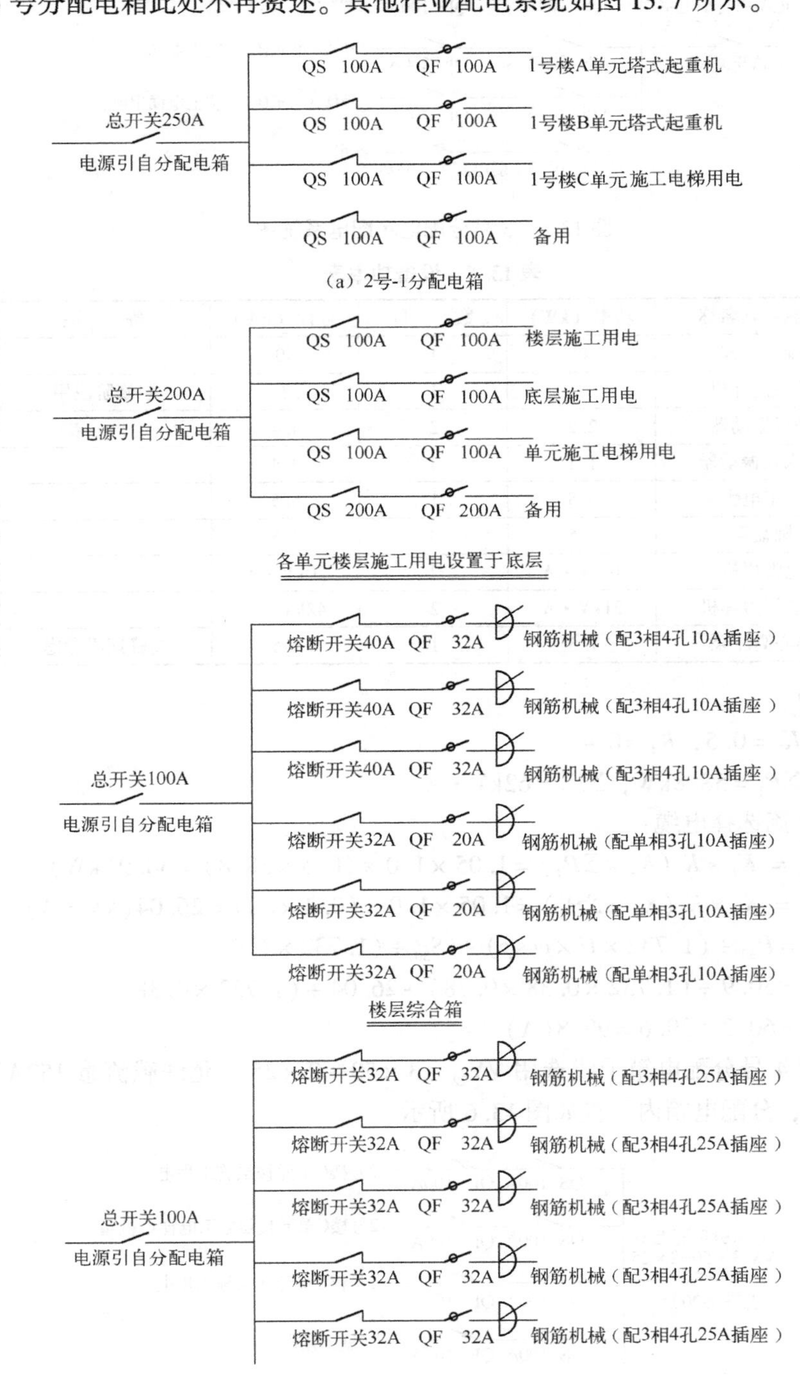

图 13.7 其他配电系统图

4. 主要电气设备进线电缆规格型号

1）塔式起重机

$$K_X = 1, \cos\varphi = 0.75$$

$$I_{30} = K_X \times P_e / (1.732 \times U \times \cos\varphi) = 1 \times 31 / (1.732 \times 0.38 \times 0.75) = 60.4(\mathrm{A})$$

查表选用橡胶铜芯软电缆 $3 \times 25 + 2 \times 16\mathrm{mm}^2$。

2）人货电梯

$$K_X = 1, \cos\varphi = 0.75$$

$$I_{30} = K_X \times P_e / (1.732 \times U \times \cos\varphi) = 1 \times 40 / (1.732 \times 0.38 \times 0.75) = 81(\mathrm{A})$$

查表选用橡胶铜芯软电缆 $3 \times 25 + 2 \times 16\mathrm{mm}^2$。

3）对焊机

$$K_X = 0.5$$

$$I_{30} = K_X \times P_e / U = 0.5 \times 100 / 0.38 = 131(\mathrm{A})$$

查表选用橡胶铜芯软电缆 $3 \times 35\mathrm{mm}^2$。

4）电渣压力焊机

$$K_X = 0.5$$

$$I_{30} = K_X \times P_e / U = 0.5 \times 21 / 0.38 = 27.6(\mathrm{A})$$

查表选用橡胶铜芯软电缆 $3 \times 6\mathrm{mm}^2$。

其他5kW以内设备均采用橡套电缆，截面不小于 $2.5\mathrm{mm}^2$ 配电。

本工程现场主干线路电缆全部采用VV型塑料护套电缆，敷设方式为沿墙及埋地、穿管敷设。电缆规格主要有：$VV_{22}-3 \times 120 + 2 \times 70\mathrm{mm}^2$、$VV_{22}-3 \times 70 + 2 \times 35\mathrm{mm}^2$ 等；分支线路采用YZ型橡套电缆。总配电系统如图13.8所示。

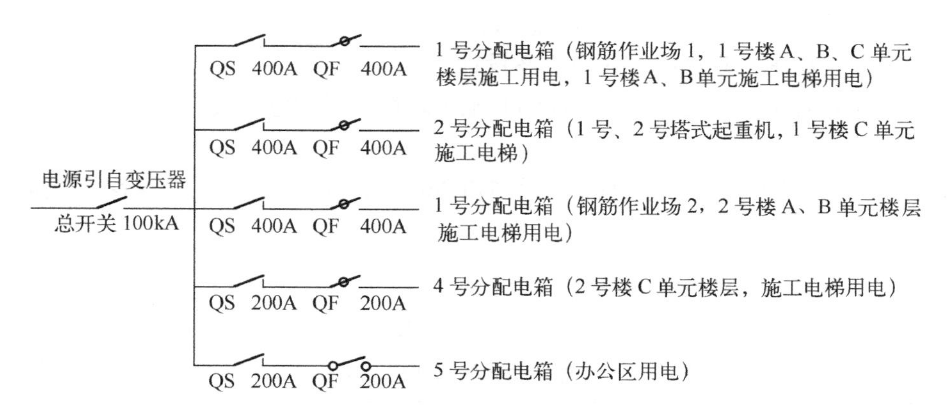

图13.8　总配电系统图

值得一提的是：上述选择导线均按导线的发热条件选择，如线路距离较长还应考虑电压损失，在满足发热条件的同时还应满足线路电压降的要求。

实训 14　某工程施工现场临时用电方案设计

<table>
<tr><td>实训班级</td><td></td><td>姓 名</td><td></td><td>实训成绩</td><td></td></tr>
<tr><td>实训时间</td><td></td><td>学 号</td><td></td><td>模拟练习</td><td>8</td></tr>
<tr><td rowspan="3">实训任务</td><td colspan="5">1. 训前完成书面练习</td></tr>
<tr><td colspan="5">2. 完成某工程施工现场临时用电方案设计</td></tr>
<tr><td colspan="5">3. 实训评估、总结与问题</td></tr>
<tr><td rowspan="2">实训目标</td><td>知识方面</td><td colspan="4">了解施工现场临时用电方案设计的重要性；
熟知施工现场临时用电方案的基本内容和深度要求</td></tr>
<tr><td>技能方面</td><td colspan="4">结合实际项目能进行施工现场临时用电方案设计</td></tr>
<tr><td>重点</td><td colspan="5">掌握施工现场临时用电方案设计的内容、步骤和要求</td></tr>
<tr><td>难点</td><td colspan="5">确定合理的施工现场临时用电方案内容并完整编写</td></tr>
</table>

1. 任务背景

随着社会的不断发展、国力的不断增强，我国的建设项目越来越多，规模大的项目也不在少数，故施工现场的用电量也越来越大。近几年来，国家相关部门在政策上、制度上、管理上逐步形成了一套完善的管理体系，但不可否认的是，由于施工环境比较恶劣；施工人员流动性大，素质良莠不齐；负荷变化大，临时性强，故施工现场电气事故屡有发生。《施工现场临时用电安全技术规范》中规定：施工现场临时用电设备在 5 台及以上或设备总容量在 50kW 及以上者，应编制施工现场临时用电方案。

2. 实训任务及要求

(1) 完成训前书面练习。

通过课本知识、上课内容以及网络信息等方式完成。

(2) 完成某工程施工现场临时用电方案设计。

为某道路桥梁工程的加工场及生活区编制施工现场临时用电方案。

(3) 实训评估、总结与问题。

完成实训后，应对实训工作进行评估、总结和分析，分享收获与提高，分析不足与问题。

3. 提供资料

(1) 施工现场平面布置图（见图 13.9）。

(2) 各区域的设备功率表（见表 13.7 ～表 13.22）。

表 13.7　下部结构钢筋制作棚设备功率表

机械器具名称	功率（kW）	数　量	合计（kW）	备　注
电渣压力焊机	15kV · A	1	15kV · A	
电弧焊机	10kV · A	2	20kV · A	
钢筋弯曲机	2.2	4	8.8	
钢筋切断机	2.2	3	6.6	
钢筋调直机	7.5	1	7.5	

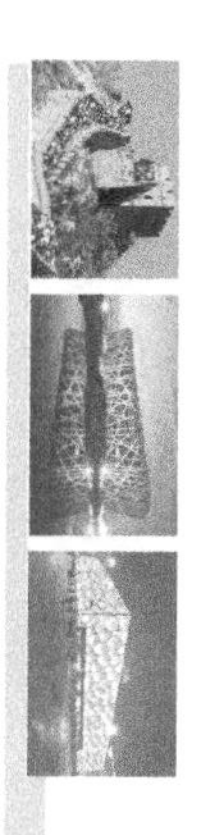

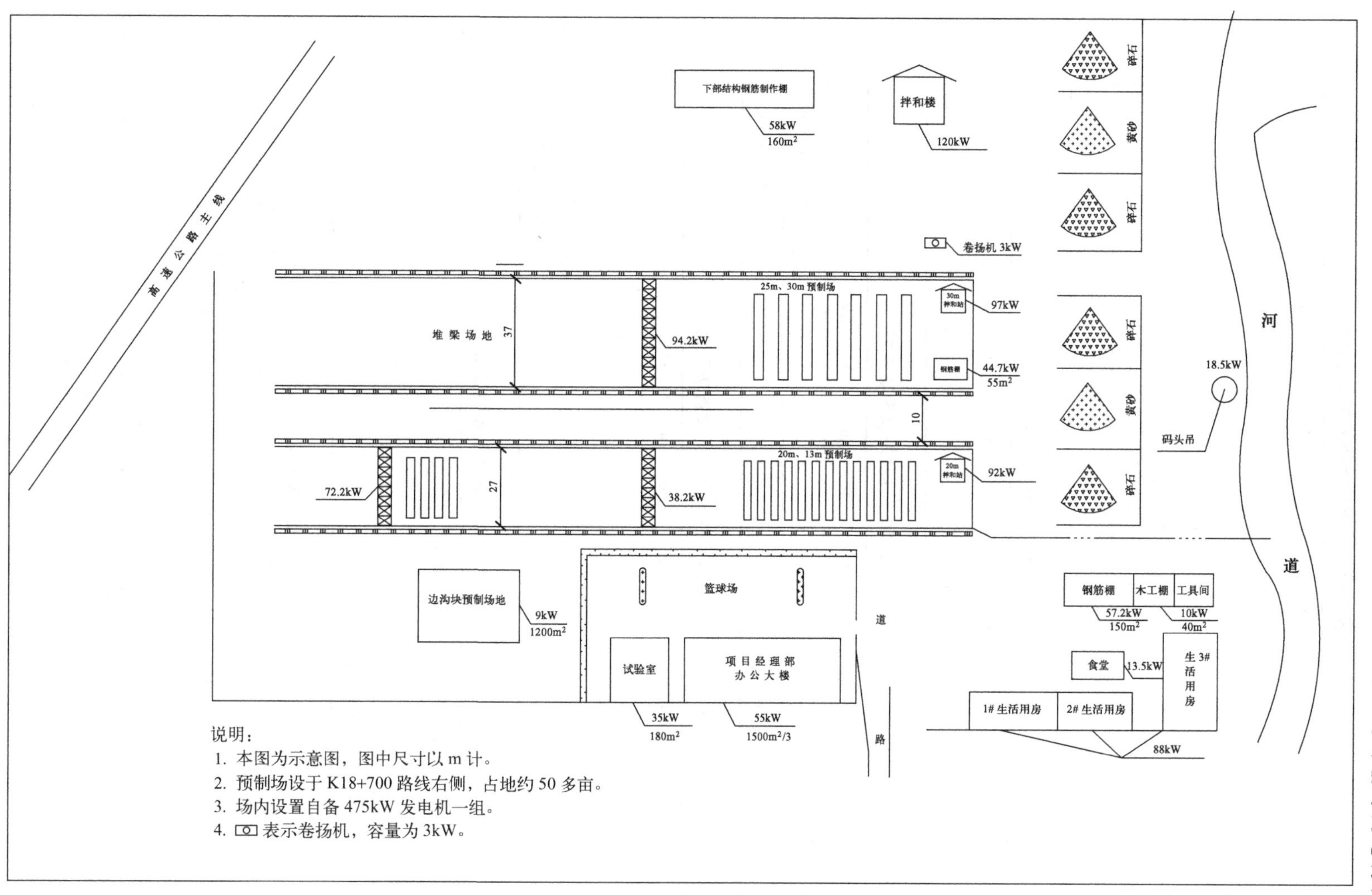

说明：
1. 本图为示意图，图中尺寸以m计。
2. 预制场设于K18+700路线右侧，占地约50多亩。
3. 场内设置自备475kW发电机一组。
4. ▣ 表示卷扬机，容量为3kW。

图 13.9　施工现场平面布置图

表 13.8 堆梁场地钢筋棚设备功率表

机械器具名称	功率（kW）	数　量	合计（kW）	备　注
电渣压力焊机	15kV·A	1	15kV·A	
电弧焊机	10kV·A	1	10kV·A	
钢筋弯曲机	2.2	4	8.8	
钢筋切断机	1.1	3	3.3	
钢筋调直机	7.5	1	7.5	

表 13.9 拌合楼设备功率表

机械器具名称	功率（kW）	数　量	合计（kW）	备　注
搅拌机等	120	1	120	一路电源进入即可

表 13.10 拌合站设备功率表

机械器具名称	功率（kW）	数　量	合计（kW）	备　注
搅拌机等（30m）	97	1	97	一路电源进入即可
搅拌机等（20m）	92	1	92	一路电源进入即可

表 13.11 龙门吊设备功率表

机械器具名称	功率（kW）	数　量	合计（kW）	备　注
堆放场地龙门吊	94.2	1	94.2	一路电源进入即可
预制场地龙门吊	72.2	1	72.2	一路电源进入即可
预制场地龙门吊	38.2	1	38.2	一路电源进入即可

表 13.12 边沟块预制场地设备功率表

机械器具名称	功率（kW）	数　量	合计（kW）	备　注
电弧焊机	10kV·A	1	10kV·A	
砂浆搅拌机	3	3	9	

表 13.13 实验室设备功率表

机械器具名称	功率（kW）	数　量	合计（kW）	备　注
实验仪器及设备	10×2+15	3	35	设一总箱。出线按 3 路预留，容量分别是 10kW 两路，15kW 一路

表 13.14 项目经理部办公大楼设备功率表

机械器具名称	功率（kW）	数　量	合计（kW）	备　注
生活用电	10+2×(10+12.5)	5	55	设一总箱。出线按 5 路预留，1 路照明 10kW，2 路插座各 10kW，2 路空调各 12.5kW

表 13.15　生活区钢筋棚设备功率表

机械器具名称	功率（kW）	数　量	合计（kW）	备　注
电渣压力焊机	21kV·A	1	21kV·A	
电弧焊机	10kV·A	1	10kV·A	
钢筋弯曲机	2.2	4	8.8	
钢筋切断机	2.2	3	6.6	
钢筋调直机	7.5	1	7.5	
插入式振动机	1.1	3	3.3	

表 13.16　卷扬机设备功率表

机械器具名称	功率（kW）	数　量	合计（kW）	备　注
卷扬机	3	1	3	

表 13.17　木工间设备功率表

机械器具名称	功率（kW）	数　量	合计（kW）	备　注
木工电锯	5.5	1	5.5	
圆盘锯	1.5	3	4.5	

表 13.18　食堂设备功率表

机械器具名称	功率（kW）	数　量	合计（kW）	备　注
生活用电	5+2×(1+3)	5	13	设一总箱。出线按5路预留，2路3kW，2路1kW，1路5kW

表 13.19　1#生活用房设备功率表

机械器具名称	功率（kW）	数　量	合计（kW）	备　注
生活用电	8×3	8	24	设一总箱。出线按8路预留，每路按3kW

表 13.20　2#生活用房设备功率表

机械器具名称	功率（kW）	数　量	合计（kW）	备　注
生活用电	8×3	8	24	设一总箱。出线按8路预留，每路按3kW

表 13.21　3#生活用房设备功率表

机械器具名称	功率（kW）	数　量	合计（kW）	备　注
生活用电	8×5	8	40	设一总箱。出线按8路预留，每路按5kW

表 13.22　码头吊设备功率表

机械器具名称	功率（kW）	数　量	合计（kW）	备　注
码头吊	18.5	1	18.5	

4. 重点提示

（1）施工现场临时用电方案设计包括：工程概况、供配电方案、临时用电设计、编制安

全用电管理措施、编制电气防火措施、施工现场临时用电设计施工图等。

(2) 临时用电方案电气方面的设计主要包括：配电系统设计、负荷计算、配电箱选择与设计、配电线路设计、接地与接地装置设计、防雷设计等。

(3) 安全用电管理措施包括：组织措施和技术措施。组织措施是保证安全用电的行政手段，技术措施是保证安全用电的技术手段。

(4) 要求结合工程具体情况和要求进行编制，且不可泛泛而谈，即方案要有很强的针对性。

(5) 变压器可设杆安装，也可做基础墩安装，但应安装在隐蔽且便于出线处。根据负荷需要可设置多台。高压线沿河道架设。

5. 知识链接

(1) 编制施工现场临时用电方案设计的主要依据是 JGJ 46—2005《施工现场临时用电安全技术规范》，以及其他一些相关的电气技术标准、法规和规程；投标文件、实地勘察资料、本工程配套机械装备及工器具配套基本设施等。

(2) 负荷计算一般采用需要系数法。计算公式如下：

总负荷计算公式：$S = K_1 \times K_2(K_3 \times \Sigma P_1 \div \cos\varphi + K_4 \times \Sigma P_2)$

式中 K_1——备用系数，一般取 1.05；

K_2——照明系数，一般取 1.0；

K_3——电动机需要系数，取 0.5；

K_4——电焊机需要系数，取 0.5；

$\cos\varphi$——电动机平均功率因数，取 0.7；

P_1——电动机等设备容量，单位 kW；

P_2——各种电焊机设备容量，单位 kV · A。

6. 相关练习

(1) 施工现场临时用电方案编制应依据______________________________。

(2) 施工现场临时用电方案必须由______________________人员编制，____________________审核。

(3) 施工现场配电箱设置有哪些要求？

____

____

____

____

(4) 简述负荷计算的目的。

____

____

____

____

7. 计划

(1) 梳理编制前的准备工作：

(2) 拟定编制内容（目录）：

(3) 拟定配电方案：

8. 实施

根据计划，编制施工现场临时用电方案。

9. 评估

(1) 依照表 13.23 所列项目，进行自评和互评（分 A、B、C 三等），填写表 13.23。

表 13.23　自评和互评

项　目		书面质量	内容完整性	深　度
成绩				
存在主要问题	1			
	2			
	3			
如何改进	1			
	2			
	3			

注：

1. 书面质量：

A——格式统一、页码完整、图面清晰、表格规整、字体行间距等合适。

B——格式基本统一、页码基本完整、图面较清晰、表格较规整、字体行间距等较合适。

C——除 A、B 外。

2. 内容完整性：

A——封面、目录、工程概况、用电设计、管理措施等完整，计算正确。

B——封面、目录、工程概况、用电设计、管理措施等基本完整，计算基本正确。

C——除 A、B 外。

3. 深度：

A——设计符合实际工程、条理清晰、可操作性强、图纸完整正确、管理措施完整可行。

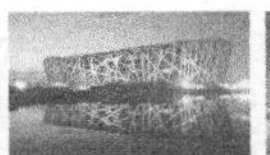

B——设计基本符合实际工程、条理清晰、可操作性强、图纸基本完整正确、管理措施基本完整可行。

C——文本编制完整率、正确率达到60%以上，图纸基本完整，无大的原则错误。

（2）对任务完成情况进行分析，填写表13.24。

表13.24 任务完成情况分析

完成情况	未完成内容	未完成的原因
完成 □ 未完成 □		

（3）根据实训的心得、不足与发现的问题，填写表13.25。

表13.25 心得、不足与问题

心得	
不足	
问题	1.
	2.

（4）由老师对实训进行综合评定，填写表13.26。

表13.26 综合评定

序号	内容	满分	得分
1	训前准备与练习	10	
2	完成情况	10	
3	配电方案合理性	30	
4	用电方案质量	40	
5	创造性	10	
合计		100	

参考文献

[1] 李方刚．电气工程施工细节详解．北京：机械工业出版社，2009.
[2] 刘春泽．建筑电气施工组织管理．北京：中国建筑工业出版社．2004.
[3] 张斌．建筑电气安装速成．福州：福建科学技术出版社，2006.
[4] 张卫兵．电气设备与仪表安装工程．北京：中国建筑工业出版社，2007.
[5] 张立新．建筑电气工程施工工艺标准．北京：中国电力出版社，2008.
[6] 韩永学．建筑电气施工技术．北京：中国建筑工业出版社．2011.
[7] 罗良武．建筑工程临时用电实例教程．北京：机械工业出版社，2011.
[8] 陈远吉．电气施工技术．北京：化学工业出版社，2009.
[9] 胡联红．电气施工技术．北京：电子工业出版社，2012.
[10] 刘兵．建筑电气与施工用电．北京：电子工业出版社，2011.